과학기술, 자연과 환경

정성화 지음

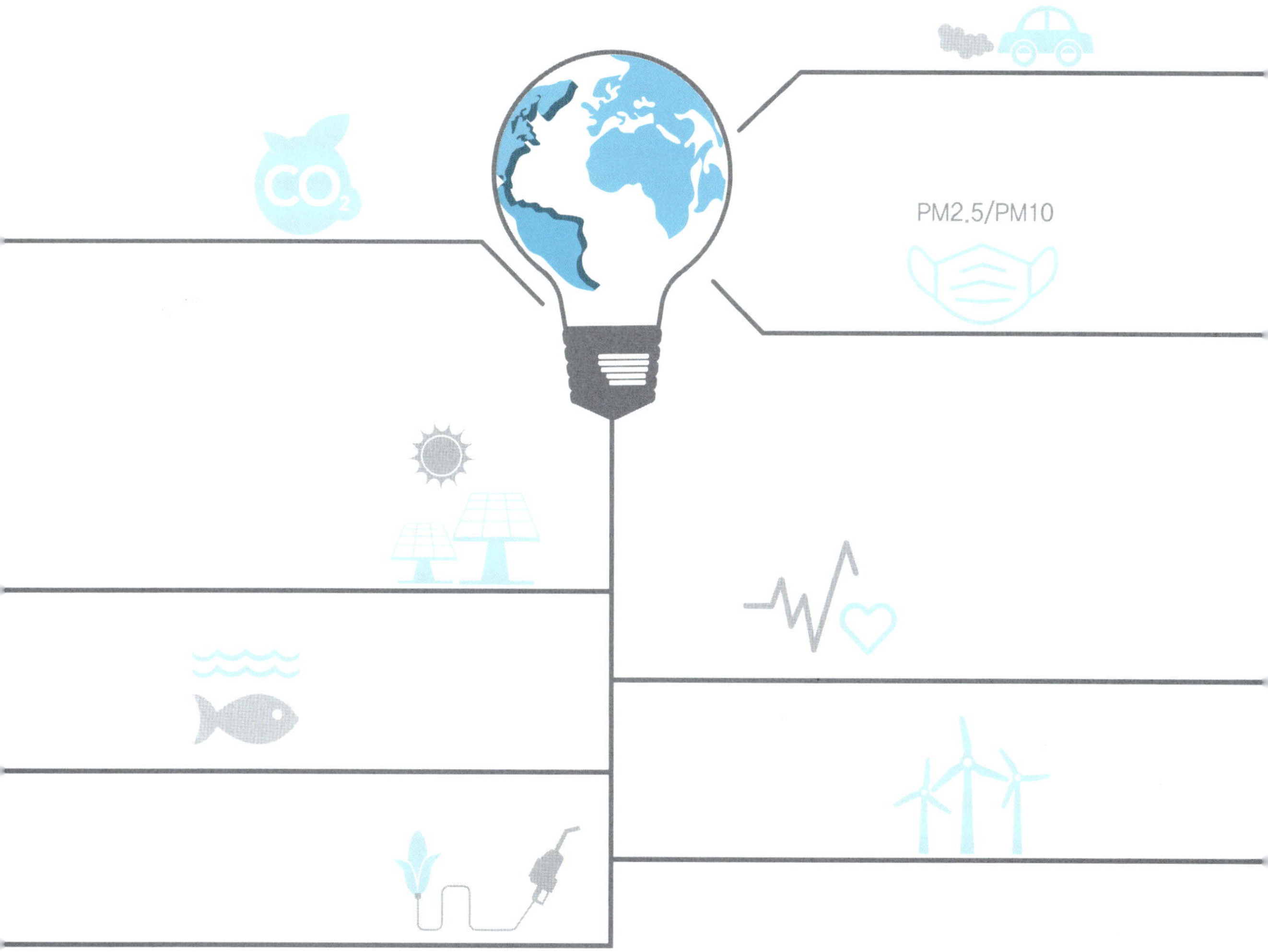

자유아카데미

머리말

지금 우리는 급변하는 환경에서 살고 있다. 최근 문명의 성장 속도는 인류가 지난 산업혁명 이전까지 오랜 기간 발전시킨 문명에 비해 폭발적이라고 할 수 있을 만큼 빠르며, 그 기간도 짧고 기술 수준도 급격한 발전을 이루었다. 오늘날 우리는 다양한 문명의 혜택을 누리는 반면, 지나친 과학기술의 발달, 특히 빠른 속도로 발전하는 과학기술로 인한 다양한 문제에 직면해 있다.

흔히 인류는 '에너지의 위기', '환경의 위기', '질병으로 인한 위기' 등의 3대 위기에 직면해 있다고 한다. 이 위기들은 대부분 지구가 수용할 수 있는 것에 비해 지나치게 많은 세계 인구 및 발전된 과학기술에 기인한다고 볼 수 있다. 즉, 지나치게 많은 에너지의 소비로 에너지 고갈이 우려되고 있고, 다양한 물품의 대량생산 및 소비로 지구의 환경이 심하게 오염되어 위기를 맞게 된 것이다. 또한 항생제 및 항균제 등의 의약품의 남용으로 내성이 있는 병균 혹은 새로운 병들이 계속 발생하여 우리를 위협하고 있다.

인류는 어디까지 발전할 것이며, 지구에는 몇 명의 인구가 살 수 있을까? 이렇게 빠른 속도로 과학기술이 발전하고 인구가 증가하면, 과연 어느 정도까지 지구가 지탱해 낼 수 있을까? 발전하는 과학기술이 우리의 환경에 미치는 영향은 어떠할까? 이와 같은 의문들과 함께, 현 세대는 물론이고 특히 미래 세대까지 고려하면 과연 언제까지 기술을 개발하고 경쟁하면서 삶을 영위해야 하는지 고민하게 된다.

인간은 화학, 화학공학과 재료공학 및 관련 기술을 활용하여 여러 물건을 만들게 되면서 편안한 삶을 살게 되었다. 그러나 이로 인한 급격한 환경오염도 염려되는 상황이다. 아이러니하게도 화학을 포함한 과학기술은 환경오염의 큰 원인인 동시에 환경오염을 완화 혹은 해결할 열쇠이기도 하다. 따라서 이 책에서는 자연 그대로의 환경, 환경오염의 원인, 현황 및 대처 혹은 복원 방안 등에 대해 기술적 관점, 특히 화학적 관점에서 기술하였다.

우선 '자연'은 있는 그대로가 가장 바람직하다는 측면에서 거의 다루지 않았다. 반면에 과학기술, 특히 화학, 화학공학, 재료공학 및 관련 기술의 진보에 따른 환경오염, 부수적인 문제점 및 대비 방안을 여러 관점에서 정리하였다. 주요 내용으로는 대기의 오염, 지구온난화와 이산화 탄소, 실내 오염, 물의 오염, 토양의 오염, 에너지와 환경,

원자력 발전과 핵폐기물, 녹색화학과 지속가능성 등을 기술하였다. 이후 부록에는 참고문헌과 함께 '기초 및 과학 용어'와 '환경 관련 용어'를 정리하였다.

이 책은 환경오염 및 화학물질에 대해 갖고 있는 막연한 걱정에 대해 설명하고 있으며, 우리의 환경 및 자신을 지키기 위한 방안을 설명하고 있다. 이 책을 읽음으로써 과학기술의 발전, 환경 위기 및 대처 방안 등에 대한 이해를 높일 수 있을 것으로 기대한다.

이 책은 우리의 지구 및 환경에 관심을 가진 일반인들이 읽어도 좋을 것이며, 대학 학부과정의 교양교재로 쓰일 수 있을 것으로 기대된다. 교재로 사용할 경우 이공계 학생들은 서적의 전체 내용을 공부하고 이해하기를 권하며, 인문계 학생들은 전체를 공부하되 '참고'라고 적힌 네모 안의 내용은 참조 자료로 활용해도 좋다. 특히 화학, 환경공학, 화학공학, 응용화학 등을 공부하는 학생들이 우리의 자연과 인간, 화학과 관련된 기술 및 환경오염과 환경기술 및 환경복원 등에 대해 되돌아볼 수 있는 기회가 될 것으로 기대된다. 바쁜 와중에도 원고를 꼼꼼히 읽어 주고 일부의 그림을 그려 준 유동규, 박종민 및 우호철 군에게 깊은 고마움을 전한다. 출간 후에라도 수정 사항이 있을 경우에는 자유아카데미 홈페이지(www.freeaca.com) 자료실에 제공할 예정이다.

2020년 8월

정성화

차례

차례

차례

1장

과학기술의 발달과 환경 위기 그리고 우리의 대처

1.1 개요

2020년 현재 지구에는 약 77억 명이 살고 있다. 만약 과학기술이 오늘날과 같이 발전하지 않았다면 인구가 얼마나 되었을까? 한 자료에 의하면, 질소 비료 혹은 암모니아 합성 기술이 없었다면 현재의 인구는 약 절반, 즉 40억 명 미만이었을 것이라고 한다**(참고문헌 1)**. 인구 증가만 보아도 과학기술은 인류의 발전에 지대한 공헌을 했다고 볼 수 있다. 그러나 증가한 인구와 무분별한 자원개발 등으로 인해, 과학기술은 결과적으로 지구에 악영향을 주었다고 생각할 수도 있다. 즉, 지구와 인류의 생존에 과학기술이 나쁜 영향을 준다는 시각도 있다.

예를 들어 스웨덴의 비영리 단체인 '글로벌 챌린저스 파운데이션(GCF)'은 2018년에 인류의 생존을 위협하는 10가지 위험에 대해 발표하였다**(참고문헌 2)**. GCF에서는 핵전쟁, 생화학전쟁, 지구온난화, 생태계 붕괴, 새로운 전염병과 항생제 내성, 소행성 지구 충돌, 슈퍼화산 폭발, 지구공학, 통제되지 않는 인공지능(AI) 및 과학자들이 인지하지 못하는 위협 등 10대 위험을 제시했는데, 소행성 지구 충돌 및 슈퍼화산 폭발 등을 제외하고는 인류의 발전된 과학기술(혹은 인간이 유발한 문제)로 인한 것이다. 이로써 우리 인류는 이제 자신의 생존을 걱정하는 상황이 되었다. 또한 지나친 AI의 발전으로 미래에는 일반 지구인들은 AI의 지시와 통제를 받는 삶을 영위할 것이라는 걱정도 있다. 지나친 기술발전은 이제 긍정적인 면보다는 부정적인 면이 많다고 볼 수 있다.

기술발전으로 자연에 대한 인간의 관점이 바뀌면서 산업혁명 후에는 자연을 인간의 의지와 능력에 따라 개발할 수 있는 자원으로 인식하게 되었다. 6장에서 소개하는 바와 같이 2018년 현재 지구 육지의 77%가 인간에 의해 점령되었다고 한다. 자연을 이용 가능한 자원으로 생각한 결과 나무를 베어 내고 땅을 파헤쳐 길을 내거나 집을 짓고 강물의 흐름을 막는 등 자연에 대한 무차별적인 개발 행위가 이어졌고, 결국 오늘날 우리 인류는 환경오염이라는 심각한 문제를 떠안게 되었다. 따라서 자연에 대한 관점의 변화가 필요하고 기술개발 및 활용에 있어 심각하게 생각해야 할 때가 된 것이다.

참고

지구공학(地球工學, geoengineering) 및 기후공학

지구온난화를 막기 위해 인위적으로 기후 시스템을 조절 및 통제하는 과학기술을 말하며, 대표적인 예로는 해양 비옥화, 인공 구름, 인공 나무(화학 반응으로 대기의 이산화 탄소를 없애는), 우주 거울(우주에 거울을 설치하여 지구로 오는 태양 빛을 반사하여 온도를 낮추겠다는 개념) 등을 들 수 있다.

지구온난화, 미세플라스틱과 미세먼지의 위협, 강물과 바닷물의 오염 및 대기의 오염은 나날이 심해지고 있고, 우리 인류가 특단의 조처를 취하지 않으면 얼마 지나지 않아 마음대로 숨을 쉴 수도 물을 마실 수도 없을지도 모른다. 이러한 환경오염 및 악화를 방지하기 위한 모두의 노력이 절실한 상황이다.

1.2 환경 위기의 특징

오염원과 오염

복잡한 현대의 상황을 고려하면 단순히 몇 개의 원인과 결과로 설명되지 않는 문제들이 더욱 많다. 그 중 현대의 환경 문제는 복잡하기 그지없다. 헤아릴 수 없는 오염 물질과 오염원이 있고 나날이 개발되는 기술로 인해 오염 물질의 숫자도 기하급수적으로 늘어나고 있다. 한 예로 어떤 물질이 인체에 유해한 환경 호르몬으로 지정되면 바로 대체품이 개발될 것이다. 그러나 우리는 이러한 새로운 대체품의 나쁜 영향이 알려지기까지 그 위험을 모르고 사용할 수도 있다. 환경 사고가 발생하고 나서야 그 물질의 유해성을 알게 되는 경우도 많다.

또한 한 종류의 오염 물질은 물과 공기 및 토양 중에 하나만 오염시키는 것이 아니고 하나를 오염시키면 나머지도 오염시킬 수 있다. 예를 들어 사용 후 방치된 플라스틱 용기는 분해되어 미세플라스틱이 되는데, 이는 강물과 바닷물을 오염시키고 공기 중에 날려서 우리가 마시는 공기도 오염시킨다. 약품 및 생활용품 역시 사용 전후에 무분별하게 버려지면 강물을 거쳐 동식물을 오염시키고 토양도 오염시키게 된다.

오염 물질 간의 2차 반응 및 더 위험한 위험물 생성

환경에는 매우 다양한 물질이 존재하고, 또 제어되지 않는 것이 많아 우리가 모르는 일들이 일어나기 쉽다. 예를 들어 2장에서 다룰 예정인 로스앤젤레스형 스모그에서 발생하는 퍼옥시아실질산염(PAN, Peroxyacyl nitrates)은 휘발성 유기 화합물(VOC)이 중요한 원인이며 NO_2 존재 하에서 복잡한 광화학 반응으로 얻어진다. 또 6장에서 다루고 있는 동물사료로 사용되는 유기 비소 화합물은 사용 후 비료로 땅에 뿌려지면 더욱 위험한 무기 비소 화합물이 되어 땅과 물을 심각하게 오염시킬 수 있다. 즉, 어딘가로부터 환경오염 물질이 배출되면 주변에 항상 존재하는 햇빛, 산소와 물 등과 반응하여 인간에게 어떤 영향을 미칠지 쉽게 가늠하기 어렵다.

전 지구적인 환경오염 문제

한 지역에서 발생한 환경오염은 얼마 지나지 않아 다른 지역, 심지어 다른 나라까지 영향을 줄 수 있다. 북서풍이 불면 중국의 미세먼지가 우리나라로 날아오고 낙동강 상류에서 버린 플라스틱이 부산을 거쳐 남해안 무인도를 오염시킨다. 5장에서 볼 수 있듯이 지구 어디에선가 버린 플라스틱이 2,700 km 이상을 여행하여 인간으로부터 가장 멀리 떨어진 곳에서 미세플라스틱으로 발견되었고, 지구에서 가장 깊은 마리아나 해구도 인간이 버린 쓰레기로 오염되었다고 한다. 또한 후쿠시마 원전의 방사능 오염 물질이 태평양을 거쳐 미국으로 갈 수도 있고 태평양 가운데 버려진 핵 폐기물이 해류를 타고 동해까지 올 수도 있다.

증가되는 오염 물질의 농도

무심코 버린 오염 물질이 우리의 먹거리 및 삶을 위협할 수 있다. 5장에서는 DDT 농약 같은 오염 물질이 생물 농축을 거쳐 물새의 몸속의 농도가 천만 배로 증가된다는 사실을 볼 수 있다. 생선에 존재하는 수은의 함량도 생선의 몸집이 커질수록 증가한다고 알려져 있고 방사성 물질도 이와 유사한 경향을 보인다. 물이 과플루오린화 화합물로 오염되면 정수처리를 하여도 없어지지 않고 물을 끓이면 오히려 농도가 높아진다. 따라서 환경은 오염 후 정화하는 것보다 오염을 시키지 않는 것이 중요하다고 할 수 있다.

모르고 일으키는 환경오염 및 환경사고

최근 환경에 대한 관심이 높아짐에 따라 우리나라도 환경을 지키기 위해 많은 노력을 기울이고 있다. 그러나 기술발전 속도가 매우 빨라 자기도 모르는 사이 유해 물질을 배출할 수 있으며 무심코 한 행동이 큰 사회 문제가 될 수도 있다. 6장에서는 미국에서 발생한 러버커널 사건을 다루고 있다. 이는 후커케미컬에서 위험한 화학 폐기물을 땅에 묻고 떠난 후 발생한 의도하지 않은 큰 사고였다. 이는 당시의 느슨한 법망과 환경오염 및 화학물질의 유해성에 대해 잘 모르고 무시한 결과, 아주 심각한 사회 문제가 발생한 사례이다.

어떤 기술을 처음으로 발명하여 이를 산업화하는 경우에는 누구도 경험하지 못한 위험이 존재하므로, 관련법들이 마련되어 있다고 해도 모든 위험을 미연에 방지하기는 어렵다. 그렇기 때문에 큰 피해를 입을 수 있다. 예를 들어 무심코 방류한 폐수나 대기로 방출한 폐가스에 위험한 요인이 숨어 있을 수 있다. 이와 관련하여 방사능의 유해성이 잘 알려져 있지 않던 시절에 방사능 연구를 열심히 한 퀴리 부인이 방사능 피폭으로 골수암과 백혈병 등에 걸려 사망한 것은 유명한 일화이다.

자정 능력을 넘는 오염 물질의 배출

공기, 물, 토양을 비롯한 자연 환경은 자정 능력을 가지고 있어서 어느 수준 이내로 오염되어도 일정 시간이 지나면 원래대로 돌아가는 특성이 있다. 그러나 현대에는 많은 자연이 이미 오염되었거나 자정 능력을 넘는 수준으로 오염될 수 있다. 이러한 경우 특단의 조치를 하지 않으면 자연의 자정 능력이 무력해지고, 우리의 자연 환경을 이전과 같이 되돌릴 수 없게 될지도 모른다.

1.3 환경 위기에 대한 향후 전망 및 우리의 자세

지구와 태양의 수명은 약 50억 년 정도 남았다고 한다. 그렇다면 인간은 언제까지 지구에서 삶을 영위할 수 있을까? 40만 년 전부터 지금까지 4번의 빙하기가 있었으며, 대략 10만 년에 한 번씩 빙하기가 왔다고 볼 수 있다(3장 참조). 다음 빙하기 전까지 크게 온도가 내려가는 시기가 없다고 하면, 인간은 그때까지 삶을 유지할 수 있을까? 반면, 인간이 배출하는 이산화 탄소 때문에 다음 빙하기가 늦어져 영원히 빙하기가 오지 않을 수도 있다는 주장도 있다. 이런 경우 지구 온도가 높아져서 인간이 살 수 없는 환경이 되는 것은 아닐까? 다시 말하면 아주 짧은 기간 후 인간이 지구에서 사라질 수도 있지 않을까?

많은 사람들이 인간이 지구의 주인이고 사람이 가장 중요하다고 생각하지만, 실제로는 지구의 모든 문제들이 인간으로 인한 것이기 때문에 인간만 지구에서 사라지면 문제가 해결될 것이라는 이야기가 있다. 인간이 없는 지구를 상상해 보자. 당연히 환경 문제도, 핵전쟁도, 지구온난화도 없을 것이다.

우리의 환경은 얼마나 위기일까? 한국의 녹색재단(Korea Green Foundation)과 일본 환경단체인 아사히그라스 재단(The Ashahi Glass Foundation)은 1992년부터 매년 공동으로 환경위기시계(Environmental Doomsday Clock)를 발표하고 있다**(참고문헌 3)**. 전 세계 환경 전문가(90여 개국의 정부, 지방자치단체, NGO, 학계, 기업 소속)를 대상으로 매년 한 차례 설문조사를 실시하여 전문가들이 느끼는 인류생존 위기감을 시간으로 표시한 것이 환경위기시계이다. 이를 통해 지구환경이 얼마나 악화되었는지 보여 주고 있다. 환경위기시계는 '00:01~03:00는 불안하지 않음, 03:01~06:00는 조금 불안함, 06:01~09:00은 꽤 불안함, 09:01~12:00는 매우 불안함'으로 구분하여 표시하는데 환경위기시계가 12시가 되면 '인류생존이 불가능한 마지막 시간', 즉 '인류의 멸망'을 의미한다. 조사를 처음 시작한 1992년에는 7시 49분으로 시작하여 2019년에는 9시 46분으로 조사되었다(**그림 1.1** 참조). 인류의 멸망까지 그렇게 긴 시간이 남은 것은 아니라는 경고이다.

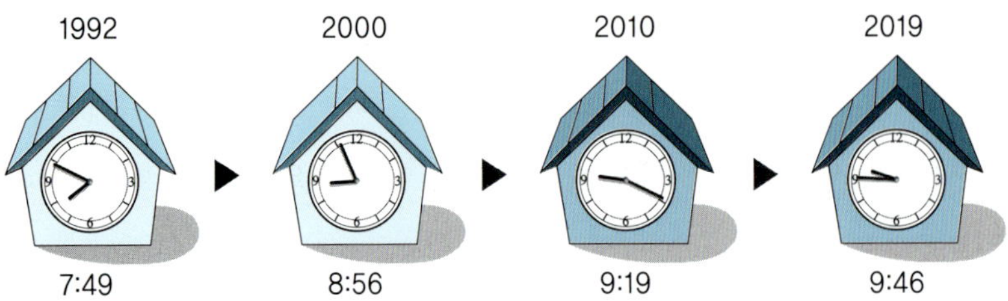

그림 1.1 환경위기시계 2019년에는 9:46을 가리켜 '매우 불안함' 상태이며 점점 인류의 멸망을 향해 감을 보여 주고 있다.

인류의 역사를 보면, 언제나 위협에 노출되어 있었지만 지금까지 그럭저럭 잘 극복해 온 것으로 보인다. 환경 측면에서 발생하는 문제들 또한 마주칠 때마다 해결해 왔으나, 그때마다 또 다른 새로운 문제가 발생하였다. 예를 들어 자동차가 발명되기 전에는 프랑스 파리를 비롯한 대도시들의 가장 큰 환경 문제는 말똥이었다고 한다. 귀족들이 타고 다니던 마차 때문에 도시가 늘 말똥으로 덮여 있어 큰 골치였으나 자동차의 발명으로 그 문제는 잊혀졌다. 산업혁명으로 런던형 스모그가 덮치고 템즈강이 심하게 오염되었으나 현재 런던은 환경적으로 우수한 도시로 거듭났다. 한동안 산성비와 질소 산화물로 인한 문제가 컸으나 현재에는 많이 해결되었기 때문이다. 비슷하게 성층권의 오존층 파괴로 인한 자외선 유입을 걱정하였으나 오늘날에는 오존층 파괴 역시 많이 복구되고 있다.

그러나 요즘은 오존(성층권의 오존이 아닌 대류권의 오존), 로스앤젤레스형 스모그와 같은 새로운 환경 문제들이 대두되고 있다. 특히 인도, 중국, 한국 등의 아시아 국가는 겨울이면 미세먼지로 큰 고통을 받고 있고, 바다 또한 미세플라스틱으로 오염되어 향후 인류의 생존에 위협이 될 것으로 보인다.

수많은 환경 문제가 지나치게 많은 인구와 과학기술의 발전 때문에 생기는 현상이라고 보았을 때, 언제까지 계속 기술을 개발하고 경쟁하면서 우리들의 삶을 영위해야 하는가 하는 생각마저 든다. 좋은 기술도 시간이 지나면 정말 이것이 꼭 필요한 기술인가라는 생각이 들 수 있다. 예를 들면 플라스틱이 처음 발명되었을 때는 꿈의 소재라고 불렸으나 현재 플라스틱은 지천에 쓰레기로 널려 있고 강은 물론 바다까지 오염시켜 우리의 건강

과 삶을 위협하고 있다.[1]

과학기술, 특히 화학, 화학공학 및 재료공학의 분야는 크게 발전하며 다양한 사회적, 환경적 문제들도 발생시켰는데, 이제는 이 기술들이 당면한 문제를 해결하는 데 큰 기여를 해야 할 것이다. 실제로 오늘날 환경 문제를 극복하기 위해 신재생 에너지(7장 참조)를 비롯하여 핵융합(8장 참조) 등의 기술이 개발되고 있다.

환경을 위해 우리는 어떠한 노력을 해야 할까? 우선 자연을 도구로 보지 말고 인간도 자연의 일부란 생각을 가지는 것이 아주 중요하다. 즉, 자연과 조화된 삶을 살아가는 것이 중요하다. 대량 생산과 소비를 배척하고 필요한 만큼 혹은 아껴서 사는 지혜가 필요하다. 요즘 대형 상점에서 파는 대부분의 제품은 석유에서 얻어지는 것들로 이루어져 있다. 일부의 나무 혹은 철제 제품을 제외하고는 원료를 석유에서 얻어 가공하여 만드는 것이다. 나무 및 철로 된 제품들도 가공 시에는 전기를 사용하였을 것이며 적어도 공장에서 상점까지 이동하는 데에 석유를 사용하였을 것이다. 가능한 적게 쓰고 아끼고 재활용하고 일회용품을 쓰지 않는 습관이 필요하다. 가까운 거리를 이동할 때는 걷거나 자전거를 이용해도 좋다.

물 한 방울도 아껴 사용하여 물의 오염과 고갈을 방지해야 한다. 더 나아가 댐의 필요성을 줄여 나가야 하며, 녹색댐이라고 할 수 있는 산림을 적극 조성해야 한다. 한 그루의 나무를 심는 것은 가깝게는 내 주위의 온도를 내리고 이산화 탄소를 없애고 산소를 증가시켜 줄 것이고 멀게는 지구온난화를 방지하는 데 기여할 것이다.

깨끗한 환경은 우리 모두의 자산이고 후세를 위해서도 꼭 필요한 것이므로 우리 모두 환경 파수꾼이 되어 작은 오염도 놓치지 않고 신고하거나 방지하도록 애써야 한다. 정부에서도 환경신문고 제도를 운영(신고전화 128)하여 환경오염 및 사고를 줄이고자 노력하고 있으며, 신고 후 위반 사실이 확인될 경우 포상금까지 주어 시민들의 적극적인 신고를 독려하고 있다.

---

1 우리의 삶에 기여한 플라스틱의 효과를 무시할 수는 없다(5장 참조). 플라스틱에 관계된 사람들이 말하는 것처럼 "만약 플라스틱이 없었고 나무 같은 다른 소재를 사용하였다면 우리의 환경은 더욱 오염되었을 것이고 에너지 요구는 더욱 높았을 것이다. 따라서 오히려 플라스틱의 기여로 현재의 지구가 유지될 수 있었다"라는 주장은 충분히 설득력이 있다.

참고

환경신문고 제도

누구나 환경오염 행위를 목격하였을 경우 국번없이 전화번호 128번을 눌러 신고할 수 있는 제도이다. 신고대상은 오·폐수 무단방류 등 수질 오염 행위, 자동차 매연 등 대기 오염 행위, 쓰레기를 아무데나 버리거나 불법 소각하는 행위, 유독물을 유출하거나 불법 방치하는 행위, 희귀식물 도채, 야생동물 밀렵, 산림훼손 행위 등이다. 신고자는 환경오염 행위를 발견한 일시, 장소, 오염 행위자, 오염 행위 내용 등을 구체적으로(자동차 매연인 경우 차량번호) 알려주면 되며, 신고내용 위반사실이 확인된 경우 신고자에게 최저 2만 원에서 최고 300만 원까지(지자체에 따라 다를 수 있음) 포상금을 지급한다.

2장

대기 오염 및 대처

대기는 우리가 숨을 쉬고 살아가는 데 필수적이지만 평소에는 거의 의식하지 못하고 있다. 이 장에서는 '대기'가 무엇인지 살펴보고 대기 오염 현황과 그에 따른 대처 방안을 정리하고 있다.

2.1 개요

사람이 뭔가를 먹거나 마시지 않고 견딜 수 있는 시간은 얼마나 될까? 보통 사람의 경우 물을 마시지 않으면 약 3일 정도 견딜 수 있고, 밥을 먹지 않으면 약 1주일 정도 견딘다고 한다. 반면에 맨몸으로 잠수하면 30초에서 2분간 견딜 수 있다고 한다. 즉, 인간이 숨을 쉬지 않고 버틸 수 있는 시간은 몇 분밖에 되지 않는다. 이는 먹고 마시는 것에 비해 공기가 우리의 생명과 삶에 매우 중요함을 보여 주는 것이다. 그렇지만 살면서 주위의 공기를 의식하는 경우는 별로 없다. 누구나 공기는 공짜라고 생각하고 언제나 좋은 공기를 마실 수 있는 것으로 여겼다. 그런데 최근에는 공기 오염 혹은 대기 오염, 미세먼지, 오존 주의보 등의 말이 자주 들린다.

그림 2.1은 도시에서 흔히 보이는 기상 상태 및 대기 오염 정도를 보여 주는 전광판에서 볼 수 있는 내용들이다. 예전에는 시간, 온도, 습도, 강수량, 풍향 및 풍속 등이 주요 관심사였지만 요즘은 초미세먼지와 미세먼지 농도 및 오존 상황에 더 큰 관심을 가진다. 좀 더 환경에 관심이 있는 사람들은 이산화 질소, 아황산가스(이산화 황이라고도 한다) 및 일산화 탄소의 농도를 살펴볼 것이다. 특히 초미세먼지와 미세먼지는 좋거나 나쁜 정도 외에 숫자로 농도를 나타내고 있는데 이러한 사실은 우리 모두가 그 농도에 민감하다는 것을 보여 주는 것이다. 그만큼 오늘날 대기 오염이 심하여 일반 사람들도 관심을 가지고 이러한 지표를 보거나 활용한다는 것을 알 수 있다. 다시 말하면, 모두가 공기 및 대기 오염에 관심을 가지고 있고 더욱 큰 관심을 가져야 할 정도로 오늘날 대기 오염이 심각하다는 것이다.

참고

대기와 공기의 비교

대기(atmosphere)는 지구를 둘러싸고 있는 기체들의 집합을 일컫는 말이고, 공기(air)는 지구 대기의 하층부에 있는 기체들의 집합을 말한다. 즉, 대기가 조금 더 넓은 개념이라고 볼 수 있지만("방 안 공기가 나쁘다"와 "대기 오염은 전 세계 공통이다" 등의 말을 보면 쉽게 구분될 수 있고 "방 안 대기가 좋지 못하다" 등은 잘 쓰지 않는 표현이다) 혼용도 많이 한다.

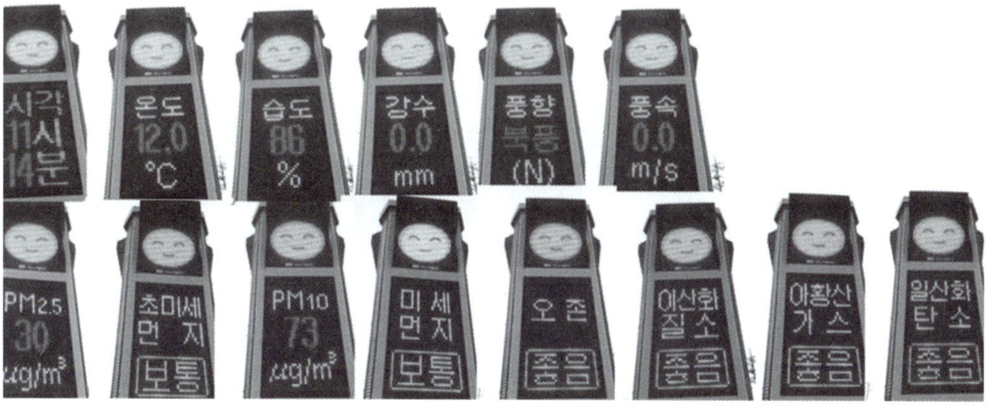

그림 2.1 기상상태 및 대기 오염 정도를 보여 주는 전광판

2.2 대기권의 구조와 특성

대기권은 지구를 싸고 있는 공기층을 말하며, 대기권의 영역은 지표면으로부터 약 1,000 km에 이르고, 다음과 같이 4개의 층으로 구분된다.

- **대류권**(지표면~고도 약 11 km): 대류 현상과 구름, 비, 눈 등의 기상 현상이 일어나는 층으로 고도가 높아질수록 기온이 하강하는 층이다.
- **성층권**(대류권 계면~고도 약 50 km): 오존층을 포함하는 층으로, 오존층에서 태양 복사 에너지의 자외선을 흡수하여 고도가 높아질수록 기온이 상승하는 층이다.
- **중간권**(성층권 계면~고도 약 80 km): 수증기가 거의 존재하지 않아 기상 현상이 일어나지 않으며 높이 올라갈수록 기온이 하강하므로 대류 현상이 존재하는 층이다.
- **열권**(고도 약 80 km 이상): 전리층과 오로라, 유성 등이 나타나는 층으로, 공기 분자가 태양 복사 에너지를 다량 흡수하여 고도가 높아질수록 기온이 급격히 상승하는 층이다.

12쪽의 **그림 2.2**는 위에서 기술된 4개의 층으로 구분된 대기권의 개략적인 특성 및 높이를 보여 주고 있다.

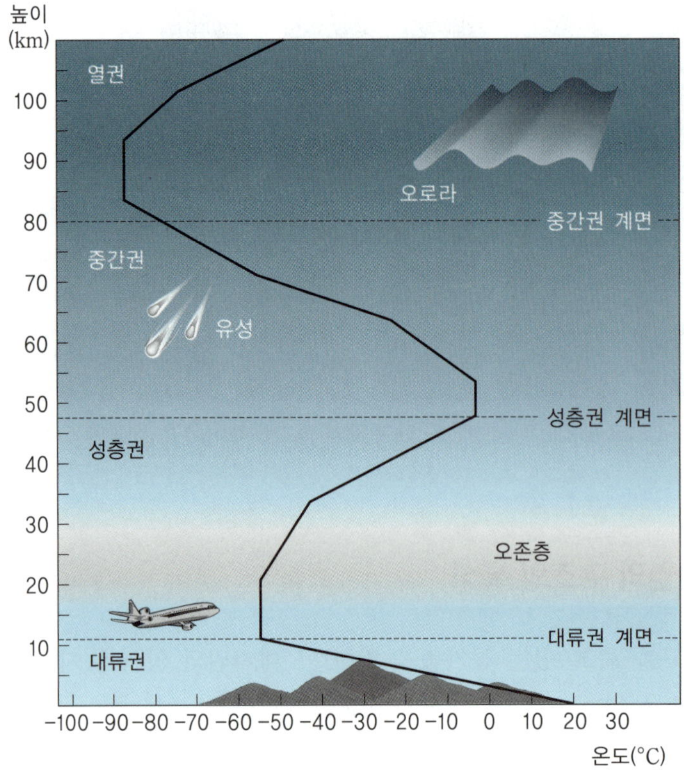

그림 2.2 대류권, 성층권, 중간권 및 열권의 4개 층으로 구분된 대기권의 개략적인 특성 및 높이

2.3 대기의 조성

지구 표면으로부터 1,000 km까지의 공간인 대기에서 공기의 밀도는 고도가 증가함에 따라 감소하여 30 km 이내에 공기의 90%가 존재하고, 공기의 많은 부분은 16 km 이내에 분포한다. 만약 공기층이 없다면 지구의 보온효과(3장 참조)가 없어져서 달과 같이 황량

표 2.1 현재 지구 공기의 성분(부피비)

성분	용량(%)	성분	용량(%)
질소(N_2)	78.084	헬륨(He)	0.000524
산소(O_2)	20.946	크립톤(Kr)	0.0000144
아르곤(Ar)	0.942	크세논(Xe)	미량
이산화 탄소(CO_2)	0.032	오존(O_3)	미량
네온(Ne)	0.001818	과산화 수소(H_2O_2)	미량

* 지표 부근의 부피 비율을 나타낸 것임

하며, 낮과 밤의 온도 차이가 200 °C가 넘어 생명체가 거의 살 수 없을 것이다. 또한 초창기 지구에 비해 가벼운 기체는 우주로 빠져나갔고 광합성 등으로 조성이 변하여 현재의 공기는 **표 2.1**과 같은 조성을 가진다.[1]

2.4 대기와 건강과 생명

2016년의 OECD 자료에 의하면 전 세계의 10대 사망위험요인은 **그림 2.3**과 같으며, 사망위험요인 중에서 대기 중의 미세먼지와 실내오염이 각각 6위, 8위에 위치해 있다.

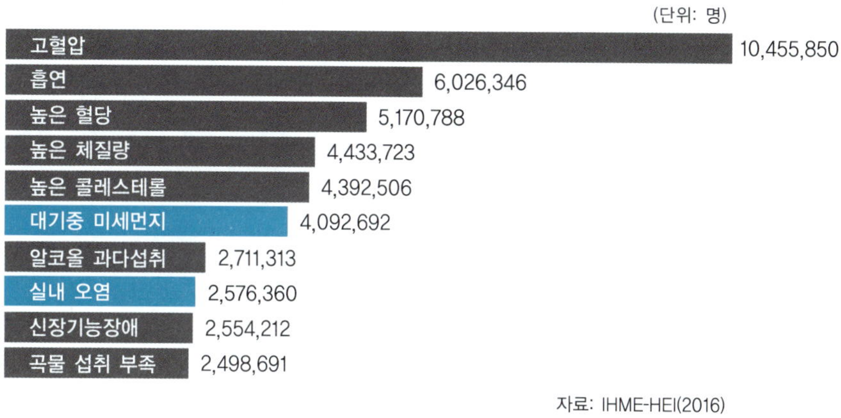

그림 2.3 전 세계의 10대 사망위험요인과 사망자 수(2016년 기준)

또한 OECD에서는 대기 오염으로 인한 조기 사망자를 **그림 2.4**와 같이 정리하여 예측하였는데, 대기 오염으로 인한 2060년의 사망자는 2010년의 사망자에 비하여 크게 증가할 것으로 보인다. 특히 우리나라의 경우 현재의 사망자에 비하여 약 3배 증가할 것으로 예측되어 그 심각성이 매우 높다.

1 표 2.1에는 이산화 탄소 농도를 0.032%(320 ppm)로 표기하고 있으나 산업혁명 후 크게 증가하여 2019년 기준으로 흔히 0.04%(400 ppm)로 표기한다.

(단위: 명, 10만 명당 연간 기준)

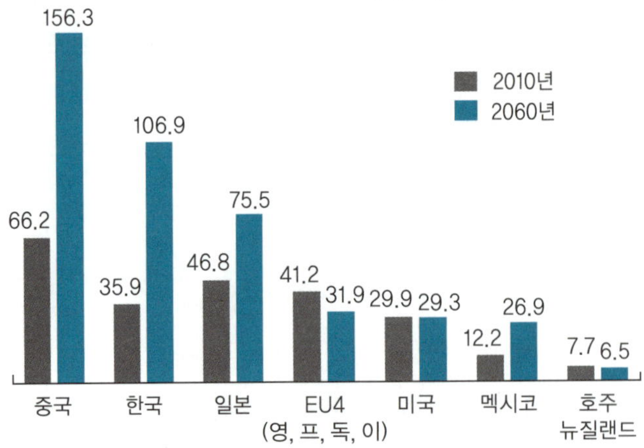

자료: OECD(2016)

그림 2.4 국가별 대기 오염으로 인한 조기 사망자 현황(10만 명당 사망자 수, 2010년 및 2060년)

그림 2.5와 같이 대기 오염에 의한 연간 사망자 수를 성별, 연령별 및 질환별로 정리할 수 있다. 15세 미만의 어린 사람보다는 15세 이상의 연령대에서 사망자 수가 많으며, 이는 짧은 기간의 나쁜 대기보다는 오랜 기간의 나쁜 대기가 치명적이라는 것을 알 수 있다. 남성이 여성보다 조금 더 사망자가 많으나 아주 큰 차이를 보이지는 않는다. 질환별 사망자 수는 허혈성 심장 질환 > 뇌졸중 > 급성 하부호흡기 질환~만성 폐쇄성 질환 > 폐암의 순서로 중요성이 감소하였다. 즉, 대기 오염은 다양하고 위험한 질환들을 유도하고 폐 외에도 심장과 뇌에 심각한 영향을 준다.

(단위: 명, 10만 명당 연간 기준)

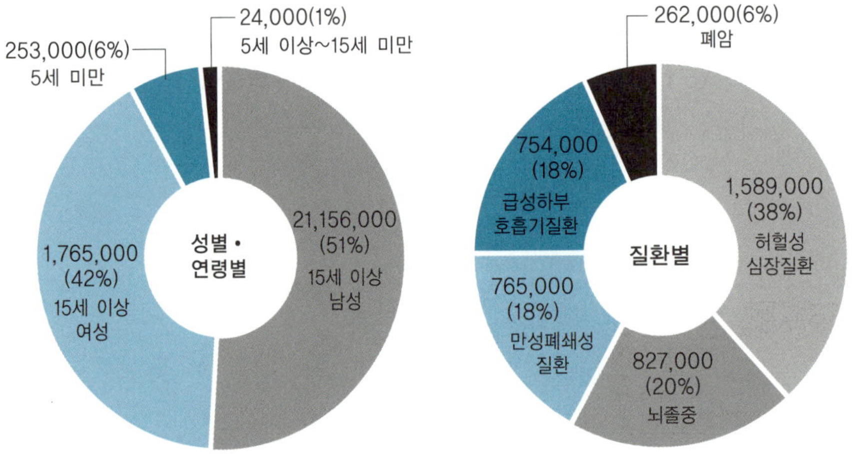

그림 2.5 성별·연령별 및 질환별로 정리한 대기 오염에 의한 연간 사망자 수와 비율

2.5 유해 대기 오염 물질의 개요

대기환경보전법에 지정되어 있는 특정대기유해오염 물질은 카드뮴 및 그 화합물, 사이안화 수소, 납 및 그 화합물, 폴리염화 비페닐, 크로뮴 및 그 화합물, 비소 및 그 화합물, 수은 및 그 화합물, 프로필렌 옥사이드, 염소 및 염화 수소, 플루오린화물, 석면, 니켈 및 그 화합물, 염화 바이닐, 다이옥신, 페놀 및 그 화합물, 베릴륨 및 그 화합물, 벤젠, 사염화 탄소, 이황화 메틸, 아닐린, 클로로폼, 폼알데하이드, 아세트알데하이드, 벤지딘, 1,3-뷰타다이엔, 다환(多環) 방향족 탄화 수소류, 에틸렌 옥사이드, 다이클로로메테인, 스틸렌, 테트라클로로에틸렌, 1,2-다이클로로에테인, 에틸벤젠, 트라이클로로에틸렌, 아크릴로나이트릴, 하이드라진 등 총 35종으로 규정하고 있다(5장 참조). 이름을 들어도 어떤 의미인지, 무슨 용도로 사용되는지 알기 어렵고, 우리가 어떤 주의를 기울여야 스스로를 보호할 수 있을지도 쉽게 알 수 없다.

대기환경보전법에 의한 특정대기유해오염 물질의 지정 및 관리도 한계성을 가질 수밖에 없다. 위에 기술된 것 외에 우리 주위에는 너무나 많은 유해 물질이 있으며, 특히 유해 물질로 지정된 것과 유사한 특성/용도를 가진 것을 대체제로 개발하여 사용하여도 법률로 지정하기에는 시간적 간극이 생길 수밖에 없다는 문제점도 있다. 특히 세계 최초의 기술을 개발, 현장에 적용할 때는 그 공정과 관련된 다양한 위험 요인이 있을 수 있으나, 그 위험을 알기까지는 시간이 많이 걸릴 수 있다. 아무도 못 가 본 길을 갈 때에는 더욱 주의를 기울이는 것처럼 새로운 공정을 운용할 때에는 폐가스 및 폐수 등의 방류 및 안전사고 등에 큰 관심을 기울여야 한다.

대기 오염을 일으키는 다양한 오염원은 여러 가지 반응을 통해 우리 주위에 존재하게 되는데, 대기 오염 물질은 **그림 2.6**과 같이 우선 1차 및 2차 물질로 나눌 수 있다. 1차 오염 물질은 자연 배출원(화산폭발 등)과 인간 배출원(자동차 같이 움직이면서 오염 물질을 배출하는 이동 배출원 및 공장 같이 한 자리에서 오염원을 배출하는 고정 배출원으로 나눌 수 있다)으로부터 나오는 이산화 탄소, 일산화 탄소, 아황산가스, 질소 산화물, 메테인 같은 탄화수소 등의 부유입자 등을 일컫는다. 2차 오염 물질은 1차 오염 물질 간의 반응 혹은 오염 물질과 주위 환경에 존재하는 물과의 반응 및 기타 2차 반응으로 얻어지는 물질을 말하며, 대표적인 것으로는 질산, 황산, 삼산화 황, 오존, 과산화 수소 등이 있고, 음이온인 질산염(nitrate, NO_3^-)과 황산염(sulfate, SO_3^{2-})도 포함된다. 퍼옥시아실질산염(peroxyacyl nitrates, PANs)이라고 하는 복잡한 구조의 2차 오염 물질도 알려져 있다.

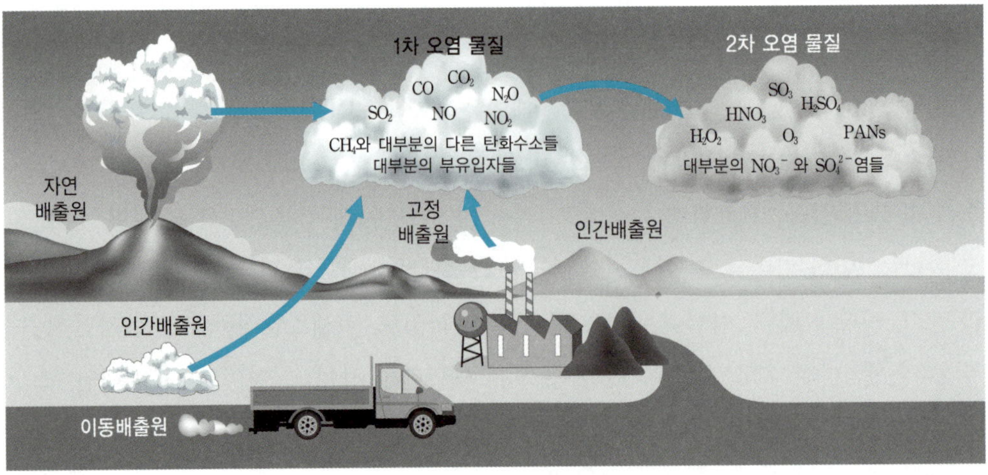

그림 2.6 배출원에 따른 대기 오염 물질의 개략적 생성 모습 및 1차와 2차의 대기 오염 물질 간의 관계

2.6 대기 오염 물질의 특성

대기 오염 물질은 다음과 같은 일반적인 특성을 가진다.

우선 지역, 계절 및 시간별 농도 변화가 심하다. **그림 2.7**은 카네기멜룬 대학의 자료로 하루 중 시간에 따른 오염 물질들의 농도 변화를 보여 준다(**참고문헌 1**). 예를 들어 햇빛이 강한 낮에 오존의 농도가 크게 증가하는 이유는 광화학 반응, 즉 2차 반응으로 오존이 생성되기 때문이다.

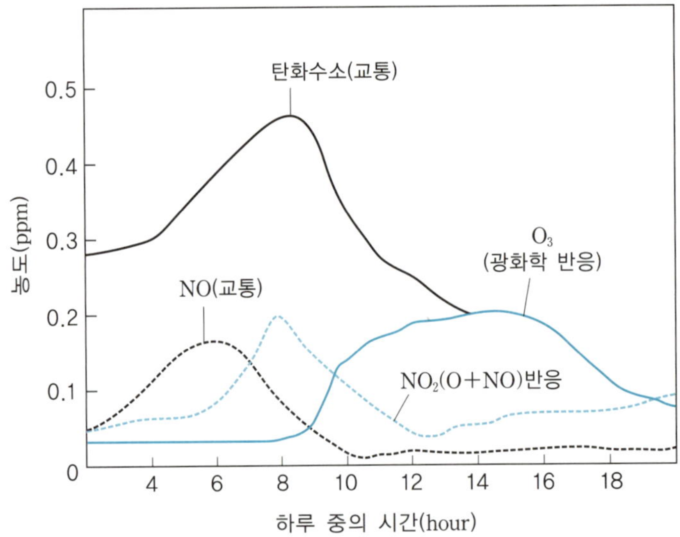

그림 2.7 하루 동안의 오염 물질의 시간에 따른 농도 변화를 보여 주는 그래프

또한 오염 물질은 단순히 몇 개의 성분으로 구성되지 않고 복잡하며 성분들 간의 반응으로 2차 오염 물질을 유도하기도 한다.

대기 오염 물질은 다양한 종류 및 발생원(자연적 및 인공적)을 가진다. 이동원으로는 차량(차, 비행기, 선박, 오토바이 등), 흡연자, 캠핑/바비큐(이동 취사)를 들 수 있고 고정원으로는 공장(발전소, 철강, 시멘트, 석유화학, 소각로), 세차장, 세탁소, 가정, 식당 등을 들 수 있다.

마지막으로 대기 오염 물질의 개념은 시대와 환경에 따라 변화한다. 석탄과 정제되지 않은 기름을 연료로 사용할 때에는 아황산가스(이산화 황)가 심각한 오염 물질이었다. 1980년대 초반까지는 서울에서의 아황산가스의 농도가 요즘의 20배 정도였다. 그러나 석유의 황 함유량이 규제되고 도시 난방에 LNG를 사용하면서 아황산가스 오염은 해소되었다. 이후 자동차 보유 수가 급증하면서 질소 산화물과 오존이 문제로 대두되었다. 질소 산화물의 농도는 성능이 좋은 자동차 촉매의 개발 및 적용으로 지난 10년간 많이 개선되었다. 최근에는 여름철에 특히 높아지는 오존 농도와 지나친 화석연료의 사용으로 인한 대기 중의 이산화 탄소의 농도 등이 걱정거리이다. 이산화 탄소는 직접적으로 사람에게 해가 되는 물질은 아니고 지구온난화의 원인으로 지목되고 있는 기체이다(3장 참조). 이외에도 미세먼지 등이 새로운 대기 오염 문제로 관심을 받고 있다.

2.7 국내의 대기 오염 물질과 그 원인

환경부에서는 '굴뚝 자동측정기기'를 이용하여 전국 600여 개 사업장의 대기 오염 물질 배출량을 측정한 결과를 발표하고 있다. 굴뚝 자동측정기기로 측정되는 대기 오염 물질은 질소 산화물, 황 산화물, 먼지, 플루오린화 수소, 암모니아, 일산화 탄소, 염화 수소 등 7종이다. 환경부에서 굴뚝 자동측정기기가 부착된 635개 사업장을 대상으로 지난 2017년도 대기 오염 물질 연간 배출량을 조사한 결과, 1년 동안 대기 오염 물질 배출량은 36만 1,459톤으로 나타났다.

지난 2016년 측정 결과와 비교하면, 사업장 수가 62개로 늘어난 반면 대기 오염 물질 배출량은 약 4만 톤이 감소한 것으로 나타났다. 대기 오염 물질 배출량 총 36만 1,459톤 중에서 질소 산화물은 67%인 24만 2,441톤을 차지했고 황 산화물 10만 9,339톤(30%), 먼지 6,533톤(2%), 일산화 탄소 2,631톤(1%)의 순으로 나타났다. 업종별로 조사한 결과 발전업 16만 8,167톤(47%), 시멘트 제조업 7만 7,714톤(22%), 제철/제강업 5만 9,127톤

(16%), 석유화학제품업 3만 6,574톤(10%), 기타 업종 1만 9,877톤(5%)으로 발전소, 시멘트 공장, 제철소 및 석유화학공단이 주요 배출 요인으로 나타났다. 한편, 시도별로는 충청남도 8만 7,135톤(24%), 강원도 5만 5,409톤(15%), 전라남도 5만 411톤(14%), 경상남도 4만 6,447톤(13%)의 순으로 나타났다.

그림 2.8은 2016년 기준의 시도별 대기 오염 물질 배출량을 보여 주고 있고, **그림 2.9**는 2015년 기준의 대기 오염 물질 다량 배출 사업장을 보여 주고 있다. 화력 발전소가 대기 오염 물질을 많이 배출하고 있음을 알 수 있다.

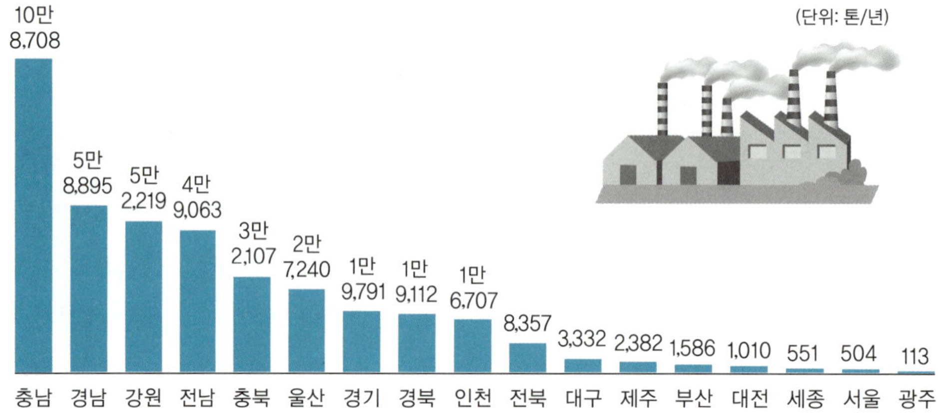

그림 2.8 시도별 대기 오염 배출량(2016년 기준)

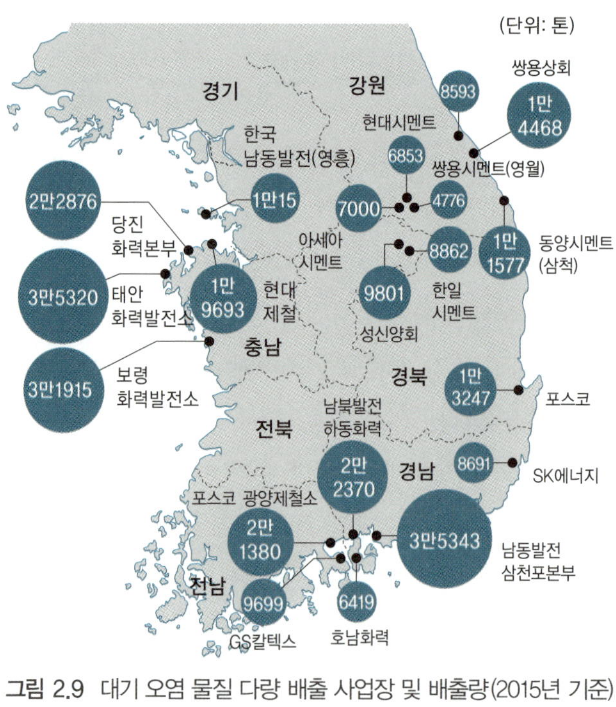

그림 2.9 대기 오염 물질 다량 배출 사업장 및 배출량(2015년 기준)

질소 산화물

2017년 환경부 발표에 따르면 우리나라의 대기 오염 물질 중 질소 산화물이 67%로 가장 큰 부분을 차지하고 있다. 주요 질소 산화물로는 일산화 질소(NO), 이산화 질소(NO_2), 산화 이질소(N_2O) (아산화 질소 혹은 웃음 기체, 온실가스 중 하나)가 있고 그 중 환경적으로 큰 문제가 되는 것은 NO와 NO_2이다(예: 광화학 스모그 유도). 질소 산화물은 고온에서 질소와 산소의 반응으로부터 발생한다. 질소와 산소는 공기 중에 풍부하므로 반응기 등이 고온의 조건이 되면 질소 산화물이 발생할 수 있다. 또한 토양의 박테리아로부터도 발생한다. 질소 산화물의 주요 배출 원인은 토양의 박테리아, 번개, 유기물의 산화 등 자연적인 요인이 더 크다. 자동차 및 공장 같은 인위적 요인 및 산업 현장으로부터 배출되는 양은 비교적 소량(3~15%)이지만 자연의 균형을 깨트리는 요인이 되므로 관심을 가지고 배출을 줄여야 한다.

일산화 질소는 색, 냄새, 맛이 없는 기체로, 화석연료의 연소 과정에서 직접적으로 발생하는 질소 산화물의 대부분을 차지한다. 일산화 질소는 다음의 반응식에 표기된 것과 같이 산소(혹은 오존)와 빠르게 반응하여 이산화 질소로 변화된다.

$$\text{NO(일산화 질소)} + \tfrac{1}{2}\,O_2 \longrightarrow NO_2\text{(이산화 질소)}$$

$$\text{혹은 NO(일산화 질소)} + O_3 \longrightarrow NO_2\text{(이산화 질소)} + O_2$$

반면, 이산화 질소는 적갈색의 유독성 기체로서 독성이 크며 불안정한 기체이다. 이산화 질소는 광화학적 산화로 질산염이 될 수 있으며, 다음 반응식과 같이 수증기와 결합하여 질산 혹은 아질산이 되어 최종적으로 산성비의 원인이 된다.

$$2NO_2 + H_2O \longrightarrow HNO_3\text{(질산)} + HNO_2\text{(아질산)}$$

질소 산화물은 천식, 섬유성 폐색성, 기관지초염, 폐암을 유발하며 식물의 생장을 억제하고 잎의 형태도 변화하게 한다. 질소 산화물을 환경적으로 무해하게 처리하는 방법으로는 'DeNOx 공정' 혹은 '선택적 촉매환원(Selective Catalytic Reduction, SCR)'으로 알려진 기술이 있다. 적당한 촉매 존재 하에 NOx를 질소로 환원하는 기술이며, 환원제로 암모니아(NH_3) 혹은 요소(urea)가 주로 사용되고 있다. **그림 2.10**은 DeNOx 공정에서 NOx가 제거되는 메커니즘(기작)을 보여 주고 있다.

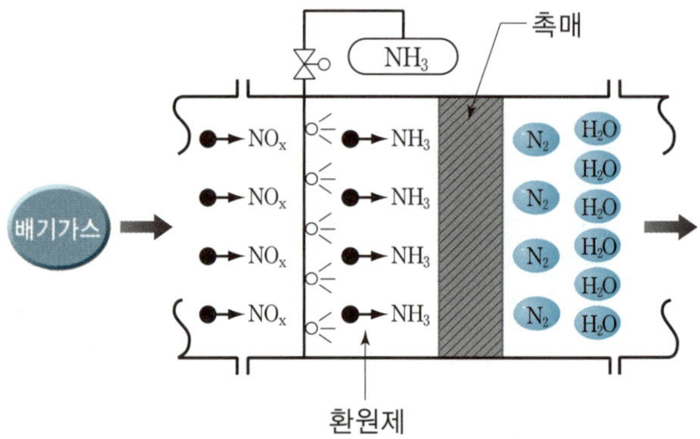

그림 2.10 'DeNOx 공정'에서 NOx가 제거되는 메커니즘

그림 2.11은 요소를 사용하여 NOx를 제거하는 SCR 시스템의 개요도이다.

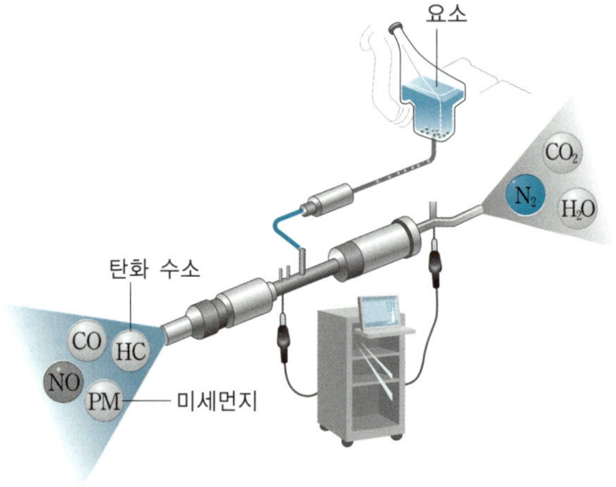

그림 2.11 요소를 사용하여 NOx를 제거하는 SCR 시스템의 개요도

이산화 황(SO_2 혹은 아황산가스)

산소와 황으로 이루어진 이산화 황의 발생 원인은 다양하다. 우선 화산 활동 등의 자연적 발생 요인도 있으며 황 성분을 함유한 연료의 연소 반응 혹은 산화 반응이 가장 주요한 요인으로 약 70%를 차지한다. 즉, $S + O_2 \longrightarrow SO_2$의 반응으로 이산화 황이 발생하며, 특히 석탄의 경우 황철광(FeS_2, pyrite 혹은 fool's gold라고 함)을 포함한다. 석탄이 연소되면 $4FeS_2 + 11O_2 \longrightarrow 2Fe_2O_3 + 8SO_2$의 반응으로 인해 SO_2가 다량 발생할 수 있다.

경유와 휘발유 등을 포함한 액체 연료는 연소 혹은 산화 반응 전에 수소를 이용하여 황 성분을 황화수소(H_2S)로 변환하여 황을 제거할 수 있으며, 위험한 H_2S는 최종적으로 클라우스 공정($2H_2S + O_2 \longrightarrow 2S + 2H_2O$) 기술을 이용하여 원소 황(S, 고체)으로 변환하여 제거할 수 있다. 얻어진 고체 황은 보관하기가 용이하지만 발생되는 황의 양이 매우 많아 정유공장 주위에서는 산처럼 쌓인 황 더미를 쉽게 발견할 수 있다. 이러한 황 더미는 언젠가는 처리해야 하는 물질이다. 따라서 황을 유용한 자원으로 활용하려는 노력이 계속되고 있으나 발생하는 황을 처리하기에는 턱없이 부족한 상황이다. **그림 2.12**는 석유에서 황을 황화수소로 변환시켜 제거하는 수소화 탈황 공정의 반응식을 보여 주고 있으며, **그림 2.13**은 황화수소를 클라우스 공정을 사용하여 제거할 때 최종산물로 얻어지는 원소 황을 산처럼 쌓아둔 모양을 보여 주고 있다.

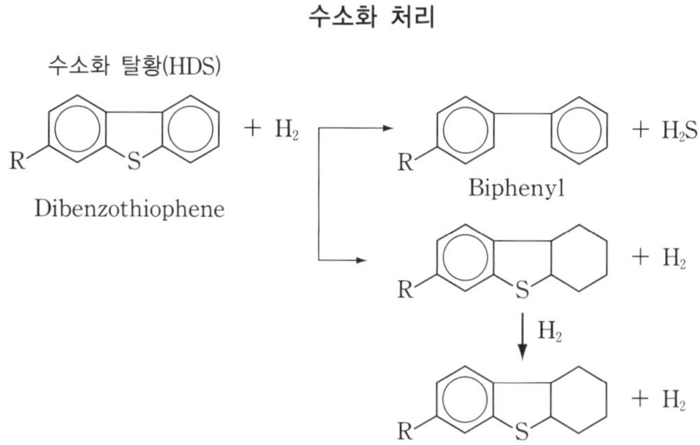

그림 2.12 석유에서 황을 황화수소로 변환시켜 제거하는 수소화 탈황 공정의 반응도

그림 2.13 클라우스 공정으로 황화수소를 제거할 때 얻어지는 원소 황을 쌓아둔 모습 (© Shutterstock/SIAATH)

석탄으로 대표되는 고체 연료의 경우 석유처럼 연소 전에 황을 제거하는 것보다 연소 후 얻어진 SO_2를 제거하는 것이 현실적이며, 다음과 같은 두 가지 반응 중 하나를 거쳐 제거할 수 있다.

$$[\text{반응1}]\ SO_2 + Na_2CO_3 \longrightarrow Na_2SO_3 + CO_2$$

$$[\text{반응2}]\ SO_2 + CaO^{2} \longrightarrow CaSO_3$$

얻어진 Na_2SO_3와 $CaSO_3$는 고체이며 별도로 보관한다. **그림 2.14**는 [반응1]에 따라 이산화 황을 Na_2SO_3로 변환하여 제거하는 공정의 개념도를 보여 주고 있다.

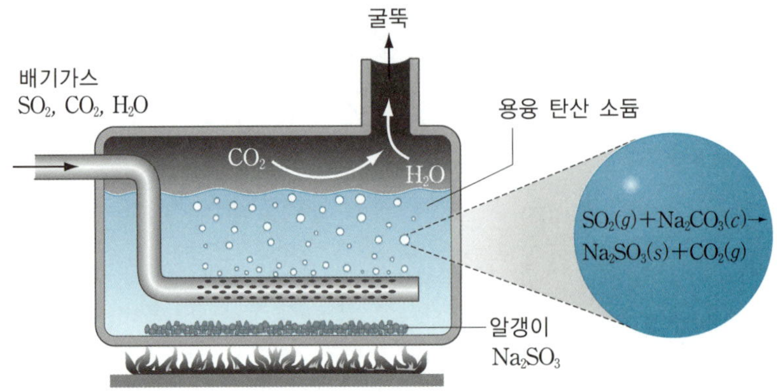

그림 2.14 [반응1]에 따라 이산화 황을 Na_2SO_3로 변환하여 제거하는 공정의 개념도

그림 2.15는 [반응2]에 따라 이산화 황을 $CaSO_3$로 변환하여 제거하는 공정의 개념도를 유사하게 보여 주고 있다.

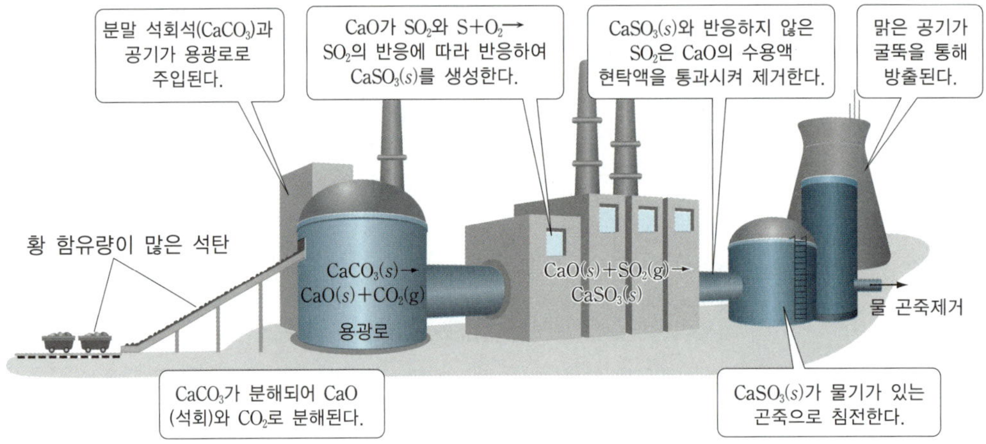

그림 2.15 [반응2]에 따라 이산화 황을 $CaSO_3$로 변환하여 제거하는 공정의 개념도

---

2 CaO는 $CaCO_3$를 분해하여 얻을 수 있으며, 분해 과정에서 CO_2도 발생한다.

또한 금속 제련소에서도 아래의 반응들을 통해 이산화 황을 발생시킬 수 있다. 그 이유는 은과 구리 등은 산화물 광석보다는 황화물 광석에서 주로 생산되기 때문이다.

$$Ag_2S + O_2 \longrightarrow 2Ag + SO_2$$

$$CuS\,(\text{혹은 } Cu_2S) + O_2 \longrightarrow Cu\,(\text{혹은 } 2Cu) + SO_2$$

또 이산화 황은 2차 반응이 가능하고 유해한 성질을 갖는다. 즉, $2SO_2 + O_2 \longrightarrow 2SO_3$의 반응 후, $SO_3 + H_2O \longrightarrow H_2SO_4$(황산)의 반응을 거쳐 산성비의 원인의 하나인 황산이 얻어진다. 이산화 황은 결과적으로 황산의 미세 부유 방울 및 황산염(SO_4^{2-}, 황산과 염기의 반응으로 얻어짐)의 부유 입자로 구성된 에어로졸[3]로 전환되어 폐 등에 심각한 손상을 야기한다. 이산화 황, 황산 방울 및 황 입자는 시정을 감소시키고 호흡장애를 유발하는 것으로 알려져 있다.

오존(O_3)

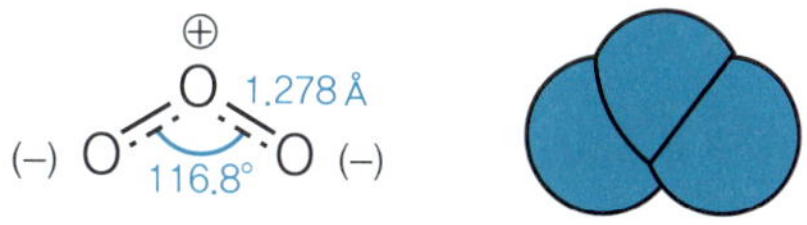

그림 2.16 산소 원자 3개로 이루어진 오존의 화학 구조 및 분자 모양

오존은 **그림 2.16**에서 보는 바와 같이, 산소 원자 3개로 이루어진 산소의 동소체[4]로 자극적인 냄새가 나는 불안정한 기체이다. 오존은 2019년 현재 인간이 제어하기 가장 어려운 오염 물질 중의 하나로 우리 몸에 들어오면 점막을 허물고 세포벽을 손상시키는 등 유해한 물질로 알려져 있다. 그러나 강력한 산화작용을 거쳐 소독 및 살균, 바이러스나 미생물 등의 불활성화 또는 치료 등에 이용하는 등의 장점 및 활용가치가 큰 기체이다.

오존의 독성

1996년에 김영삼 전 대통령이 청와대에서 조깅을 하다가 갑자기 숨이 막히는 일이 발생하였다. 이를 계기로 서울대 환경의학연구소가 조사 분석한 결과 "오존 농도 최고치가 0.1 ppm 올라가면 그 직후 사망자가 7% 증가한다"라는 내용을 포함한 보고서를 냈다. 또한

---

3 **에어로졸**: 가라앉지 않고 대기(공기) 중에 계속 떠 있는 액체와 고체 입자들(혹은 분산매가 공기인 콜로이드를 말함).

4 **동소체**: 동일 원소의 원자로부터 만들어지지만, 결합하는 방식이나 원자 배열이 다른, 따라서 서로 성질이 다른 물질을 일컫는다. 산소 O_2와 오존 O_3; 그리고 다이아몬드와 흑연은 서로 동소체의 좋은 예이다.

2010년의 국립환경과학원의 조사 결과도 "오존 농도가 0.01 ppm 늘어나면 사망률이 0.9% 증가한다"라고 밝혀 서울대 보고서와 비슷한 결론을 유추할 수 있었다.

오존은 일반적으로 0.1~0.3 ppm 이상에서는 인체에 유해하고, 0.1 ppm에서는 천식 환자의 발작이 심해지며, 0.3 ppm 이상에서는 눈과 목구멍의 점막을 자극한다. EU는 오존으로 인한 조기 사망자를 한 해 21,400명으로 평가하고 있다. 캘리포니아주 위생부의 보고에 따르면 오존 농도가 0.24 ppm 이하와 0.5 ppm 이상인 날에는 65세 이상인 사람의 사망률이 두 배 가까이 차이가 있었다고 한다. 또한 로스앤젤레스에서 오존의 농도가 3.0 ppm 이상인 날이 5일 연속되었을 때, 보통 때보다 사망자가 5배 이상이었다고 한다. 이처럼 오존은 독성이 심하고 우리 건강에 나쁜 영향을 주는 기체 오염 물질이다. 지구 표면의 평균 오존 농도는 0.02 ppm이나 스모그 발생 시에는 0.5 ppm을 초과하기도 한다.

오존은 2019년 현재 매년 지표가 나빠지는 대표적인 오염 물질이다(**참고문헌 2**). 예로 서울의 오존 평균 농도는 1989년 0.008 ppm, 2001년 0.015 ppm, 2017년에는 0.025 ppm으로 증가하였다. 또한 2019년 현재 전국적으로 0.12 ppm 이상의 오존 주의보 발령이 10년 전 대비 10배 이상 늘었고 그 추세는 더욱 악화될 것으로 예상된다.

우리나라에서는 오존의 유해성을 고려하여 1996년부터 오존의 오염경보제를 실시 중이다. **표 2.2**는 오존 농도별 경보 단계 및 주요 대처 방안을 보여 주고 있다. 오존은 기체이므로 미세먼지와 달리 마스크를 써도 우리가 호흡을 하면 마실 수밖에 없는 물질이다. 따라서 오존이 높은 날 우리가 할 수 있는 유일한 대처 방안은 외출을 삼가고 오존 농도가 낮은 실내에 머무는 것이다. 자신은 물론이고 남을 위해서 자동차 운행을 줄이고 NOx 배출을 최소화하는 방법도 있다.

표 2.2 오존 농도별 경보 단계 및 주요 대처 방안

구분	오존 농도	대처 방안
주의보	0.12 ppm 이상	•실외 운동 경기를 삼가고 노약자, 유아, 환자 등의 실외 활동 자제 •불필요한 자동차 운행을 자제하고 대중 교통 시설을 이용
경보	0.3 ppm 이상	•실외 운동 경기 및 노약자, 유아, 환자 등의 실외 활동 제한 •발령 지역 유치원, 학교의 실외 학습과 자동차 통행 제한
중대 경보	0.5 ppm 이상	•실외 운동 경기 및 노약자, 유아, 환자 등의 실외 활동 중지 •발령 지역 유치원, 학교의 휴교 및 자동차 통행 금지

이러한 배경으로 인해 최근에는 우리 주위에서 오존 경보를 흔히 듣게 되었으며, 도심에서는 오존 농도를 알려 주는 계기판을 쉽게 볼 수 있다.

오존 생성의 예

간단하게는 경유차에서 많이 방출되는 이산화 질소 분자가 빛을 받아 산소 원자를 발생시키고, 이 산소 원자가 공기 중의 산소 분자와 반응하여 오존을 형성한다.

$$NO_2 + h\nu[\text{빛에 의한 분해}]^5 \longrightarrow NO + O$$

$$O_2 + O \longrightarrow O_3\ (\text{오존})$$

또한 일반적인 오존 생성 반응은 휘발성 유기 화합물(VOCs: Volatile Organic Compounds, 4장 참조)이 중요한 역할을 하는 것으로 알려져 있다. 즉, VOCs + NOx + 열 + 태양광 $\longrightarrow$ O_3(오존) + 2차 오염 물질의 반응이 일어난다고 알려져 있으나 자세한 발생 기작은 좀 더 연구가 필요하다. 위 반응식들을 미루어 보았을 때 오존은 맑고 따뜻하고 건조하며 자동차가 많은 도시에서 많이 발생한다.

그림 2.17은 계절별 및 시간별로 오존의 변화가 심함을 보여 준다(**참고문헌 3**). 이러한 특징 때문에 관리하기가 쉽지 않다.

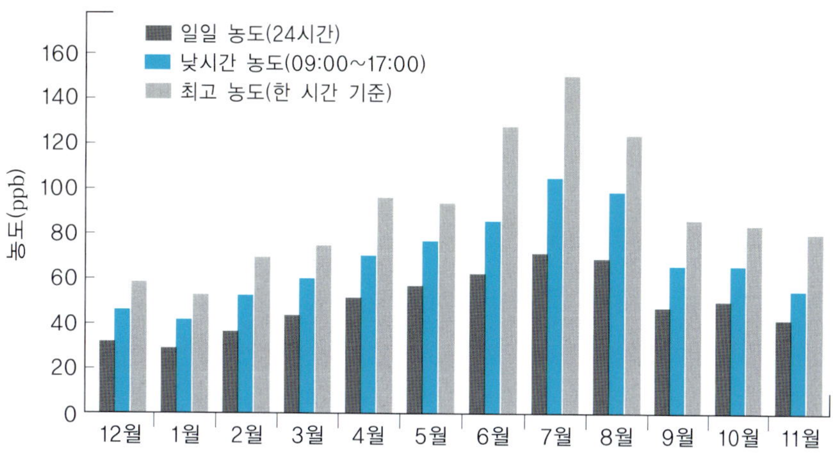

그림 2.17 2004년 12월부터 2005년 11월 사이 카이로 지표면의 월별 O_3 농도 추이

또한 **그림 2.18**은 인도의 한 지역의 오염물 농도 및 온도와 습도 등을 하루 동안 측정한 결과(**참고문헌 4**)이다. 오존의 농도는 기온이 가장 높은 오후 3시경에 가장 높고 반대로 NO와 NO_2는 그 시간에 가장 낮은 특성을 보인다. 즉, NO와 NO_2가 오존을 생성하는 데 기여함을 알 수 있다.

---

5 hν는 흔히 빛을 의미한다.

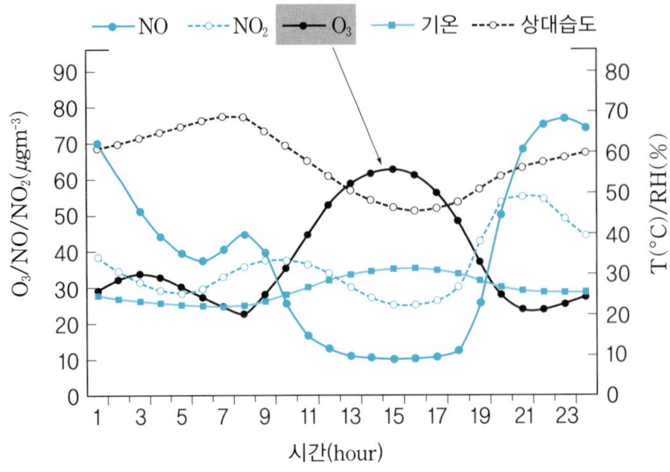

그림 2.18 인도(Jodhpur, Rajasthan)의 일간 오염물 농도, 기온 및 상대습도 추이 (2012년 12월~2013년 11월 평균)

오존의 생성과 소멸 등의 기작은 아직 완전하게 밝혀지지 않았기 때문에 이들에 대한 더 많은 연구가 필요하다. 자동차가 오존 발생의 중요한 원인으로 지목되지만 자동차 운행이 적은 주말에 오존 농도가 올라갈 때도 있고 교외 지역보다 도심의 오존 농도가 낮을 때도 있다. 이러한 현상을 고려하면 아마도 어떤 물질은 오존을 생성하는 원료가 되기도 하지만 반대로 오존을 분해하는 역할도 하는 것으로 생각된다.

성층권에서의 오존층의 의미와 중요성

지표면에서의 오존은 우리의 건강을 위협하는 환경오염 물질이지만 지구 성층권에서의 오존은 240~310 nm의 빛을 잘 흡수하고, 지구에 도달하지 못하게 하여 자외선(보통 10~400 nm의 빛)으로부터 우리와 지구를 지켜주는 아주 중요한 역할을 한다. 참고로 자외선은 **그림 2.19**와 같이 장파장에서 단파장으로 갈수록 UVA, UVB 및 UVC로 분류된다. UVC는 파장이 매우 짧아 지구에 도달할 수 없고 UVA는 에너지가 낮아 큰 위험이 없으며, 오히려 비타민 A 합성 등에 도움이 된다. 그러나 UVB는 피부암을 유발할 수 있으며 현재 높은 강도로 지구에 도달하지는 않으나 성층권의 오존층의 농도가 감소하면 UVB의 강도가 크게 높아져 위험할 수 있다. 실제로 오존층의 농도가 낮은 남반구의 호주나 칠레의 경우 직접적인 영향을 받고 있다. 호주 노인의 2/3가 피부암에 걸린다고 하고, 칠레에서는 1년에 약 200명이 피부암으로 사망한다고 알려져 있다.

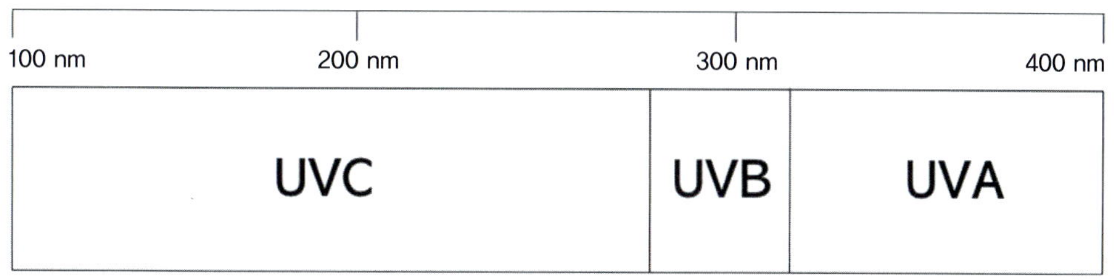

그림 2.19 자외선의 분류

성층권의 오존 형성

대기권 상층부에서는 산소 분자가 광해리(빛에 의한 분리)되어 산소 원자가 될 수 있고 이렇게 얻어진 산소 원자와 산소 분자 간의 반응으로 오존이 형성된다.

$$O_2 + h\nu \longrightarrow 2O$$

$$O + O_2 \longrightarrow O_3$$

따라서 **그림 2.20**과 같이 성층권에서의 오존 농도는 고도에 따라 변화하나 그 농도는 꽤 높으며 안정적이었다.

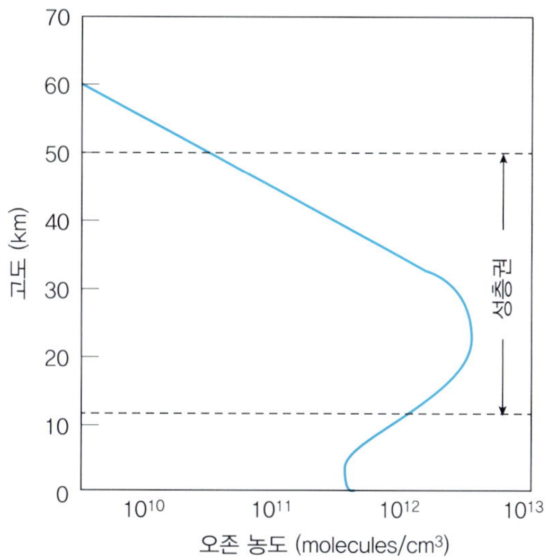

그림 2.20 성층권을 포함한 대기권에서의 고도에 따른 오존 농도의 변화
(농도가 지수로 표기되었음에 유의하라.)

그러나 1974년에 Rowland와 Molina가 성층권의 오존층이 파괴되며, 그 주요 원인이 프레온 가스(CFCs, chlorofluorocarbons, 염화플루오린화 탄소)임을 밝혀냈다. 즉, 프레온의 염소(Cl)가 대기권 상층부에서 오존과 반응함으로써 오존층 파괴가 일어날 수 있음을 발견한 것이다.

결과적으로 CFCs 분자(대표적인 구조는 **그림 2.21** 참조)가 190~225 nm의 파장을 갖는 빛을 흡수하면 CFCs 분자의 C−Cl 결합이 쉽게 깨져 염소를 발생시키고 생성된 염소 원자(Cl)는 아래 반응식과 같이 오존과 반응하여 오존을 파괴한다.

$$Cl + O_3 \longrightarrow ClO + O_2$$

그림 2.22는 염소 원자 Cl이 오존을 파괴하고 얻어진 2분자의 ClO가 Cl_2O_2가 되고, 이어서 햇빛에 의해 O_2 + 2Cl의 반응이 발생하고 결국 다시 Cl 원자를 발생시켜 오존 파괴가 더욱 가속화되는 개념을 보여 주고 있다. 특히 염소 원자가 발생하면 순환하면서 오존을 파괴함을 알 수 있다. 따라서 소량의 염소라도 성층권에 존재하면 계속된 반응으로 오존을 파괴하게 된다.

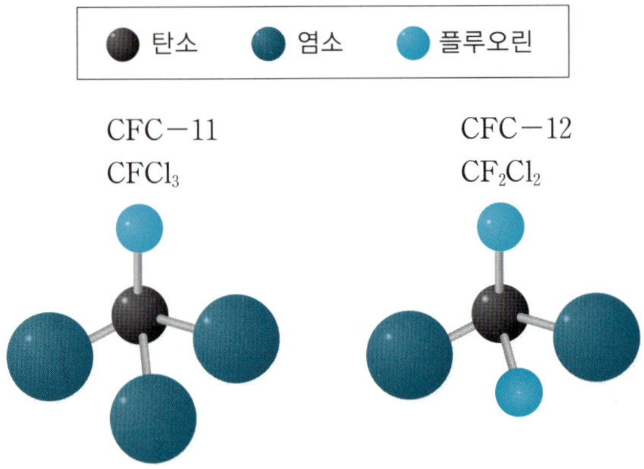

그림 2.21 대표적인 CFCs 분자의 구조

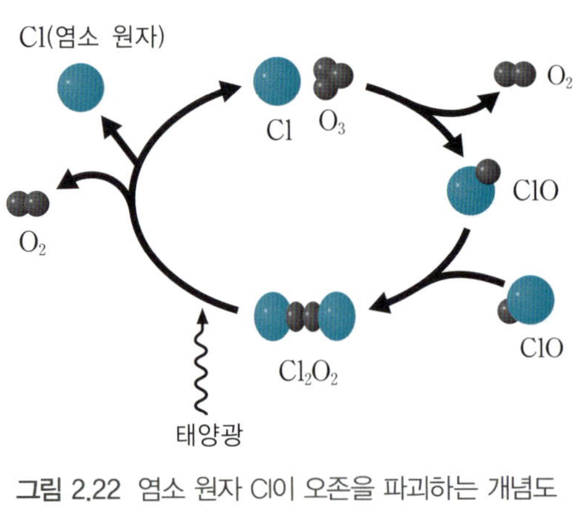

그림 2.22 염소 원자 Cl이 오존을 파괴하는 개념도

참고

CFC(Chlorofluorocarbons): 염소, 플루오린 및 탄소로 이루어진 독성이 없고 불이 붙지 않은 화합물. 염화플루오린화 탄소 CFCs는 에어로졸의 분사제와 냉매로 수년간 사용되어 왔다. 물에 녹지 않는 성질을 갖고 있고(따라서 대기에서 비로 씻겨나가지 않는다) 반응성이 낮아 자연적으로 잘 분해되지 않는다.

2006년 위성에서 관측한 결과 지구 남반부의 성층권에 오존 구멍이라 불리는 오존이 아주 낮은 지역이 존재함을 알 수 있었다.

그런데 인구가 많고, 이에 따른 경제 활동이 활발하여 프레온 가스 혹은 CFCs가 많이 사용되는 북반구가 아닌 오염 배출원이 적은 남반구에서 오존층 파괴 혹은 오존 구멍이 더 심한 이유는 무엇일까?

남극에서는 극지 특유의 회오리 바람과 영하 80 °C의 찬 기온, 그리고 독특한 남극 성층권의 구름(북극의 경우 이러한 구름의 양이 1/10 정도임)이 서로 상호작용해서 위로 올라가는 공기의 흐름인 상승 기류를 만들고, 이 상승 기류에 의해 오존층에 구멍이 생기게 한다. 즉, 남극 이외에는 지상에서 사용한 CFC 등의 오존층을 파괴할 수 있는 물질이 오존층이 있는 성층권에 도달하기 전에 파괴되어 오존에 영향을 주지 못하는 것으로 알려져 있다. 오존층 파괴는 단시간 관측 혹은 간단한 실험으로 설명할 수 없으므로 이러한 설명 외에도 다양한 학설이 있다.

스모그

스모그(smog)는 도시의 매연을 비롯하여 대기 속의 오염 물질이 안개 모양의 기체가 된 것을 말하며, 영어의 'smoke(연기)'와 'fog(안개)'의 합성어이다. 스모그가 발생하면 시야가 감소하고, 동물은 호흡기 질환에 걸리기 쉬우며, 식물은 말라 죽을 수도 있다. 스모그는 바람이 없고 열역전(thermal inversion) 현상이 일어날 때 주로 발생하며 지역적으로는 분지형[6] 지형에서 잘 발생한다.

참고

열역전(thermal inversion): 일반적으로 대류권에서는 고도가 증가하면 기온이 내려가나 그림 2.23과 같이 어떤 요인으로 인해 고도가 올라갈 때 오히려 기온이 올라가는 층이 생기는 현상을 말한다. 열역전 현상이 생기면 공기의 상하 대류가 줄어들고 오염된 공기가 정체되기 쉽다.

6 **분지**: 산처럼 고도가 더 높은 지형으로 둘러싸인 평지를 의미한다.

그림 2.23은 고도에 따른 온도 분포를 보여 준다. 오른쪽에서는 열역전층이 존재하는 구간을 보여 주는데, 이것은 열역전층의 아랫부분의 찬 공기가 상대적으로 무거워 위로 올라가지 못하여 공기가 오랫동안 정체되고, 공기가 오염된 경우는 공기 정화가 어려운 문제를 일으킬 수 있음을 보여 준다.

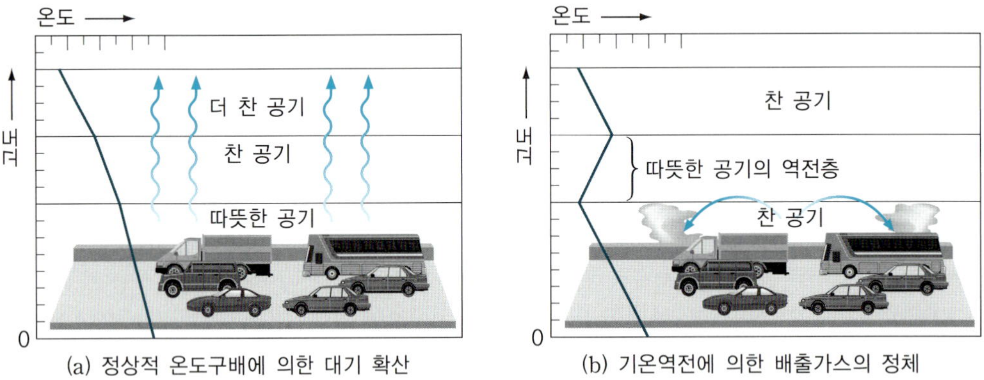

그림 2.23 고도에 따른 온도 분포 정상적인 온도 분포(왼쪽), 열역전층이 존재하는 구간이 있음(오른쪽)

스모그는 런던형과 로스앤젤레스형으로 구분되며 아래에 각각의 스모그에 대해 기술한다.

런던형 스모그(산업 스모그)

런던형 스모그는 석탄이나 석유 등의 연료 연소 후 발생하는 이산화 황이 주요 성분이며, 일반적으로 검은색을 띠고 주로 겨울철에 나타난다. 이산화 황이 탄화수소와 질소산화물과 함께 존재하면 에어로졸이 쉽게 생길 수 있을 뿐만 아니라 수분과 반응하면 매우 위험한 황산으로 변환될 수 있다. 최근에는 난방에 석탄 사용량이 줄어들었고, 석탄 대신 황 함유량이 낮은 석유를 사용하거나 천연가스 혹은 전기를 사용하게 되면서 런던형 스모그 발생이 많이 줄었다.

런던형 스모그의 대표적 피해는 다음과 같다. 1952년 12월 런던에서 5일간의 스모그로 4,000여 명이 사망하였고 그 후에 수행된 2001년의 연구에 따르면 1952년 12월부터 1953년 2월까지 8,000여 명의 사망자가 늘어나 총 사망자는 12,000여 명에 달한 것으로 추정되었다. 당시에는 런던형 스모그로 많은 사망자가 발생하였고, 큰 사회적인 문제였음을 알 수 있다.

로스앤젤레스형 스모그(광화학 스모그)

로스앤젤레스형 스모그는 내연기관, 특히 자동차의 배기가스가 주요 원인이며, 햇빛이 존재할 때 주로 발생하므로 광화학 스모그라고도 한다. 이 스모그의 주요 성분은 질소 산화물, 오존, 탄화수소(자체는 물론이고 산소화 혹은 오존화된 것 포함) 및 유기과산화물(Organic peroxides) 등이며 퍼옥시아실질산염(Peroxyacyl nitrates, PANs)도 포함한다. 광화학 스모그에는 런던형 스모그와 달리 이산화 황이 거의 존재하지 않는다. 계절적으로는 주로 여름철에 발생하며 스모그의 색은 황갈색이다.

자동차는 광화학 스모그의 중요한 원인이 되는데, 만약 중국에서 4억 인구가 휘발유 자동차를 2050년까지 운행한다고 가정하면, 이때 발생한 스모그는 한국, 일본 및 태평양을 거쳐 서태평양 전체를 뒤덮고 미국까지 확장될 수 있는 수준이라고 한다.

참고

퍼옥시(과산소)아실질산염(Peroxyacyl nitrates, PANs)

로스앤젤레스 혹은 광화학 스모그에 나타나는 호흡기 및 눈의 자극을 주는 독성 물질로 아래의 화학적 구조를 가지며(R: 알킬기를 의미), 물에 비교적 잘 녹아(오존보다 잘 녹음) 이동도 용이하다. 피부암을 일으킬 수 있다고도 알려져 있다.

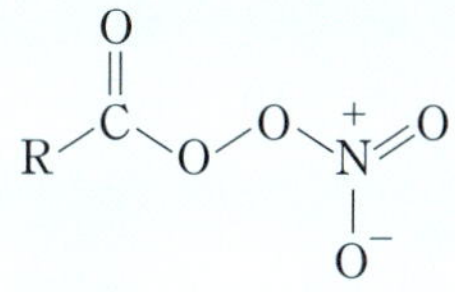

PAN은 VOC가 중요한 원인이며 NO_2 존재 하에서 복잡한 광화학 반응으로 얻어진다. Hydrocarbons(탄화수소) + O_2 + NO_2 + hν ⟶ $CH_3COOONO_2$의 반응이 PAN 발생이 가능한 하나의 예이며, 일반적으로는 $C_xH_yO_3 + NO_2 \longrightarrow C_xH_yO_3NO_2$의 반응으로 PAN이 발생할 수 있다.

다이옥신

다이옥신(Dioxin)은 두 개의 벤젠고리(ring)[7]에 염소가 여러 개 붙어 있는 화합물로, 산소가 두 개인 다이옥신류(**그림 2.24**의 윗부분)와 산소가 한 개인 퓨란류(**그림 2.24**의 아랫부분)를 통칭하며, 210종의 이성질체가 존재한다. 도시 쓰레기의 소각, 염소를 사용한 펄프의 표백 등의 작업에서 원하지 않게 발생하며 독성이 매우 강한 것으로 알려져 있다.

7 벤젠은 C_6H_6의 조성을 가진 6각형 평면의 분자를 의미하며, 벤젠 고리는 이러한 벤젠이 고리 형태로 존재함에 기초하여 어떤 화합물 안에 그 성분이 존재할 때 쓰는 용어이다.

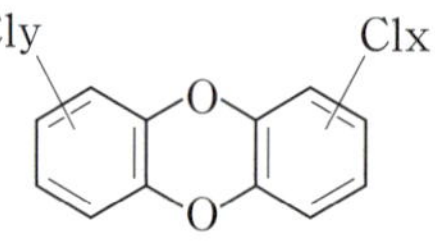

$PCDD_S$

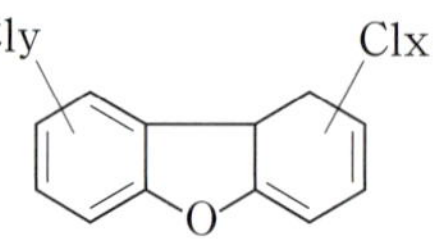

$PCDF_S$

PCDDs: polychlorinated dibenzo-p-dioxins
PCDFs: polychlorinated dibenzofurans

그림 2.24 다이옥신의 대표적 화학 구조

그림 2.25에서는 다이옥신의 발생 메커니즘과 우리 몸에 미치는 영향을 간략히 보여 주고 있다.

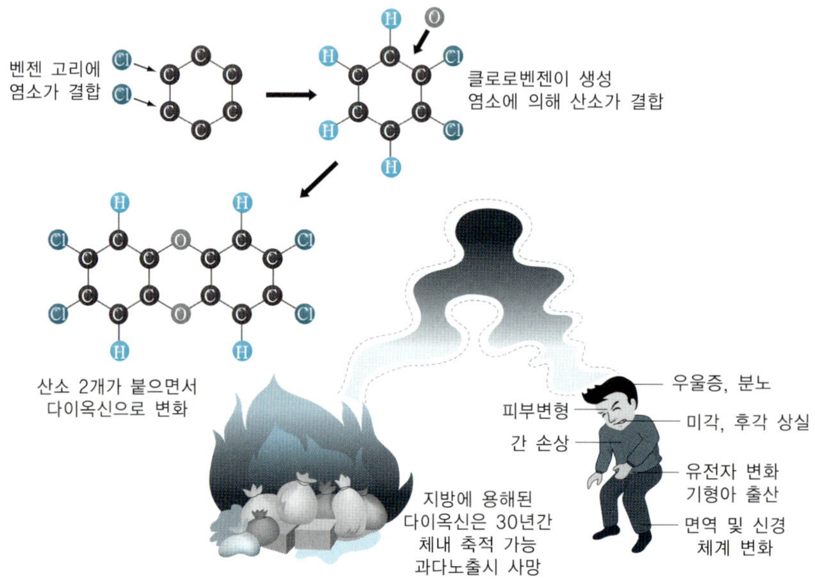

그림 2.25 다이옥신의 발생 메커니즘 및 다이옥신이 우리 몸에 미치는 영향들

산성비

산성비(Acid rain)는 공장이나 자동차 배기가스에서 배출되는 이산화 황(아황산가스)과 질소 산화물이 대기 중의 습기와 작용해 황산과 질산 등으로 변하고, 이 물질이 공중에 떠 있다가 비에 섞여 내리는 것으로, 빗물의 정상 수소 이온 농도(pH)인 5.6보다 낮은 상태의

강산성 비를 말한다.[8] **그림 2.26**은 자동차와 공장 등에서 배출되는 질소 산화물과 이산화 황 등이 산성비로 되는 과정 및 산성비가 자연에 미치는 영향을 개략적으로 보여 주고 있다.

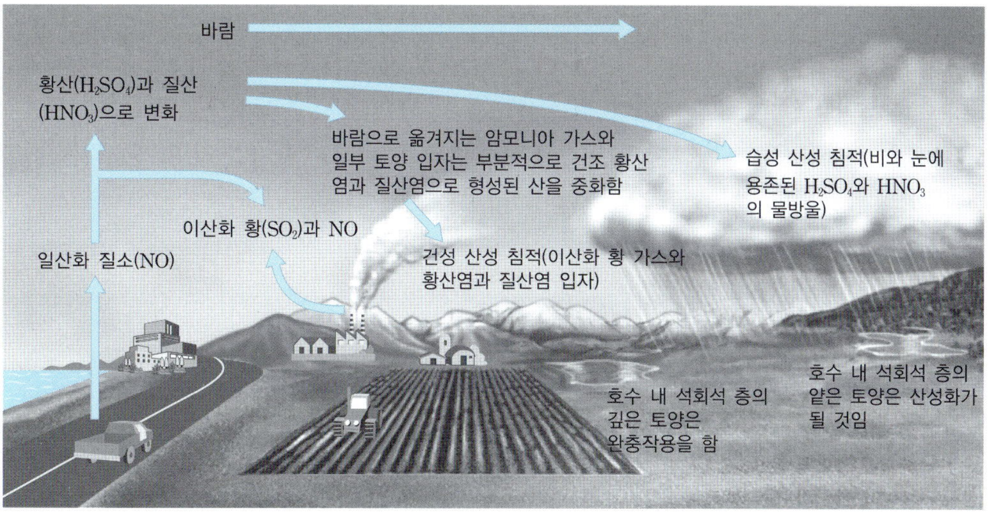

그림 2.26 자동차와 공장 등에서 배출되는 질소 산화물과 이산화 황 등이 산성비로 되는 과정 및 산성비가 자연에 미치는 영향

산성비는 토양의 산성화와 지표수는 물론이고 지하수의 오염을 심각하게 초래한다. 산성비가 내리면 토양의 pH를 감소시키는 것은 물론이고 토양 속에 있던 영양성분인 인, 칼슘, 마그네슘 등의 광물질이 씻겨 내려가게 되어 식물의 생육에 필요한 양분이 부족해지게 된다. 산성비는 호수 및 하천 등은 물론이고 지하수의 pH도 감소시킬 수 있다. 또한 대리석과 석회석(탄산 칼슘이 주성분)은 산과 반응하므로 산성비는 이러한 것들로 만들어진 구조물을 부식시킬 수 있다. 예로 **그림 2.27**과 같이 조각상이나 구조물들이 최근에 심하게 훼손된 경우를 자주 볼 수 있다.

그림 2.27 산성비에 심하게 훼손된 조각상(© Shutterstock/Dan Breckwoldt)

8 일반적인 비의 pH는 대기 중의 이산화 탄소(물과 만나 탄산으로 된다)로 인해 5.6~6.4의 약산성이다.

산성비는 산림 및 동물에도 악영향을 미친다. 자연계는 오랫동안 산성비를 맞지 않고 잘 유지되어 왔으나, 최근 산성비로 인한 피해는 막대하며 산림의 훼손은 물론이고 동물들도 개체 수가 급감하는 현상 등이 발생하고 있다. **그림 2.28**은 pH에 따른 산성 및 알칼리성을 보여 주고 있고 **그림 2.28**의 아랫부분에는 몇 가지의 동물들이 견딜 수 있는 pH를 보여 주고 있다. 개구리는 pH 4에서도 견디나 대합조개는 pH 5.5에서도 견디지 못하는 것을 알 수 있다. 즉, 동물들이 산성비에 견디는 정도는 서로 차이가 있고 개구리는 비교적 산성비에 강하나 대합조개는 아주 약함을 알 수 있다.

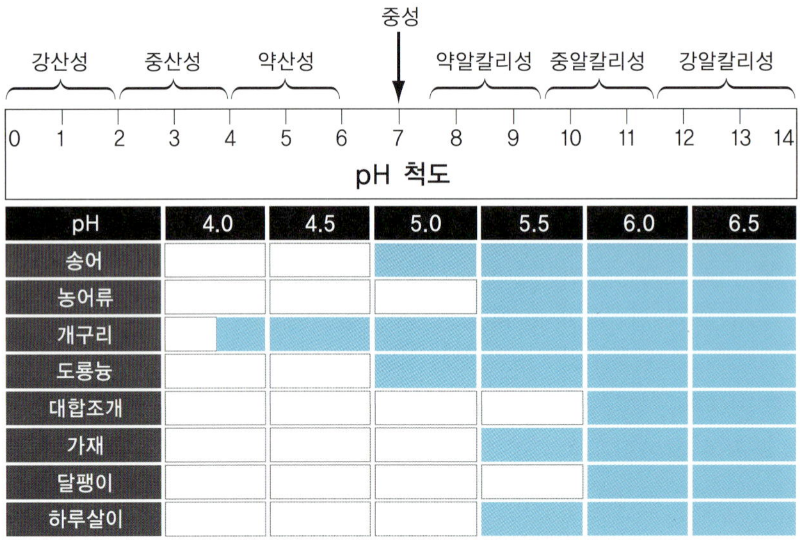

그림 2.28 pH 값에 따른 산성 및 알칼리성의 분류(위) 및 동물들이 견딜 수 있는 pH 범위(아래)

휘발성 유기 화합물

휘발성 유기 화합물(VOCs, Volatile Organic Compounds)(4장 참조)은 증기압이 높아 상온/상압에서 기체 상태로 존재하는 모든 유기성 물질을 통칭하는 의미로 사용되고 있다. 대기환경보전법시행령 제39조 제1항에서는 석유화학제품 · 유기용제 기타물질로서 환경부장관이 관계중앙행정기관의 장과 협의하여 고시하는 물질로 정의하고 있으며, 환경부고시 제2001-36호(2001. 3. 8)에 따라 벤젠, 뷰타다이엔, 휘발유 등 37개 물질 및 제품을 규제대상으로 하고 있다.

휘발성 유기 화합물은 대기 오염 물질이며 발암성을 지닌 독성 화학물질이다. 특히 대기 중에서 광화학 반응을 일으켜 오존 등 광화학 산화성 물질을 생성시켜 광화학 스모그를 유발하는 물질이면서 지구온난화의 원인이 되는 물질이므로 국가마다 배출을 줄이기 위해 정책적으로 관리하고 있다.

VOC의 발생과 문제점

VOC는 자연적 및 인공적 요인으로 발생할 수 있으며, 예로 메테인은 식물, 습지, 흰개미, 소와 양 같은 동물(트림) 등에서 발생하고 논, 쓰레기 매립지, 기름/천연가스 정(井) 등에서도 나온다. 벤젠, 헥세인 같은 용제는 다양한 공정(페인트, 화학공장)에서 나오며 차량, 주유소(휘발유), 플라스틱 등의 다양한 화학제품에서도 나온다. **그림 2.29**는 2017년 EU 지역의 VOC의 주요 발생 요인을 보여 주고 있다(**참고문헌 5**). 산업공정 및 관련 물품의 사용이 가장 큰 요인이며 농업에서도 11%의 무시하지 못할 정도의 VOC가 발생한다.

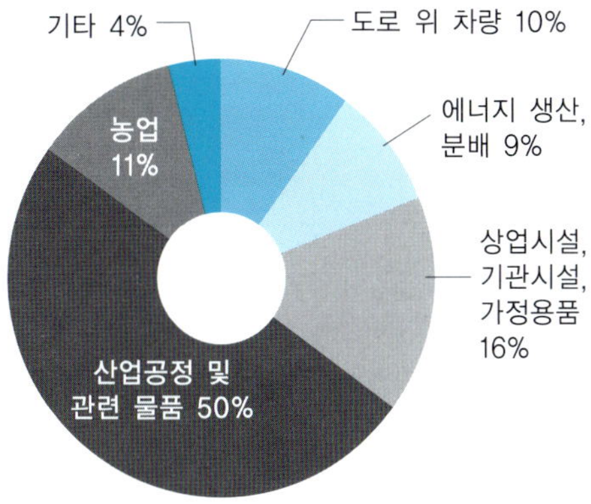

그림 2.29 EU-28 지역의 VOC 배출의 주요 원인

VOC는 위에서도 언급한 바와 같이 다음과 같은 다양한 문제점을 가진다.

> 오존 발생(스모그 유도), VOC 자체의 유해성, 2차 반응으로 다양한 오염 물질 유도(예로 NO → NO_2 등에 관여한다), 악취 발생, 지구온난화 악화(3장 참조).

따라서 VOC의 배출을 미연에 방지하는 것이 매우 중요하다. 예를 들어 자동차 도색 작업이나 주유소 및 세탁소 등에서 대기로 배출되는 공기를 잘 정화해야 한다.

미세먼지(미세먼지와 초미세먼지)

요즘 밤하늘에서 별을 보기란 쉽지 않다. 몇 년 후에도 "밤하늘의 별처럼 많다"라는 말이 여전히 유효할까? 최근 일반적인 도시 환경에서 은하수, 북극성, 혹은 북두칠성을 보는 것은 어렵다. 불행히도 그만큼 우리는 대기가 오염된, 미세먼지와 초미세먼지로 뒤덮인 환경에서 살고 있다. 미세먼지(PM, Particulate Matter)는 말 그대로 작은 먼지란 뜻의 물질로 다음과 같은 특징을 가지고 있다.

미세먼지의 주요 성분(고체 미세먼지)

금속 산화물, 토양 입자, 바다 소금, 비산재(발전소, 소각로), 탄소 알갱이, 더 작은 금속 등으로 이루어져 있으며 인간의 활동으로 얻어지는 황산염이나 질산염 및 중금속 같은 독성 물질도 함유되어 있다. 미세먼지는 크기에 따라 초미세먼지와 미세먼지(각각 2.5 및 10 μm 이하를 의미하며 PM2.5와 PM10으로 표기한다)로 구분된다. **그림 2.30**은 머리

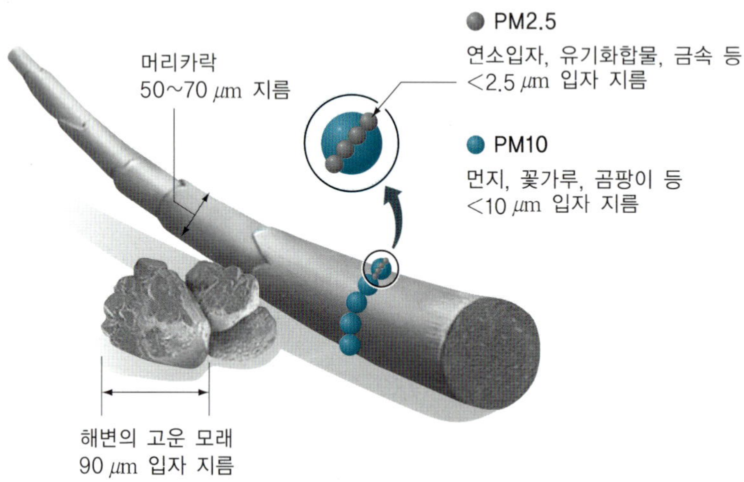

그림 2.30 머리카락과 바닷가 고운 모래와 대비한 미세먼지의 상대적 크기

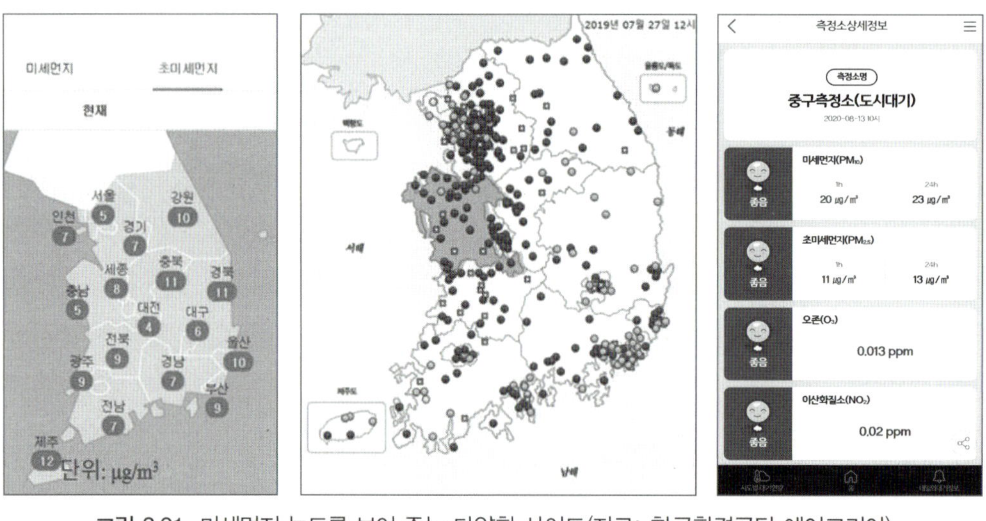

그림 2.31 미세먼지 농도를 보여 주는 다양한 사이트(자료: 한국환경공단 에어코리아)

카락과 바닷가 고운 모래와 대비한 미세먼지의 상대적 크기를 보여 주고 있다. 머리카락의 평균 크기가 60 μm 정도이므로 PM10은 머리카락의 1/6 정도의 두께이다. 또한 PM2.5는 그 보다 더욱 작고 PM10의 1/4 정도의 크기이다. PM2.5는 물론이고 PM10도 바닷가의 고운 모래보다도 작은 크기이다. 미세먼지 같은 많은 오염 물질은 안개를 이루는 물방울에 주로 붙어서 존재한다.

이제 초미세먼지와 미세먼지는 일상이 되었다. 아침에 집을 나서기 전에 일기 예보를 보듯이 인터넷이나 앱으로 미세먼지 현황 및 예측을 자주 보게 된다. **그림 2.31**의 왼쪽은 네이버의 '대기 오염 정보' 사이트이며 가운데는 에어코리아의 '초미세먼지 농도' 사이트이고 오른쪽은 '대기 오염 정보(CAI, 앱 버전)'의 모습이다.

미세먼지가 인체에 미치는 영향

그림 2.32는 크기에 따라 미세먼지가 우리 몸의 어디까지 침투하는지를 보여 주고 있는 개략도로, 미세먼지의 크기가 작을수록 몸 깊숙이 들어가 폐까지 영향을 주는 것을 보여 주고 있다. 또한 미세먼지로 인해 일어날 수 있는 다양한 질병들을 보여 주고 있다. 미세먼지는 귀, 두피와 피부에도 악영향을 미치는 것으로 알려져 있다. 즉, 우리 몸의 다양한 기관이 영향을 받으며 오히려 미세먼지와 무관한 기관을 언급하는 것이 더 쉬울 정도로 우리 몸에 나쁜 영향을 미친다.

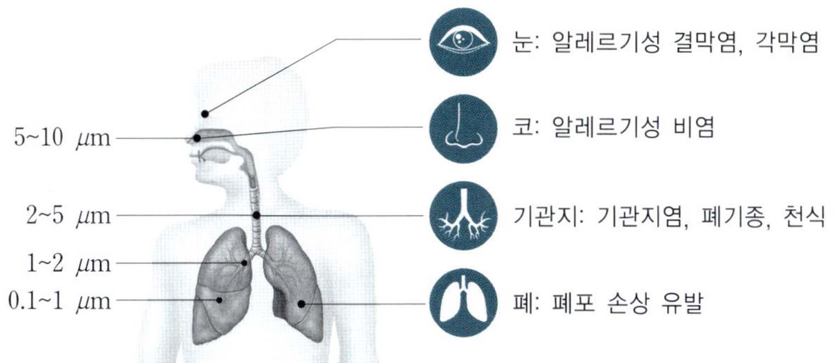

그림 2.32 체내에 흡수 가능한 먼지 크기와 미세먼지로 인해 발생할 수 있는 각종 질병

미세먼지의 생성

미세먼지는 직접적으로도 발생될 수 있고 2차 반응으로도 얻어질 수 있다. 경작 시의 흙먼지, 자동차에 의한 분진 및 배기가스, 나무의 연소, 담배연기 등에서 다양한 미세먼지가 발생할 수 있다. 공장에서 나오는 중금속 먼지 · 매연은 건강에 심각한 영향을 줄

수 있기 때문에 특히 위험하다. 2차 반응의 예로는 연료의 연소 부산물, 암모니아, 용매, 물 등이 서로 반응하여 황산염이나 질산염 같은 전하를 띈 미세먼지로 변환되는 것을 들 수 있다. **그림 2.33**은 보다 구체적으로 양이온 및 음이온으로 구성된 PM2.5의 생성 경로를 보여 주고 있다. 자동차 및 공장에서 발생하는 NOx와 SO_2가 경작 혹은 목축 활동에서 생기는 암모니아 등의 염기성 물질과 만나 전하를 띈 이온성의 PM2.5가 얻어진다.

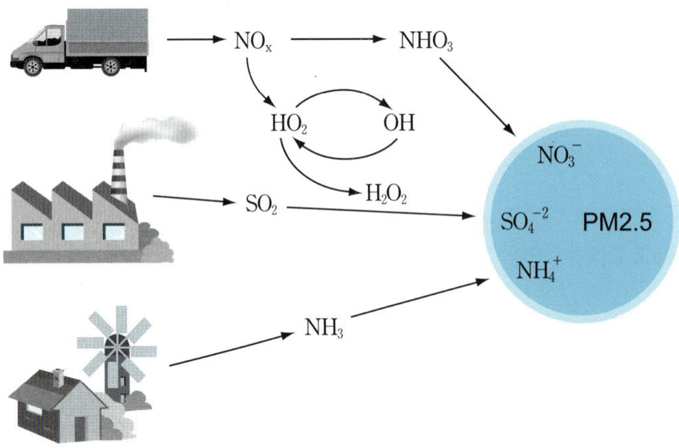

그림 2.33 양이온 및 음이온으로 구성된 PM2.5의 구체적 생성 경로

표 2.3은 초미세먼지의 주요 발생원을 정리한 자료이다(**참고문헌 6**). 지역 및 산업에 따라 각각의 원인이 다를 수 있다.

표 2.3 초미세먼지의 주요 발생원

발생원	부연 설명 및 특성
원소 탄소	불완전 연소 과정에서 발생, 자동차 배기가스
유기 탄소	자동차 배기가스, 바이오매스 연소(산림 화재, 화전)
질소 산화물(NOx)	연소 과정
휘발성 유기 화합물(VOCs)	도장 용재, 식물, 공업
암모니아	농업, 축산, 생활 관련
황 산화물(SOx)	화석연료의 연소
금속 입자	산업 공정(금속 정련, 석유 정제, 첨가제 제조 등)
미네랄 입자	토양 기원(황사 등)

그림 2.34는 2014년 국내의 초미세먼지와 일산화 탄소 배출량을 보여 주고 있다(**참고문헌 7**). 화력 발전소가 많은 충남에서는 초미세먼지가 많이 발생하고 자동차와 공장이 많은 경기에서는 일산화 탄소가 많이 발생함을 알 수 있다.

초미세먼지 배출량 (단위: 톤) 2014년 기준

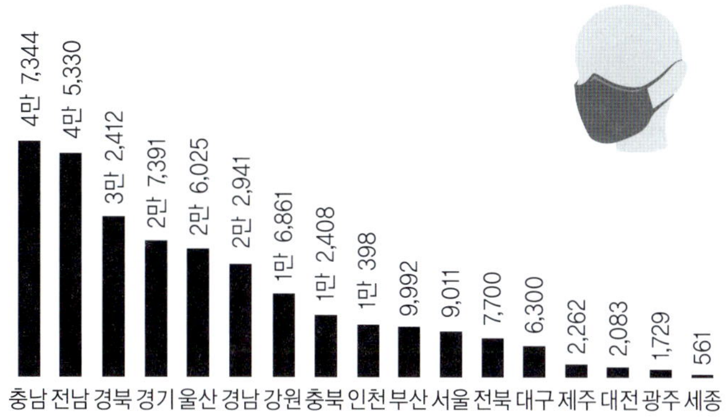

일산화 탄소 배출량 (단위: 톤) 2014년 기준

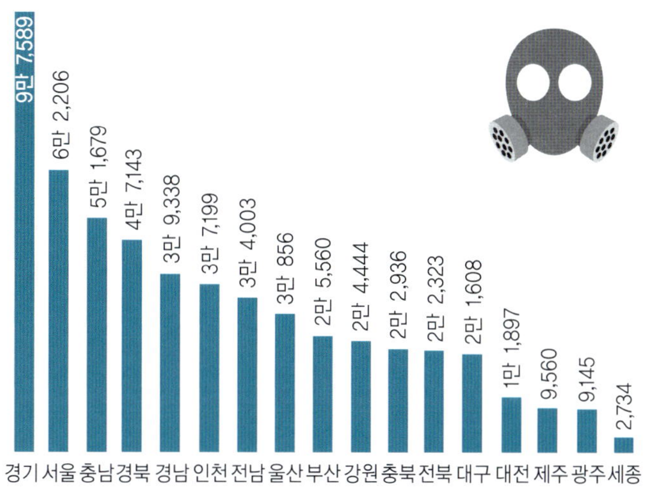

그림 2.34 국내의 행정구역별 초미세먼지와 일산화 탄소 배출량(2014년)

그림 2.35는 2016년 기준 각 국가별 초미세먼지 농도를 보여 주고 있으며 인도, 아프리카의 중부 등의 나라에서 미세먼지 농도가 특히 높음을 알 수 있다. 또한 **그림 2.36**은 1990년부터 2016년까지 주요 몇 개국에서의 초미세먼지의 농도 변화를 보여 주고 있는데 중국은 매우 높은 농도를 보였으나 최근 감소 추세임을 알 수 있고 우리나라는 중간 정도의 수준을 보이나 최근까지도 증가하고 있음에 주목해야 한다. 핀란드와 캐나다는 공기의 질이 좋은 국가임을 알 수 있다. 다행스럽게도 우리나라도 최근에 미세먼지를 줄이기 위한 범정부적인 노력이 이루어지고 있다.

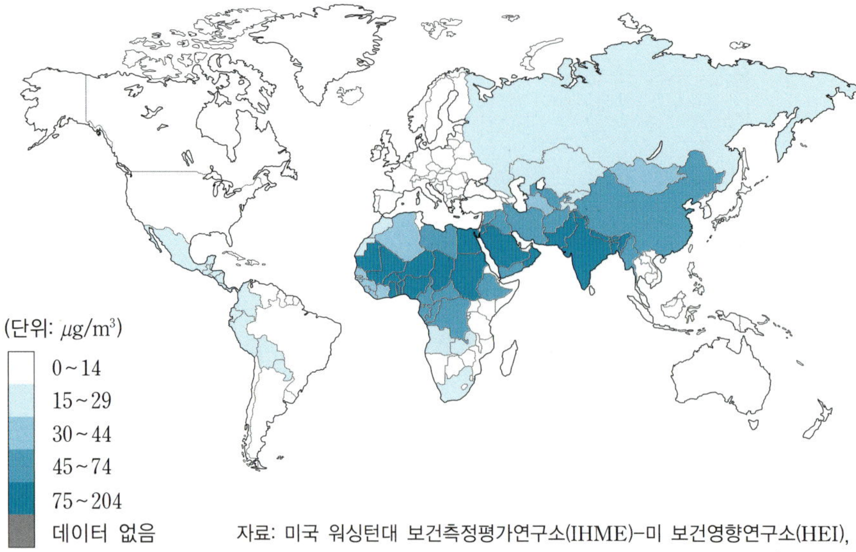

자료: 미국 워싱턴대 보건측정평가연구소(IHME)–미 보건영향연구소(HEI), 2016

그림 2.35 2016년 각 국가별 초미세먼지(PM2.5) 농도

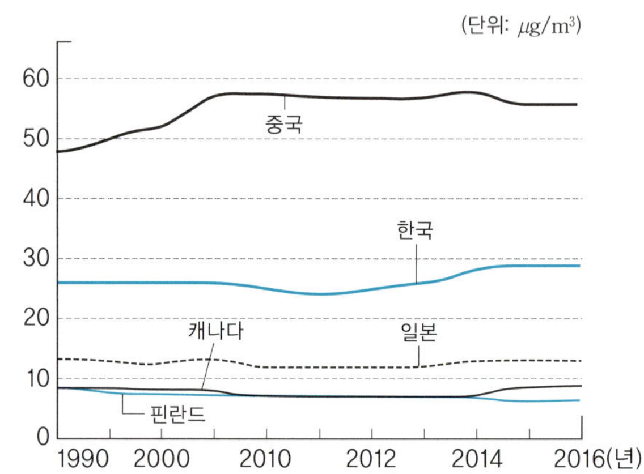

자료: IHME-HEI(2016)

그림 2.36 주요국 초미세먼지의 농도 변화(단위: μg/m³)

참고

디왈리 축제

인도 힌두교 최대 명절로 매년 10~11월에 5일간 열린다. 힌두 달력 여덟 번째 달(Kārtika, 카르티카) 초승달이 뜨는 날을 중심으로 닷새 동안 집과 사원 등에 등불을 밝히고 힌두교의 신들에게 감사의 기도를 올리는 전통 축제로 힌두교 3대 축제의 하나이다. 디왈리는 '빛이 어둠을 이긴 것을 축하하는 축제'이며, 흔히 '빛의 축제'로 알려져 있다. 인도인은 디왈리 때 더 많은 빛을 밝히면 더 큰 행운이 찾아온다고 믿기에 엄청난 양의 폭죽을 사용한다. 타임스 오브 인디아 등 현지 언론이 보도한 바에 따르면, 2018년 디왈리 축제에 뉴델리에서만 5,000톤의 폭죽이 사용되었다고 한다.

불꽃놀이 및 폭죽

인도 뉴델리의 연평균 초미세먼지 농도는 2018년 기준으로 무려 113.5 μg/m³에 이른다고 한다(**참고문헌 8**). 이는 같은 기준으로 서울의 연평균 농도가 23.3 μg/m³이고 WHO의 안전기준 25 μg/m³을 생각하면 매우 높은 수치이다. 또한 인도에서는 대기 오염으로 매년 124만 명 이상이 사망하는 것으로 알려져 있다. 인도의 대기 오염이 심한 이유 중의 하나는 지나치게 많이 사용하는 폭죽 때문이며 무분별한 쓰레기 소각도 중요한 요인으로 꼽힌다.

인도에서는 매년 10~11월에 열리는 디왈리 축제에서 엄청난 양의 폭죽을 터뜨리는데, 이 시기에 도시는 거대한 연기에 휩싸인다. 축제 이후에는 날이 보통 추워지고 난방과 취사를 위해 타이어나 의류 및 신발 등 환경에 매우 좋지 못한 쓰레기들을 태우면서 대기 오염이 더욱 극심해진다고 한다.

2019년 10월 25~29일 사이에 진행된 디왈리 축제에서는 뉴델리에서만 5,000톤의 폭죽이 사용되었고, 그로 인해 2019년 11월 1일 뉴델리 일부 지역의 초미세먼지 농도가 743 μg/m³을 기록하였다. 또한 11월 3일에는 무려 1,000 μg/m³을 오르내렸다고 한다. 이 농도는 WHO의 안전기준 25 μg/m³의 무려 40배 수준으로 도시 자체가 거대한 '가스실'이 된 셈이고 많은 사회적인 문제점을 야기하였다. 예로 인디라 간디 국제공항에서는 30편 이상의 항공편이 시야 확보에 어려움을 겪어 우회하였고, 이에 뉴델리 주 정부는 차량 홀짝제와 건설공사 중지(일주일간) 명령과 임시 휴교령을 내렸다. 이와 같이 인도 정부에서도 미세먼지를 줄이기 위해 많은 노력을 기울이고 있지만 국민들이 폭죽놀이나 소각 등 뿌리 깊은 습관을 바꾸지 않고 있고, 특히 빈민층들이 생존을 위해 소각하는 것을 막거나 개선하는 데 어려움이 있어 대기 오염 문제는 쉽게 해결되지 않고 있다. 중국도 춘절의 불꽃놀이 후 대기질이 크게 악화되자 춘절 기간에 일부 지역에서 불꽃놀이를 금지하였다고 한다.

대전에 있는 한국표준과학연구원에서는 중국에서는 춘절에 폭죽놀이를 하고 한국에서는 설날에 폭죽놀이를 하지 않는 점에 착안하여 중국의 미세먼지가 한국으로 이동함을 증명한 연구 결과를 발표하기도 하였다(**참고문헌 9**). 연구팀에서는 포타슘(K)과 레보글루코산의 농도 변화에 우선 주목하였다. 포타슘은 폭죽의 주요 성분이고 레보글루코산은 나무나 풀 혹은 농작물 같은 바이오매스를 태울 때 포타슘과 함께 얻어지는 성분이기 때문이다. **그림 2.37**과 같이 이 두 가지 성분의 영향을 정리할 수 있다. 미세먼지가 심한 날이 두 가지 성분의 농도를 분석하여 만약 포타슘이나 레보글루코산의 농도 하나가 매우 높다면 각각 폭죽 및 농작물 소각이 미세먼지의 농도를 높인 원인으로 해석할 수 있다.

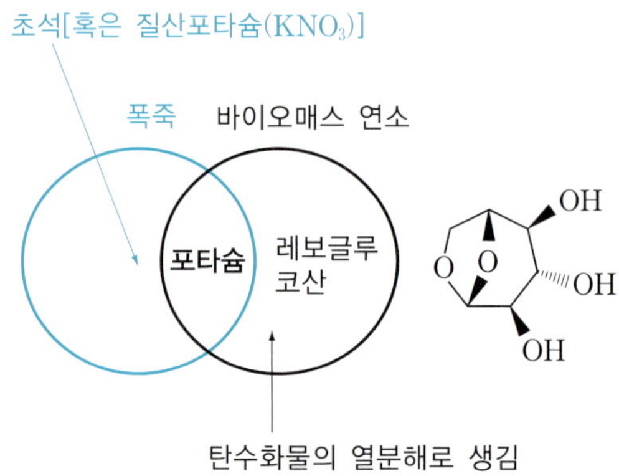

그림 2.37 미세먼지 수치가 높은 경우 포타슘과 레보글루코산의 대기 중 농도를 분석하여 미세먼지의 원인이 폭죽인지 혹은 바이오매스 연소인지를 알 수 있는 개념도

중국 춘절의 불꽃놀이 후 하루가 지나면 한국에서의 PM2.5와 K^+의 농도가 크게 높아짐(레보글루코산 농도의 약 7~8배로 높아짐)을 알 수 있다. 반면, 레보글루코산의 농도는 큰 변화가 없었다. 따라서 한국의 증가된 PM2.5 농도는 중국의 폭죽 사용으로 나타난 현상임을 알 수 있다.

우리나라에서도 현재 다양한 지역에서 불꽃놀이를 하고 있다. 불꽃놀이에는 소듐, 리튬, 포타슘, 구리, 바륨, 칼슘 및 스트론튬 등의 다양한 화학 물질이 사용된다. 이때 사용된 금속 성분들은 산화되어 금속 산화물이 되는데, 이로 인한 미세먼지 및 환경오염의 가능성이 크다. 이러한 금속 중 특히 구리와 타이타늄(은색을 내기 위해 사용됨) 같은 성분들은 중금속에 해당한다. 금속 외에도 황은 산화되어 아황산 가스가 되고 공기 중의 고온 연소 반응으로 질소 산화물이 발생할 수도 있다.

부산시에서는 불꽃놀이의 악영향을 고려하여 2011년 이후 불꽃놀이 기간에 대기질을 측정하고 있고, 서울시에서도(서울시 보건환경연구원) 불꽃놀이 전후에 대기질을 측정하기 시작하였다. 불꽃놀이 후에는 대기질이 나빠지고 폭죽이 대기 오염 물질을 발생시키는 것이 확실하며, 관람객이 타고 온 많은 차량도 대기질에 나쁜 영향을 주는 것으로 생각할 수 있다. 따라서 좀 더 구체적이고 다양한 연구와 분석이 필요하다. 이제는 불꽃놀이와 폭죽이 꼭 필요한지 생각할 때이며 레이저 쇼 등으로 대체할 필요가 있다.

우리나라의 많은 사람들은 요즘 높은 미세먼지 농도와 대기 오염의 원인으로 중국의 영향을 생각하고 있고, 국내의 연구진들은 몇 가지의 연구를 통해 그러한 사실을 입증하고 있다(**참고문헌 10**). 대전에 있는 한국지질자원연구원에서는 다양한 분석 방법으로 초미세먼지가 어떤 성분으로 구성되어 있는지에 대해 정성분석을 하였다. 연구 결과, 초미세먼지 속에 함유된 다량의 희토류 원소를 발견할 수 있었다. 희토류는 중국이 세계 최고의 생산량(약 95%)과 매장량(약 36%)을 자랑하고 있고, 특히 중국에서는 희토류 제련소가 가동되고 있다. 반면에 우리나라는 희토류 제련이나 정련을 하지 않는다. 이런 연구를 통해 우리나라에서 발생하는 미세먼지의 일부는 중국에서 온 것임을 밝혀냈다.

또한 한국지질자원연구원에서는 2014년 초미세먼지를 분석하여 역시 중국에서 유래한 것임을 보였다. 이들은 대전 지역에서 채취한 초미세먼지에 포함된 중금속 원소들의 화학적 존재 형태 및 함량을 분석하였는데, 초미세먼지의 평균 중금속 함량은 카드뮴 44 ppm, 비소 290 ppm, 납 2520 ppm, 아연 5490 ppm 등으로 매우 심각한 수준으로 중금속에 오염되어 있었다. 이 정도의 수치는 토양에 자연적으로 들어 있는 양에 비해 카드뮴은 126배, 비소는 40배, 납은 133배나 많은 것이다.

특히 채취한 초미세먼지의 납의 동위원소 비율을 분석한 결과, 미세먼지 속의 납과 중국에서 사용하는 납은 비슷한 동위원소 비율을 보였고, 우리나라에서 주로 사용하는 납(호주산 납)과는 다른 비율을 보였다. 즉, 중금속으로 오염된 초미세먼지도 중국에서 유래함을 알 수 있었다. 향후 보다 정밀하고 광범위한 연구 분석을 통해 문제를 해결할 방안을 찾을 수 있기를 기대해 본다.

비산재

비산재(비산회, fly ash)는 연소 과정이나 파쇄 과정에서 날리게 되는 회분, 재를 말하며 주성분은 실리카(SiO_2)와 알루미나(Al_2O_3)이고 구형에 가까운 입자이다. 또한 석탄이나 중유 등을 연소했을 때에 주로 생성되는 미세한 입자의 재를 말한다.

비산재는 연도(燃道) 가스 속에 부유하며 대부분은 굴뚝으로부터 대기 속으로 배출된다. 비산재는 대기 오염 공해의 원인 물질 중 하나이기 때문에 집진기 등으로 포집하여 대기 속으로 배출되지 않도록 해야 한다. **그림 2.38**은 비산재를 포함한 다량의 연기를 분출하고 있는 오래된 화력 발전소의 모습을 보여 주고 있다. **그림 2.39**는 비산재와 아주 고운 비산재의 크기를 보여 주고 있는데 비산재들은 대부분 구형임을 알 수 있다.

그림 2.38 오래된 화력 발전소의 모습(© Shutterstock/ldphotoro)

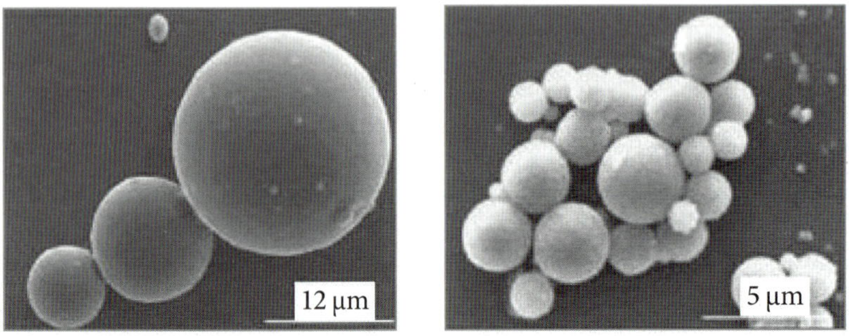

그림 2.39 비산재와 아주 고운 비산재의 크기

참고

집진기(dust collector, 集塵機)

기체 속에 부유(浮遊)하고 있는 고체나 액체의 미립자를 모아서 제거하는 장치를 말한다. 집진의 방법은 중력에 의한 것, 여과에 의한 것, 관성·원심력에 의한 것, 음파를 이용한 것, 세정에 의한 것 등 종류가 많고 비교적 큰 미립자(1 mm 정도부터~1 μm 이하까지)는 제거하기 쉬우나 인체에 악영향을 미치는 정도의 작은 미립자를 제거하기는 어렵다. 현재 가장 효율이 좋은 것은 전기식이며 전기식 집진기의 대표적인 것은 코트렐 집진기(그림 2.40 참조)이다. 관·판·막대·철사와 같은 집진전극에 직류의 고전압을 걸고 이들 사이에 미립자를 함유한 기체를 통과시켜 미립자를 양극과 음극을 가진 전기를 활용하여 집진한다. 입자의 크기·성질, 온도·압력의 영향을 거의 받지 않으며 집진효율은 98% 정도로 높으나 설비비가 비싼 단점이 있다.

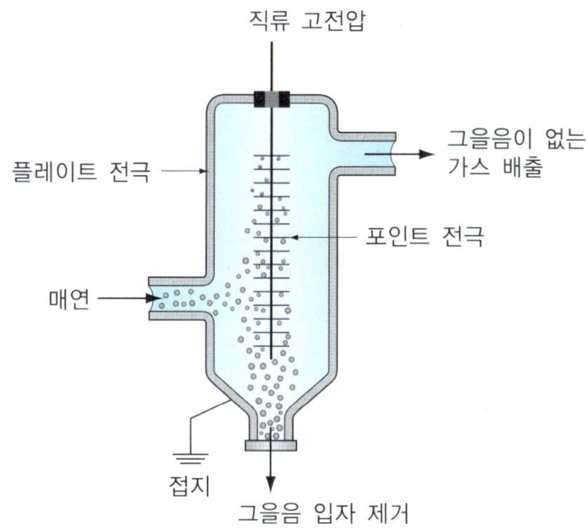

그림 2.40 코트렐 집진기의 개략도

황사현상

황사는 매년 건조한 봄철에 중국 서부와 고비사막에서 0.002~0.05 mm(2~50 μm)의 미세한 흙먼지가 편서풍을 타고 동쪽으로 이동하여 우리나라의 대기를 오염시키는 현상을 말한다. 황사는 발생하면 한 번에 약 100만 톤의 흙먼지가 한반도에 뿌려지는데, 최근 지구온난화와 토양의 사막화로 발원지 면적이 점차 확대되고 있어 그 발생 확률 및 흙먼지 양이 증가될 것으로 우려하고 있다. 황사 중에는 거대한 모래 폭풍으로 인해 1 km 밖을 볼 수 없는 경우가 있으며 심할 때에는 200 m 밖도 볼 수 없는데, 이를 흑폭풍이라고 한다.

그림 2.41 고비사막으로부터 발생한 황사가 영향을 주는 지역

최근 50년간 흑폭풍은 60여 회 정도가 관측되었다고 한다. 오염물이 포함되지 않은 황사는 땅에 내린 후 비료로 작용하는 등 긍정적 측면도 있었으나 최근 중국의 산업화로 중금속과 같은 위험한 물질이 포함된 황사가 날아와 문제가 되고 있다. 또한 매우 작은 황사 입자는 태평양을 건너 미국 서부까지 날아간다고 한다. **그림 2.41**은 황사의 주요 발생 지점 및 황사 영향권을 보여 주고 있다.

2.8 요약

우리의 대기는 매우 급속히 오염되고 있고, 그 원인도 매우 다양하다. 주요 1차 오염원은 NOx, SOx, VOC 등이며 2차 오염원은 오존, 질산(질산염), 황산(황산염), 산성비 등이다.

미세먼지는 다양한 원인으로 발생하며 최근 특히 심각한 수준으로 자주 그리고 높은 농도로 대기를 오염시킨다. 또한 자동차가 많은 도시에서는 스모그와 오존 등도 심각할 수 있다. 전 지구적으로는 성층권의 오존이 감소하여 지구에 도달하는 자외선의 강도가 높아질 수 있다.

일반 대중들이 대기의 오염 저감 및 방지를 위해 할 수 있는 일이 많지는 않지만, 우리의 환경과 나와 후손을 위해 할 수 있는 것부터 작은 것이라도 실천해야 한다. 우선 나부터 실천하는 자세가 중요하다. 예를 들면 대중교통을 활용하고 악취가 나거나 대기 오염이 우려되는 현장(자동차 수리 및 간판 작업 시 도색을 하면서 대기로 오염된 공기를 방출하는 현장 등)을 보면 '환경신문고'(전화128번)를 이용하여 신고하는 등 환경파수꾼의 역할이 필요하다.

핵심어

다이옥신, 미세먼지, 불꽃놀이, 산성비, 스모그, 오존, 집진기, 폭죽, CFC, NOx, PM2.5, PM10, SOx, VOC.

3장

지구온난화와 이산화 탄소

이 장에서는 지구온난화[1]와 그 원인으로 아주 중요한 이산화 탄소(CO_2) 등의 온실가스에 대한 개요, 현황 및 대처 방안에 대해 다룬다.

3.1 개요

우리는 작은 빙하 위에서 위태롭게 서 있는 북극곰 사진을 자주 보았을 것이다. 지구의 온도는 점점 증가하고 있고 영원히 녹지 않을 것 같던 빙하와 만년설마저 점차 녹고 있다. 이대로 지구의 온도가 계속 올라가면 결국에는 북극의 얼음이 다 녹을 수도 있다고 한다.

빙하 같은 지표면의 얼음이 녹으면 해수면이 상승할 것이다. 네이처의 한 논문에 의하면 1961~2003년 사이 해수면은 매년 평균 약 1.5 mm 상승하였다고 한다. 이에 비해 18, 19, 20세기에는 각각 2, 6, 19 cm 상승하였다. 예를 들어 그린란드의 얼음이 모두 녹으면 해수면이 7 m 정도 상승할 것이라고 하며, 지구의 모든 얼음이 녹으면 해수면이 66 m 정도 높아져 많은 지역이 잠길 것으로 예측되고 있다. 해수면이 지금보다 1 m만 상승해도 우리나라는 여의도 면적의 33배에 달하는 국토가 침수되고 네덜란드의 암스테르담 및 로테르담 같은 큰 도시가 물에 잠길 것이라고 한다.

태평양의 작은 섬나라들은 아예 영토가 모두 잠기는 아주 심각한 일들이 일어날 것으로 예측된다. 특히 투발루[2]는 인류 최초로 '환경 난민'이 될 문제에 처해 있어 2001년에 국토 포기를 선언하고 자국민들에게 이민을 장려하고 있는 상태라고 한다. 현재 상태로 지속되면 투발루는 50년 후에는 물속에 잠기게 된다. 이외에도 몰디브나 마셜제도, 나우루 공화국 등도 조금씩 물에 잠기고 있다. 아이러니하게도 투발루 같은 나라들은 해수면 상승에 대한 책임이 거의 없지만 그 피해를 가장 크게 받고 있다.

이와 같은 실제 사례들을 통해 지구온난화의 심각성을 인지한다면 다음과 같은 의문이 들 수 있다.

- 지구온난화의 원인은 무엇인가?
- 지구온난화를 막기 위해 우리가 해야 할 일에는 어떤 것들이 있을까?

---

1 지구온난화의 정확한 과학적 표현은 '기후 변화'이지만 현재 일반 대중이 흔히 사용하고 있고 지구의 기온이 증가하는 점을 강조한 지구온난화가 일반적으로 많이 사용된다.

2 평균 해발고도가 2 m 미만이고 면적이 3,000 ha 정도인 작은 나라로 인구는 11,000명 정도이다.

- 우리가 노력하면 지구의 온도 상승 및 해수면 상승을 막을 수 있을까?
- 어느 정도로 지구 온도를 제어해야 인류가 별 문제 없이 살아갈 수 있을까?

네덜란드 위트레흐트 대학 해양역학 교수인 헨크 데이크스트라 박사 연구팀이 2018년에 '지구 시스템 역학 저널'에 기고한 논문(**참고문헌 1**)을 주목해 보자. 해당 논문은 인류가 2100년에 지구 온도 상승(산업화 이전의 지구 온도와 대비)을 1.5도 혹은 2도 이내로 막기 위해 어느 정도로 재생 에너지(7장 참조)를 사용해야 하는지와 언제까지 인류가 그러한 노력을 할 수 있을지에 대한 연구이다.

이 연구에서는 "만약 인류가 지구 온도 상승을 막기 위한 노력을 너무 늦게 시작할 경우, 재생 에너지를 충분히 많이 사용해도 이미 파국의 결과를 얻고 난 뒤일 수 있다"라고 말하고 있어 경종을 울린다. 이 논문에 따르면, 매년 2%씩 재생 에너지 비중을 늘린다고 가정할 때 '2100년에 지구 온도 상승을 2도 이내'로 막기 위해 이를 시작할 수 있는 최종 시한은 2035년이라고 말한다. 또 재생 에너지를 5%씩 늘릴 수 있으면 그 시작 시한은 2045년이라고 분석하였다. 그리고 이산화 탄소 포집 기술을 이용해 대기 중 온실가스를 제거할 경우 이 시한을 6~10년 더 늦출 수 있다고 연구팀은 설명하였다.

그러나 1990년대 말에 재생 에너지를 사용하기 시작한 이후 20년 가까이 흘러 2017년 현재 재생 에너지 비중이 3.6%에 그칠 정도로 느리게 증가한 점을 고려할 때 연구팀이 언급한 매년 2~5% 증가는 범지구적인 특단의 조치 없이는 사실상 불가능하다는 전망이다. 즉, 2035년을 지나면 재생 에너지 비중을 2%씩 늘려도 지구 온도 상승을 2100년까지 2도 이내로 막기는 불가능하고, 온도 상승을 1.5도로 억제하려던 더 어려운 목표 또한 이루지 못할 것으로 전망하였다. 즉, **그림 3.1**의 왼쪽 윗부분을 보면 매년 2%씩 재생 에너지를 늘려도 온도 상승을 1.5도로 억제하기에는 2020년 현재 이미 늦었다는 것을 알 수 있다. 현재 추세대로 에너지를 사용하고 이산화 탄소를 발생시키면 지구는 점점 더 뜨거워지고 앞으로 어떠한 일들이 일어날지 예측 불가능한 파국이 올 수 있는 것이다.

그래프의 상 · 하단은 이산화 탄소 포집 기술을 활용하지 않을 때와 할 경우의 차이를 나타낸다. 위 그림에서 가로 파선들은 확률 2/3 지점을 나타내며, 맨 위의 오른쪽 그림을 보면 각각 재생 에너지 비중을 매년 2~5% 늘리면 늦어도 각각 2035, 2045년 전에 시작해야 '2100년에 지구 온도 상승을 2도 이내'로 유지할 수 있음(성공확률 2/3)을 보여 준다. 아래 그래프들은 이산화 탄소를 포집하여 대기의 농도를 줄일 경우이며 위 그래프 대비 약 6~10년 정도 시작 시기를 더 늦출 수 있다.

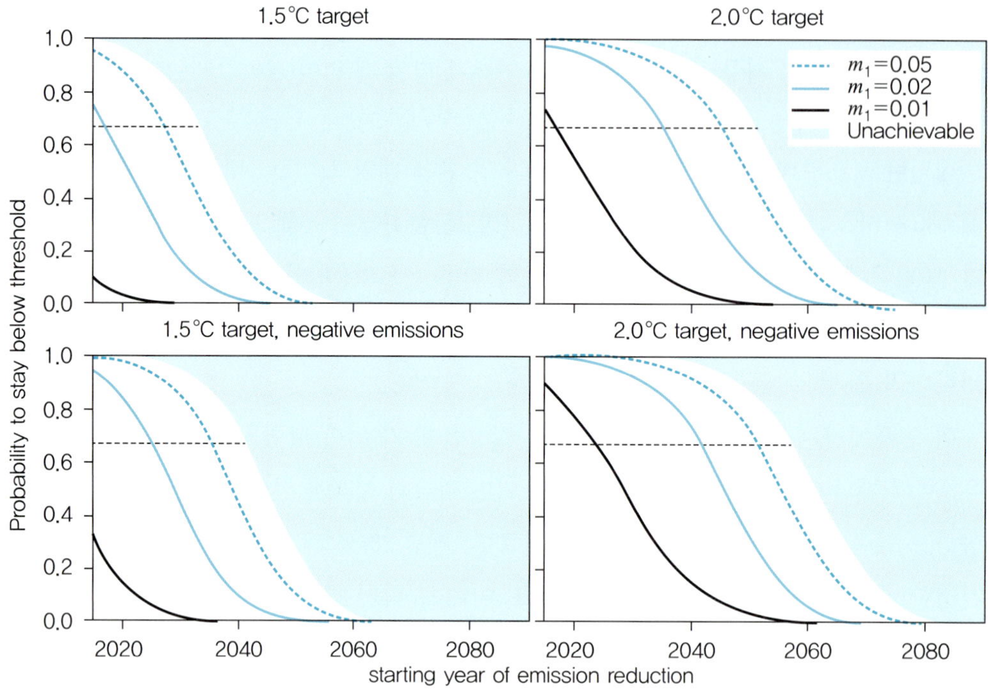

그림 3.1 지구온난화 '돌아올 수 없는 선' 그래프 재생 에너지 비중을 연간 1%(검정선), 2%(색선), 5%(점선)씩 늘렸을 때 지구 평균기온 상승 제한 목표 1.5도와 2도(산업화 이전 대비하여 2100년에 증가하는 온도)를 달성할 수 있는 가능성을 보여 준다. 면으로 채워진 부분은 목표 달성이 불가능한 영역을 나타낸다.

3.2 온실효과

온실효과는 대기 중의 이산화 탄소, 수증기, 메테인 등의 분자가 적외선을 흡수하여 대기를 따뜻하게 만드는 현상을 일컫는다. 만약 온실효과가 전혀 없다면 밤과 낮의 온도 차이가 매우 커지므로 인류는 물론이고 많은 생명체가 살 수 없을 것이다. 지구 대기에 존재하는 수증기와 이산화 탄소 등으로 인해 항상 있어 왔던 적당한 정도의 온실효과는 우리에게 꼭 필요한 현상이지만 최근에는 그 정도가 심해져 범지구적인 문제가 되었다.

온실효과의 증거로는 (1) 사막의 밤은 습도가 낮아 매우 춥고 (2) 겨울밤에 구름이 끼면 기온의 냉각속도가 늦지만 습기가 낮거나 구름이 없으면 복사 냉각이 빠른 속도로 일어나(온도 하강 속도가 빠르다) 매우 춥다는 것 등을 들 수 있다. (3) 또 다른 증거로는 금성의 대기는 98%가 이산화 탄소이며 태양으로부터의 거리에 비해 매우 높은 온도를 가진다는 점이다. 금성과 태양과의 거리를 단순히 고려하면 금성의 평균 온도는 300 ℃ 정도로 예측되지만 실제로는 약 450 ℃라고 한다. 즉, 금성이 단순한 거리에 의해 예측되는 온도와 대비하여 매우 높은 온도를 보이는 현상은 이산화 탄소에 의한 온실효과 때문이다.

그림 3.2는 태양으로부터 지구로 들어오고 나가는 지구 에너지의 균형을 정량적으로 보여 주고 있다. 지구를 향한 태양의 에너지가 100이라면 그중 46이 지구에 흡수된다. 흡수된 46 중 9가 다시 방출되고 37은 지구 대기에 흡수된다. 즉, 지구에 흡수된 에너지의 약 80%는 지구 대기에 다시 흡수된다. 이러한 현상은 오랫동안 있어 왔던 정상적인 과정이고 지구의 평균 온도가 약 15 ℃로 유지되는 원인이기도 하다. 대기가 존재하기 때문에 지구는 아주 긴 시간 동안 비교적 적당한 온도로 유지되고 있었으며, 그 원인을 우리는 온실효과라고 한다. 지구에 이러한 온실효과가 없다면, 지금보다 온도가 약 33 ℃ 낮을 것으로 예상된다. 따라서 적당한 정도의 온실효과는 지구 생명체에게 필수적이며 중요한 과정이다. 그러나 산업혁명 후 **그림 3.2**에 '37'로 표기된 부분이 꾸준히 증가하여 대기 혹은 지구가 더워지는 문제가 발생하고 있다. 즉, 온실효과가 증가하여 이를 제어하지 않으면 지구의 기온이 너무 높아져 빙하가 녹고 해수면이 상승할 뿐만 아니라 예측할 수 없는 기후 변화와 이상 기후가 발생할 수 있기 때문에 범지구적인 문제 및 관심사가 되고 있다.

한편, 대기의 주성분인 산소와 질소 등의 기체는 이산화 탄소와 달리 적외선을 흡수하지 않으므로 온실효과와는 무관하다. **그림 3.3**은 온실효과 및 지구 온도 유지에 대해 대략

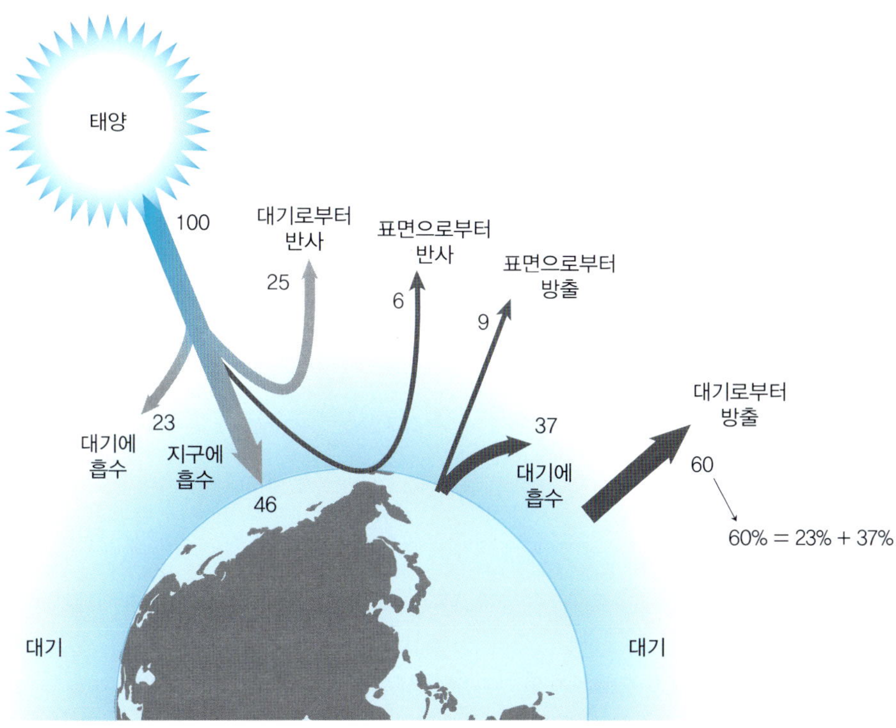

그림 3.2 지구 에너지 균형(수치들은 총 입사 복사선의 %임) 및 관련 설명

적으로 정리한 것으로 지구 대기 중 가장 중요한 기체인 산소와 질소는 물론이고 성층권에 많이 존재하는 오존(2장 참조)의 영향까지 포함한 것이다. 자외선은 에너지가 높아 인류나 생물들에게 위험한데, 특히 에너지가 높은 자외선 부분(UVC)을 산소와 오존이 잘 막아 지구로 도달하지 못하게 한다. **그림 3.3**의 오른쪽에 3개의 동그라미로 표기된 것은 대기에 흡수된 에너지가 재복사되어 다시 지구로 돌아와 지구 온도를 유지하는 온실효과를 한 번 더 보여 주고 있다. 적당한 정도의 온실효과는 지구 생명체를 위해 아주 필요하나, 최근 이산화 탄소와 같은 온실가스의 증가로 너무 많은 에너지가 지구로 돌아와 지구 온도를 증가시키는 문제가 발생하고 있다.

그림 3.4와 같이 1880년 이후부터 현재까지 대기의 이산화 탄소(**참고문헌 2**)의 농도와 지구 기온은 아주 비슷한 경향을 보이고 있다. 즉, 대기 중의 이산화 탄소가 지구 온도에 직접적인 영향을 주는 것으로 볼 수 있으며,[3] 이산화 탄소가 온실효과에 아주 중요함을 보여 주고 있다.

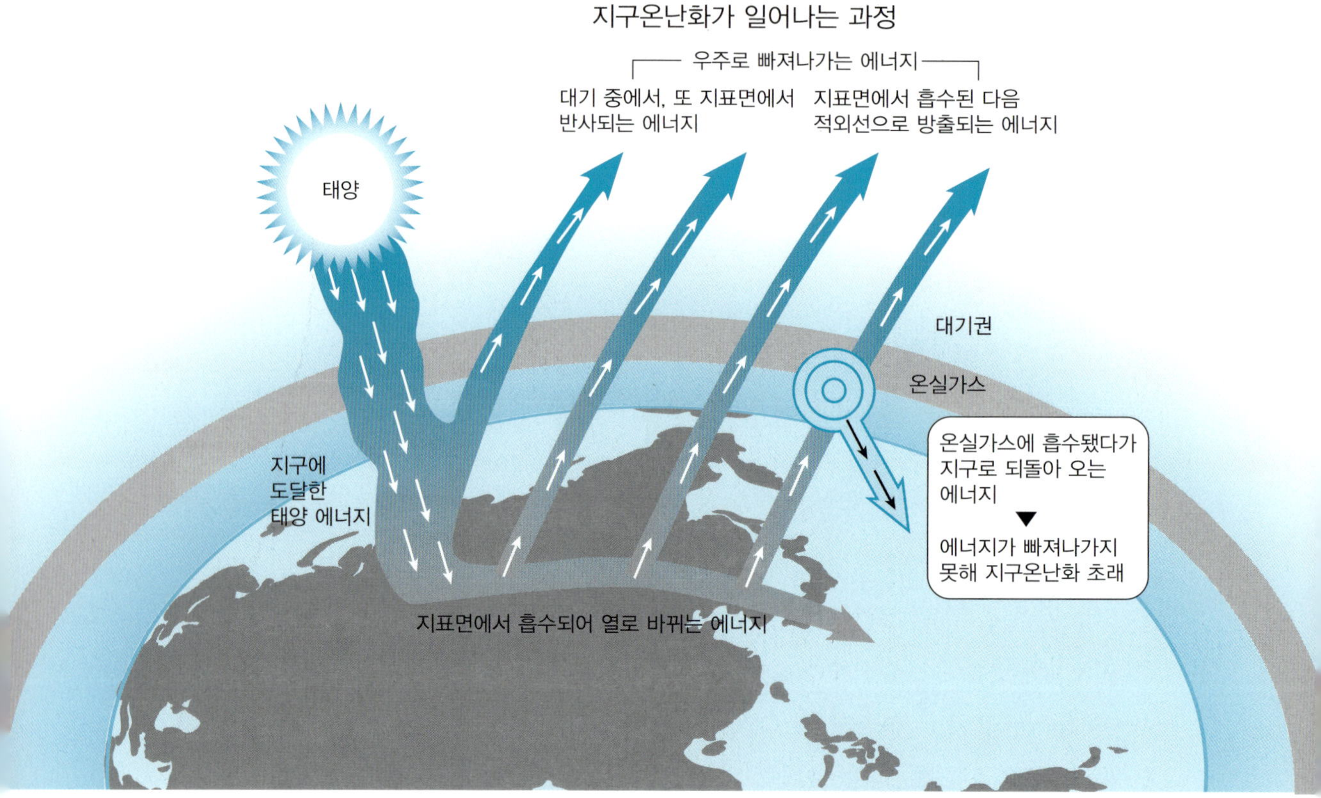

그림 3.3 온실효과 및 지구 온도 유지에 대해 대략적으로 정리한 자료

3 지구의 기온이 높아 이산화 탄소의 농도가 높아진다고 생각할 수도 있으나, 이를 뒷받침할 과학적 증거는 매우 부족하다.

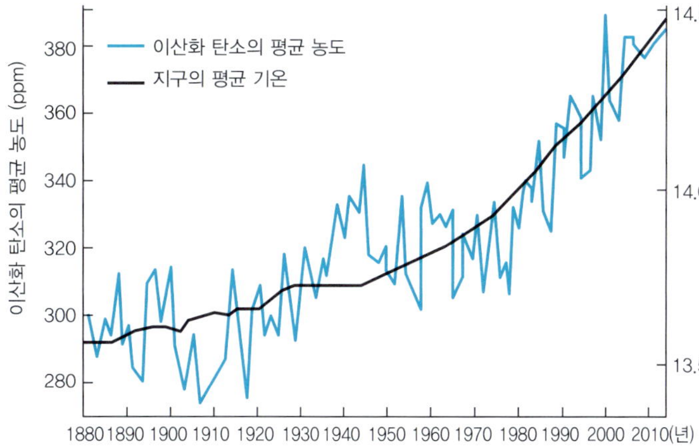

그림 3.4 시대별 이산화 탄소 농도와 지구의 평균 온도

만약 지구 대기의 CO_2 농도가 600 ppm(현재는 약 400 ppm)이 되면 지구 온도가 1.5~6 ℃(2.7~10.8 ℉) 증가할 것으로 예상되며, 이는 지난 200만 년 간의 지구의 온도 변화와 대비해도 결코 작은 크기가 아님을 알아야 한다.

3.3 이산화 탄소

이산화 탄소의 특성

이산화 탄소(CO_2)는 직접적으로는 위험성이 낮은 비교적 무해한 대기의 가스이고 식물의 광합성을 위해 꼭 필요한 성분이다. 2020년 현재 실제 대기 중에 약 400 ppm의 이산화 탄소가 존재하고 인간이 호흡 후 배출하는 기체에도 4~5%의 이산화 탄소가 들어 있다. 그러나 화석 연료의 연소로 매년 약 220억 톤의 이산화 탄소가 대기에 알짜로 증가하고 있으며 이산화 탄소는 매우 안정하여 제거하거나 다른 화합물로 바꾸기 쉽지 않다.

이산화 탄소를 제거하는 방법으로는 식물에 의한 광합성 및 바다에 흡수되는 것 등이 있는데, 이러한 옛날부터 존재해 온 자연적인 메커니즘으로 제거되는 이산화 탄소의 양은 매년 약 100억 톤으로 거의 일정하다. 문제가 되는 것은 현재 인류가 배출하는 이산화 탄소의 양이 무척 많고 빠르게 증가하고 있다는 점이다. 이산화 탄소의 배출량은 문명 발전에 따라 크게 증가하며, 한 사람이 1년간 배출하는 이산화 탄소의 양은 일반적인 미국인의 경우 약 22톤에 이르며 인도의 농부의 경우는 약 1.8톤이라고 한다. 즉, 문명 혹은 기술 발전에 따라 10배 이상의 발생량 차이를 보인다.

그림 3.5는 국가별 CO_2 배출현황을 비교한 것이다. 첫 번째 그래프는 1970~2017년 사이의 누적 배출량으로 미국, 중국, EU28국, 러시아, 일본 순이며 세 번째 그래프는 2017년의 국가별 총 배출량을 보여 주는데 중국, 미국, 인도 순이다. 마지막 그래프는 2017년의 국가별 1인당 배출량을 보여 주고 있다. 우리나라는 2017년 세계 7위의 이산화 탄소 배출국(총량 기준)이며, 1인당 배출량은 카타르, 쿠웨이트, 사우디아라비아, 미국 등에 이어 9위에 이르는 등 이산화 탄소 배출량 측면에서 결코 자유로울 수 없는 입장이다.

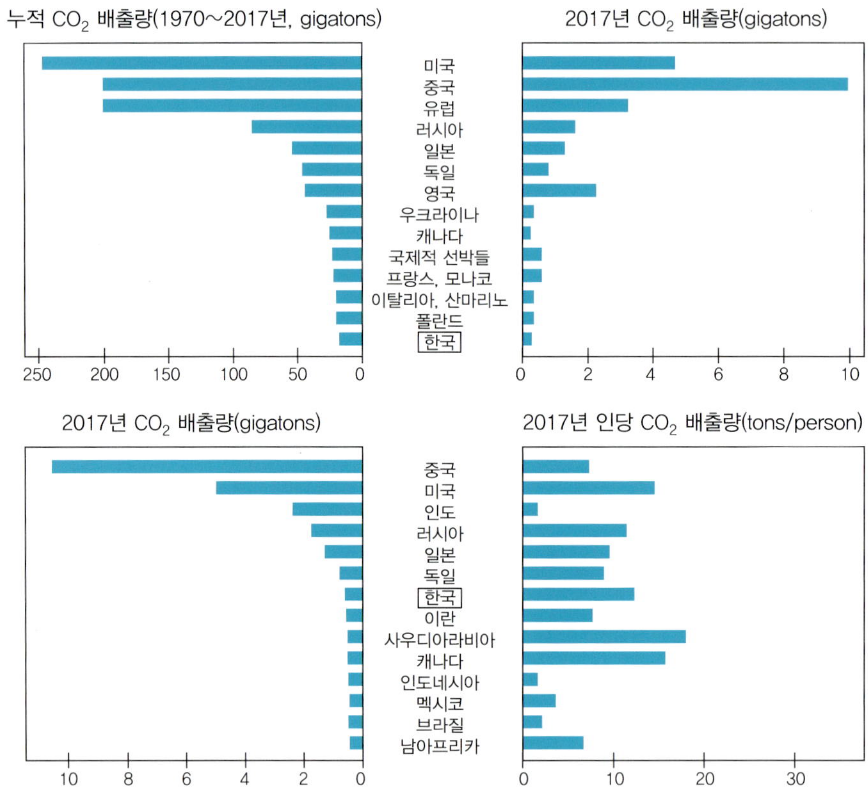

그림 3.5 국가별 CO_2 배출 현황

다음에 기술된 참고자료는 다양한 연료를 연소할 경우 무게당 발생하는 이산화 탄소의 양을 보여 주고 있다. 수소는 다른 연료와 달리 연소하여도 이산화 탄소의 배출이 없는 바람직한 연료임을 알 수 있고 석탄은 단위 무게당 연소 시 이산화 탄소의 발생량이 가장 높은 연료임을 알 수 있다(7장 참조). 얼핏 보기에 수소만 사용하면 이산화 탄소의 문제를 해결할 수 있을 것 같으나 현재 기술로는 수소를 화석 연료에서 주로 만들고 있고 그러한 공정에서 이산화 탄소가 배출되므로 화석 연료를 사용하지 않는(예: 물을 태양광을 이용하여 수소와 산소로 분해) 경제적인 수소 제조 기술이 중요하다.

참고

연료(fuel)의 연소 시 무게당 발생하는 CO_2의 양

– 수소: $2H_2(g) + O_2(g) \longrightarrow 2H_2O(g)$
(${CO_2}$ 발생 없음, $CO_2/\text{fuel} = 0$)

– 메테인: $CH_4(g) + 2O_2(g) \longrightarrow CO_2(g) + 2H_2O(g)$
16 g 메테인 ⟶ 44 g CO_2 발생($CO_2/\text{fuel} = 2.75$)

– 프로페인: $C_3H_8(g) + 5O_2(g) \longrightarrow 3CO_2(g) + 4H_2O(g)$
44 g 프로페인 ⟶ 132 g CO_2 발생($CO_2/\text{fuel} = 3.00$)

– 휘발유: $C_8H_{18}(l) + 12.5O_2(g) \longrightarrow 8CO_2(g) + 9H_2O(g)$
114 g 휘발유 ⟶ 352 g CO_2 발생($CO_2/\text{fuel} = 3.09$)

– 경유: $C_{12}H_{26}(l) + 18.5O_2(g) \longrightarrow 12CO_2(g) + 13H_2O(g)$
170 g 경유 ⟶ 528 g CO_2 발생($CO_2/\text{fuel} = 3.11$)

– 석탄: $C(s) + O_2(g) \longrightarrow CO_2(g)$
12 g 석탄 ⟶ 44 g CO_2 발생($CO_2/\text{fuel} = 3.67$)

– 포도당: $C_6H_{12}O_6 + 6O_2 \longrightarrow 6CO_2 + 6H_2O$
180 g 포도당 ⟶ 264 g CO_2 발생($CO_2/\text{glucose} = 1.47$)

※ CO_2/fuel: 연소된 연료 무게당 발생하는 이산화 탄소 무게 비

Q1. 석탄 12톤 연소 시 발생하는 CO_2의 무게는 몇 톤일까?

Q2. 승용차가 50 L 휘발유 사용 시 발생하는 CO_2의 무게는 몇 kg일까?
(옥테인 기준, 비중 0.7, 114 g/mol)

A1. 석탄 12 g 연소 시 발생하는 CO_2의 무게가 44 g이므로 12톤 연소 시 44톤이 얻어질 수 있다.

A2. 50 L 휘발유는 35 kg에 해당한다.
114 g 휘발유 연소로 352 g의 CO_2가 발생하므로 $114 : 352 = 35 : x \longrightarrow x = 108$ kg

위 결과를 보면 석탄이나 휘발유는 연소하면 연료의 3배 무게 이상의 이산화 탄소를 발생시키고 자동차에 50 L의 휘발유를 주유 후 운행하면 대략 약 100 kg의 매우 많은 이산화 탄소가 발생함을 알 수 있다.

CO_2의 다른 문제점, 바다의 산성화

그동안 CO_2를 바다에 버리는 방법이 고려되어 왔지만, 이 방법을 사용하면 많은 CO_2 배출량으로 바다의 산성화(**참고문헌 3**)라는 또 다른 문제점이 발생할 수 있다.

실제 현재 약 100만 톤의 CO_2가 매일 바다로 흡수되고 있으며 지난 200년 동안 바다는 약 5500억 톤의 CO_2를 대기로부터 흡수하였고, 이는 CO_2의 인위적인 방출량의 1/3에 해당하는 양을 흡수한 것으로 추측된다. 그러나 이러한 일들로 인해 바닷물의 pH가 1800년 초에 비하여 현재는 0.1 만큼 감소되었다. pH가 0.1 감소하는 것은 숫자상으로는 적어 보이나 실제로는 양성자(H^+)의 농도가 $10^{0.1}$배만큼 높아진 것이며, 양성자의 농도가 1800년 초에 대비하여 약 26%나 증가한 것이다. 바다의 산성화는 탄산칼슘(산호, 성게, 연체동물의 껍질의 성분)의 용해도를 증가시킬 수 있으므로 생태계에 큰 혼란을 줄 수 있다. 또한 물고기의 중추신경계의 이상으로 물고기가 방향 감각을 상실할 수도 있다고 한다.

그림 3.6은 대기 중의 이산화 탄소가 바다로 녹아들어갈 때 양성자가 증가하는 현상과 이로 인해 탄산칼슘이 용해되는 반응식을 포함한 바다의 산성화 및 그 문제점을 간략히 보여 주고 있다.

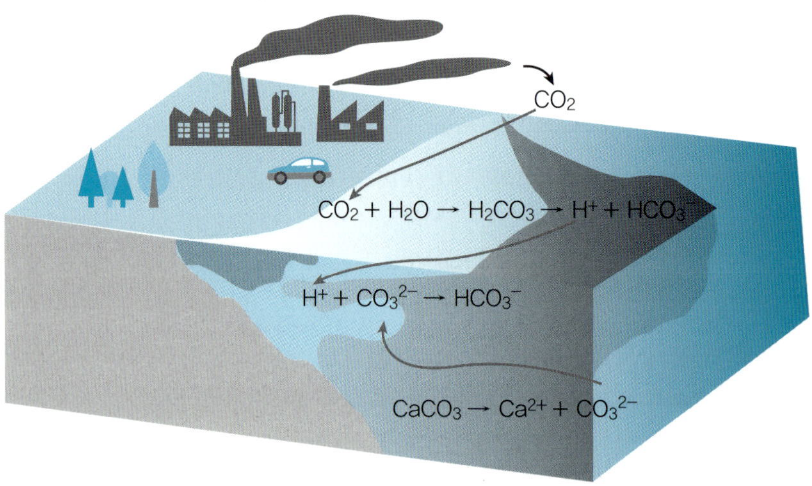

그림 3.6 이산화 탄소에 의한 바다의 산성화 개념도

3.4 온실효과에 영향을 주는 주요 기체들

적외선을 흡수하는 기체는 온실효과를 줄 수 있으며, 잘 알려진 이산화 탄소 외에 메테인(CH_4), 오존(O_3) 및 아산화 질소(N_2O) 등이 온실효과를 줄 수 있는 기체들이다. **그림 3.7**은 적외선 분광기로 측정한 대표적인 온실가스의 스펙트럼을 보여 주고 있다. 이러한 4가지 기체는 각각 흡수 파장은 다르지만 적외선 영역에서 흡수함을 알 수 있다. 프레온 가스(2장 참조)라고 하는 염소, 플루오린, 탄소로 이루어진 가스도 적외선을 매우 잘 흡수하며, 벤젠, 톨루엔 및 헥세인 등의 다양한 휘발성 유기 화합물(VOC)들도 적외선을 매우 잘 흡수한다.

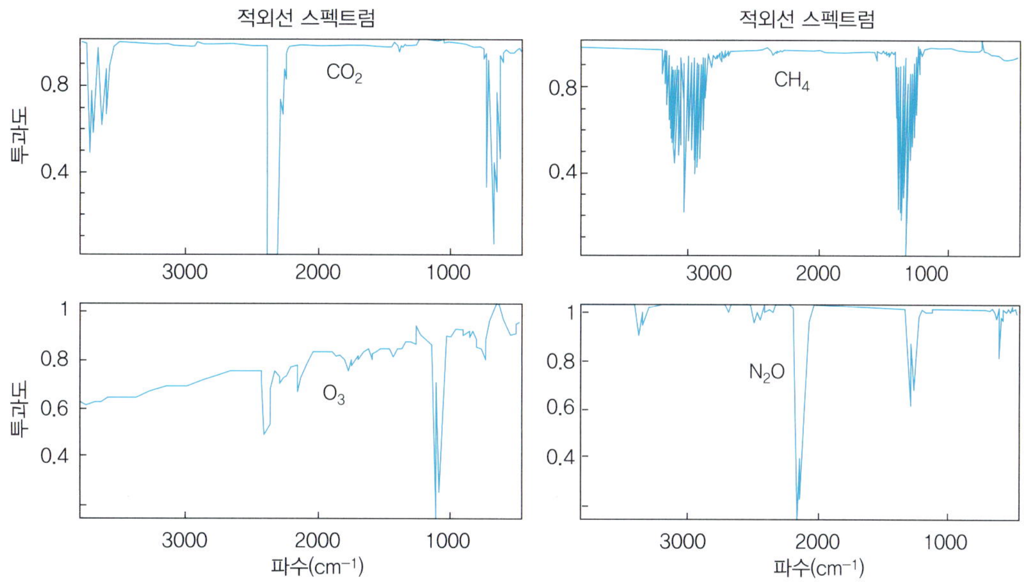

그림 3.7 대표적인 온실가스들의 적외선 투과 스펙트럼 그림에서 세로축의 값은 투과도를 보여 주는 것이며 이 값들이 아래로 내려간 경우 해당 파장의 적외선을 흡수하는 것이고 가로축은 파장의 역수이다(단위는 1/cm).

온실가스의 상대적 중요성을 온실인자[4] 혹은 지구온난화 지수(global warming potentials, **표 3.2** 참조)로 나타낼 수 있다. 온실인자는 이산화 탄소를 기준으로 다른 기체가 적외선을 흡수할 때 흡수 효율성 및 평균 수명을 고려하여 나타내는 수치이다. **표 3.1**은 대표적인 온실가스의 온실인자와 대류권 존재량을 보여 주고 있다(**참고문헌 4**). **표 3.1**에서와 같이 이산

4 자료, 기준 및 시기에 따라 서로 다른 값이 보고되기도 한다. 예로 표 3.2의 값은 표 3.1에 제시된 값과 일부는 다르다.

표 3.1 대표적인 온실가스의 온실인자와 대류권 존재량

물질	온실인자*	대류권 존재량(%)
CO_2	1	3.7×10^{-2}
CH_4	30	1.8×10^{-4}
N_2O	160	3.1×10^{-5}
O_3	2,000	4.0×10^{-6}
CCl_3F	21,000	2.6×10^{-8}
CCl_2F_2	25,000	5.2×10^{-8}

* 이산화 탄소 대비 온실가스의 적외선 흡수 효율성과 평균 수명을 나타내는 척도가 온실인자 값이다. 이산화 탄소의 온실인자를 임의로 1로 부여하였다.

화 탄소는 온실인자는 낮지만 대류권 존재량이 매우 높고, 특히 그 증가량이 매우 크기 때문에 인류가 큰 관심을 기울이는 온실가스이다. 반면 CCl_3F과 CCl_2F_2 같은 프레온 가스는 대류권에서의 존재량은 아주 낮으나 온실인자는 매우 크다. 따라서 이들은 지구온난화 및 성층권의 오존층 파괴 등의 이유로 현재 생산 및 사용이 금지되었다.

한편, 농도와 온실인자에 따라 기체별로 지구의 온실효과에 기여하는 정도는 현재 수증기가 36~70%, 이산화 탄소가 9~26%, 메테인이 4~9%, 오존이 3~7%로 알려져 있다.

메테인 가스

CH_4로 표기되는 메테인은 흔히 취사나 난방에 많이 사용되는 도시가스 혹은 천연가스의 주요 성분이다. 메테인의 주요 발생원은 늪지에서 식물의 부패, 매립지/논에서 유기물의 부패, 소와 양 등의 반추동물의 소화기, 천연 가스라인과 유정에서 새어나오는 기체 등이다. 에너지 생산/유통, 농업 및 가축 등의 동물들로부터의 방출 등 인간 활동과

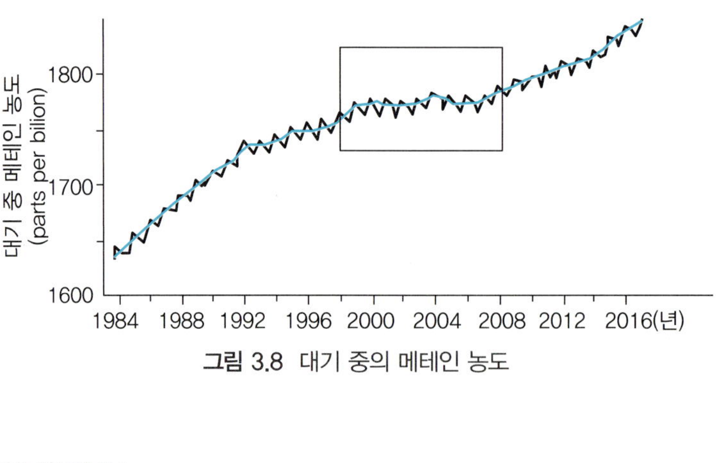

그림 3.8 대기 중의 메테인 농도

참고

메테인 하이드레이트(methane hydrate, methane clathrate)

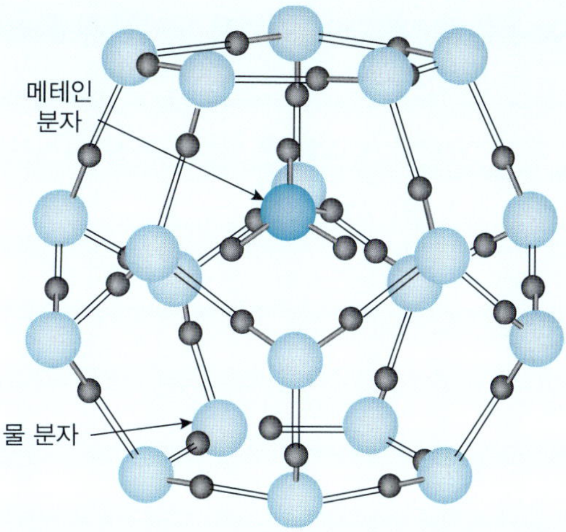

'불타는 얼음(Burning Ice)'이라고도 불리는 메테인이 결정 구조의 물(얼음) 안에 갇혀 있는 상태의 물질을 일컫는다. 얼음과 비슷한 고체이며 고체 클라스레이트(clathrate) 화합물의 하나이다. 육지에서는 고위도 지역의 툰드라 지하, 바다에서는 수심이 깊은 해역에서 해저 아래 수백 m 깊이의 모래층에 주로 분포한다. 메테인 하이드레이트는 긍정적인 가능성도 있고 부정적인 가능성도 있다. 즉, 잘 개발하면 새로운 에너지 자원이 되겠지만(매장량은 학설에 따라 매우 다름) 온난화 등으로 인해 기온 상승 시 대기로 급격히 분출되어 폭발, 자연재해 및 지구온난화를 급격히 유발할 수 있는 가능성을 가진 물질이다.

관련된 것이 주요 요인이며 매립지로부터의 방출도 주요 요인이다. 메테인은 대기에 방출되면 9~12년 정도 지난 뒤 화학 반응을 거쳐 이산화 탄소로 전환될 수 있고 일부는 흙 속으로 스며들기도 한다.

대기에서의 메테인 농도는 **그림 3.8**과 같이 계속 증가하다가 2000년 초반 안정화된 듯이 보였으나(네모로 표기한 부분). 그 후 다시 증가하고 있다. 따라서 지구온난화 측면에서 대기 중의 메테인의 농도는 큰 관심을 끌고 있으며 방출량을 줄이는 데 힘써야 한다.

아산화 질소(N_2O) 가스

아산화 질소는 질소 산화물의 일종으로 N_2O의 조성을 가지는 기체이다. 의료용 가스(치과, 외과의 마취 및 진통용)뿐만 아니라 산화제, 연소 효율 증진 및 식품 가공(에어로졸 스프레이 추진체) 등에 사용된다. 또한 웃음 기체로 알려져 있고 '해피벌룬', '해피가스', '해피풍선' 등으로 유통되어 환각제로 사용되기도 하는 중독성이 있는 기체이다. 아산화 질소는 일반 대중이 비교적 쉽게 구할 수 있어 오남용 시 매우 위험하다. 실제로 2017년 4월 수원에서 20대 남성이 아산화 질소 캡슐 17개를 흡입하여 사망하는 사고가 발생하기도 하였다. 아산화 질소는 매우 큰 온실인자(이산화 탄소의 160배, 기준/자료에 따라 300배도 있음)를 가지는 기체이며 평균 수명은 약 120년이다.

아산화 질소의 발생 원인은 명확하게 알려지지는 않았지만 많은 부분이 박테리아(질산 이온을 제거할 때 산소가 제거되는 과정에서) 때문에 발생하며, 바다와 성층권으로부터도 유입된다고 한다. 자연적 발생원 외에 인공적인 발생원으로는 자동차 촉매 변환기, 암모니아 비료 생산, 유기물 연소 및 나일론과 질산 생산 등의 특정 산업공정 등이 알려져 있다. 아산화 질소의 큰 온실인자를 고려하면 지구온난화 측면에서 인공적 발생을 억제하는 것이 중요하다.

다른 온실가스

표 3.2와 같이 이산화 탄소, 메테인 및 아산화 질소 외에도 다양한 기체가 온실효과를 유발할 수 있는데 그 중 몇 가지는 단위 무게당 지구온난화에 미치는 영향이 크다. 예를 들어 헥사플루오린화 황(SF_6) 1 kg이 유출되면 이산화 탄소 22,800 kg, 즉 22.8톤이 유출되는 것과 동등한 영향을 미친다. 따라서 이산화 탄소 외에 다양한 기체의 발생 및 유출에 신경을 써야 함을 알 수 있다.

표 3.2 다양한 온실가스의 화학식 및 지구온난화 지수

온실가스	화학식	지구온난화 지수(100년 기준)(AR4)*
이산화 탄소	CO_2	1
메테인	CH_4	25
아산화 질소	N_2O	298
헥사플루오린화황	SF_6	22,800
수소플루오린화탄소-23	CHF_3	14,800
수소플루오린화탄소-32	CH_2F_2	675
과플루오린화메테인	CF_4	7,390
과플루오린화에테인	C_2F_6	12,200
과플루오린화프로페인	C_3F_8	8,830
과플루오린화뷰테인	C_4F_{10}	8,860
과플루오린화사이클로뷰테인	$c\text{-}C_4F_8$	10,300
과플루오린화펜테인	C_5F_{12}	13,300
과플루오린화헥세인	C_6F_{14}	9,300

* **지구온난화 지수**(global warming potentials, GWP) **AR4: Fourth Assessment Report)** 지구온난화 지수는 Intergovernmental Panel on Climate Change(IPCC) Fourth Assessment Report(AR4)의 2007년 자료이며 그 이전의 2차 IPCC 보고서를 보완한 것이다. 일부 자료에서는 2차 보고서의 데이터가 아직도 종종 쓰인다.

3.5 지구온난화의 사실

1980년대 이전까지 지구온난화에 대한 과학적 논쟁이 대립하였다. 1950~1960년대의 이산화 탄소 농도의 증가로 인한 온난화가 예측되었으나 1940~1970년까지 기온 하강 추세가 관측되어 지구온난화에 대한 우려가 묵살되기도 하였다.

일부에서는 빙하기가 도래한다는 반대의 주장도 제기되었다. 그러나 1980년 초부터 기온이 급격히 상승하였고 오늘날에는 지구온난화의 주장이 확산되고 있다. 다음은 현재 이야기되고 있는 지구온난화 관련 논의들을 정리한 것이다.

- 지구는 분명히 따뜻해지고 있고 그 책임은 인류가 가지고 있다는 것에 대부분의 과학자는 동의한다.
- 온난화 현상은 최소한 부분적이라도 온실가스(주로 이산화 탄소)가 대기로 방출되기 때문이며 방출량을 억제시키지 않으면 2100년까지 1.5~6 ℃만큼의 심각한 온난화가 예측된다.
- 지구 온도는 산업혁명 이후 이미 약 0.75 ℃가 증가하였고 온도가 지금보다 2 ℃만 더 증가해도 (즉, 총 2.75 ℃ 혹은 4.95 ℉가 증가하면) 지구의 온도는 지난 200만 년 동안 전례 없던 수준이 될 것이다.
- 특별한 변화나 대처가 없다면 인구가 증가함에 따라 온실가스의 방출량과 증가 속도가 늘어날 것이다.

지구온난화의 부정 및 긍정적 영향

지구온난화에 대해 많은 논쟁이 있어 왔으나 시각에 따라 부정적인 영향 외에 긍정적인 영향도 있으며, 다음과 같이 정리될 수 있다.

부정적 영향: 지구온난화는 다음과 같은 많은 부정적 영향을 미친다.

- 바다 온도 상승으로 이산화 탄소 용해도가 감소하여 이산화 탄소의 대기 방출량이 증가할 것이다. 이는 온난화를 촉진할 수 있다.
- 바다 온도 상승으로 해저 및 영구 동토층에 존재하는 메테인(메테인 하이드레이트 등)이 기체로 방출될 수 있다. 이는 온난화를 촉진할 수 있다.
- 얼음 및 눈이 녹아 지표면이 노출되고, 땅은 얼음과 눈에 비해 빛을 쉽게 흡수하므로 복사선 흡수량이 증가되어 온난화를 촉진할 수 있다.

- 바다 온도의 상승으로 더 많은 바닷물이 증발하고 온실가스인 수증기의 발생이 증가하여 온난화를 촉진할 수 있다. 증발된 바닷물이 순환하여 일부 지역에 비로 내리는 경우 강수량이 너무 많을 수 있다.
- 지구온난화는 이미 언급된 바와 같이 해수면 상승과 저지대 침수 등의 명확한 문제점을 보일 수 있다.
- 온난화는 해류의 방향이나 세기 등을 크게 바꾸어 날씨, 어장 등에 예측 불가능한 영향을 줄 수 있다.
- 온도 증가로 인해 보다 많은 곳에서 열대병이 유행할 수 있다.
- 폭풍과 악천후의 강도가 지금보다 크게 증가할 것이다.

긍정적 영향: 지구온난화는 다음과 같은 일부의 긍정적 영향을 미친다. 그러나 긍정적 영향은 부정적 영향에 비해 큰 의미를 가지기 힘들 정도이다.

- 더운 바다에서는 플랑크톤의 성장 속도가 높아지기 때문에 플랑크톤의 농도가 증가

참고

지구온난화에 대해 오해하기 쉬운 점

- **지구의 온실효과는 최근에야 나타나는 자연현상이다**
  아니다. 지구에 대기가 존재하면서 온실효과는 계속되어 왔다. 만약 지구에 온실효과가 없다면 온도가 현재보다 약 33 ℃ 낮을 것으로 예상된다. 즉, 기존의 적당한 수준의 온실효과는 아주 필요한 현상이다. 다만, 최근의 이산화 탄소 등의 온실가스 농도가 급격히 증가하고 온실효과의 강도가 증가하는 것이 문제이다.
- **온실효과에 물 혹은 수증기는 전혀 영향을 끼치지 않는다**
  아니다. 수증기도 적외선을 흡수, 당연히 온실효과에 영향을 미친다. 다만, 수증기는 대기에 항상 존재하고 있으며 없어서는 안 되는 성분이고 우리가 제어하기 힘들기 때문에 크게 다루지 않는다. 향후 온난화가 가속화되면 바다의 증발이 심해지고, 수증기에 의한 온난화가 더욱 심해질 우려가 있다.
- **온실가스로 이산화 탄소만 중요한 기체이다**
  아니다. 메테인, 오존, 아산화 질소 등의 다양한 기체가 온실가스이며 플루오린이 많이 존재하는 과플루오린화 탄소 혹은 유사한 수소플루오린화 탄소 등도 농도가 낮기 때문에 당장 큰 염려가 없으나 향후 대비를 할 필요가 있다.
- **대기의 모든 기체가 온실효과에 기여한다**
  아니다. 대기의 주요 성분인 질소와 산소는 적외선을 흡수하지 않으므로 온실효과에 영향을 미치는 기체가 아니다.

하여 이산화 탄소의 소모 속도가 증가할 가능성이 있다.

- 바다의 온도 상승으로 더욱 많은 물이 증발하고 구름도 증가하여 지구로 진입하는 햇빛을 반사할 가능성이 있다.
- 온도 상승으로 수목의 재배 면적이 확대(북반구에서는 수목한계선이 북상)되고 늘어난 식물들이 더 많은 이산화 탄소를 소모할 가능성이 있다.

기타 효과

- 어떤 수준으로 온실가스가 증가하면 기후 시스템이 인류가 예측하거나 제어하지 못하는 수준으로 심각하게 재편되기 시작할 수 있다.
- 열이 증가하면 지역에 따라 공기 오염이 악화되거나 곡식이 손상되거나 자원이 고갈될 수 있다.

3.6 탄소 중립화

탄소 중립화(carbon neutrality)는 개인이나 회사, 단체가 이산화 탄소를 배출한 만큼 이산화 탄소를 흡수하는 대책을 세워 이산화 탄소의 실질적인 배출량을 '0(zero)'으로 만든다는 개념이다. 탄소 제로(carbon zero)라고도 한다. 이를 위해 온실가스의 배출량을 계산하고 배출량에 해당하는 양만큼 상쇄하기 위한 활동이 필요하다.

일반적으로 탄소 중립을 위한 3가지 실행 방안은 다음과 같다.

1. 배출한 이산화 탄소를 상쇄할 수 있을 만큼 숲을 조성하는 방법
2. 재생 에너지에 투자하는 방법
3. 이산화 탄소 배출량에 상응하는 탄소 배출권을 구매하는 방법 등

실제적으로는 탄소 중립화를 달성하기 쉽지 않은 경제적 및 기술적 문제가 산재해 있지만 이는 인류를 위해 실천해야 할 개념과 대책이다. **그림 3.9**는 탄소 중립화를 보여 주는 로고이며 **그림 3.10**은 그 개념을 알기 쉽게 정리한 것이다.

그림 3.9 탄소 중립화 로고

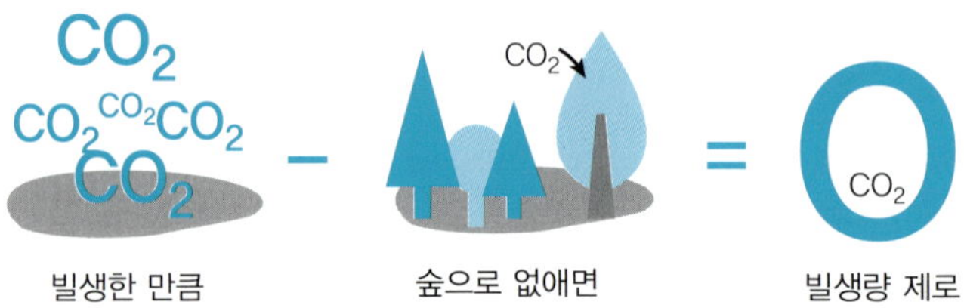

그림 3.10 탄소 중립화의 개념

3.7 탄소 포집 및 저장

탄소 포집 및 저장, CCS[5]는 화석 연료를 사용하는 발전소나 제철소, 시멘트 공장과 같이 이산화 탄소(CO_2)를 대량 발생하는 지점에서 이산화 탄소를 포집하고 저장고로 이송하여 보관하는 것을 의미한다. 보관은 주로 지하에서 이루어지며 오랜 시간 동안 어떠한 원인으로라도 다시 대기로 돌아오지 않아야 한다. 또한 다양한 폐가스 및 심지어 대기 중의 이산화 탄소를 포집하기 위해 가스 분리(주로 막을 사용한 막분리(membrane separation)) 및 선택적 흡착 등의 기술이 개발되고 있다.

3.8 이산화 탄소의 화학적 전환 및 활용 가능성

이산화 탄소는 이미 언급한 것처럼 열역학적으로 아주 안정한 화합물이므로 다른 화합물로 전환하기는 매우 어렵다. 그러나 이산화 탄소를 탄소 혹은 산소 자원으로 활용하거나 유용한 화합물로 전환하고자 하는 노력은 계속되고 있다.

가장 일반적으로 생각할 수 있는 반응은 충분히 산화되어 2개의 산소를 함유한 이산화

5 CCS는 Carbon Capture and Storage 또는 Carbon Capture and Sequestration 또는 Carbon Control and Sequestration 등의 약어이다.

탄소를, 환원제로 수소를 사용하여 다른 유용한 화합물로 환원시키는 것이다. 원칙적으로 가능한 반응이나 현재 수소를 환원제 혹은 반응 원료로 사용하기에는 수소가 매우 비싸 경제적으로 한계가 있다. 반면, 태양광, 원자력 혹은 인공태양 혹은 핵융합(8장 참조) 기술 등으로 저렴하게 수소를 만들 수 있다면 충분히 시도할 만한 기술이다. 광합성은 이산화 탄소와 물로부터 탄수화물을 만드는 것으로 잘 알려져 있으나 반응 속도가 매우 느리다. 인공적으로 광합성을 추진할 수 있기 때문에 가능한 기술이나 반응 속도를 증가시킬 수 있는 우수한 촉매 개발이 필요하다. 현재까지의 연구 결과는 반응 속도가 여전히 낮고 경제적으로 의미 있는 화합물을 얻는 것과는 상당한 거리가 있다. 앞으로 더욱 깊은 연구가 필요하다.

한편, 이산화 탄소의 산소를 산화제로 활용하고자 하는 연구도 진행되고 있다. 즉, $CO_2 \longrightarrow [O] + CO$의 반응을 통해 [O]로 표기된 활성이 높은 산소 및 일산화 탄소로 활용될 가능성이 있다. 이산화 탄소를 산화제로 활용하기 위해서는 보다 깊은 연구가 필요하다. 또한 이산화 탄소를 어떤 화학 반응의 원료 혹은 반응물로 활용할 수 있으며, 특히 고분자의 하나의 구성 성분으로 활용하고자 하는 연구가 활발하게 진행 중이다. 일부 연구는 꽤 우수한 성과를 내고 있고 충분한 연구를 통해 이산화 탄소를 고분자 원료의 하나로 활용할 수 있을 것으로 기대된다(9장 참조).

그림 3.11은 이산화 탄소가 환원을 통해 다른 화합물로 전환되는 것을 보여 준다. **그림 3.12**는 산화제로 사용되는 이산화 탄소를, **그림 3.13**은 화학 반응에서 이산화 탄소를 하나의 성분으로 활용하는 반응을 보여 주고 있다.

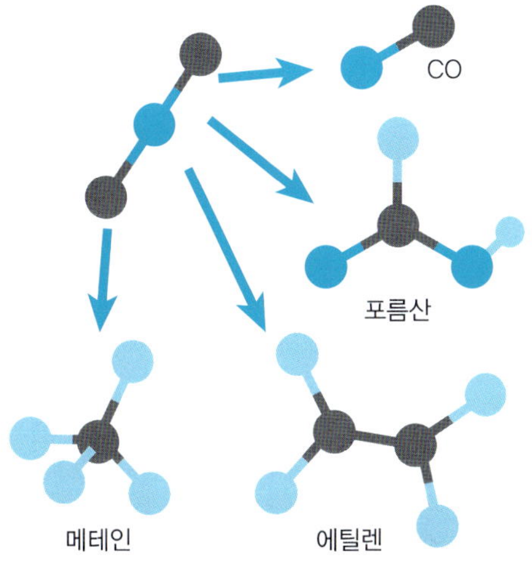

그림 3.11 이산화 탄소의 환원

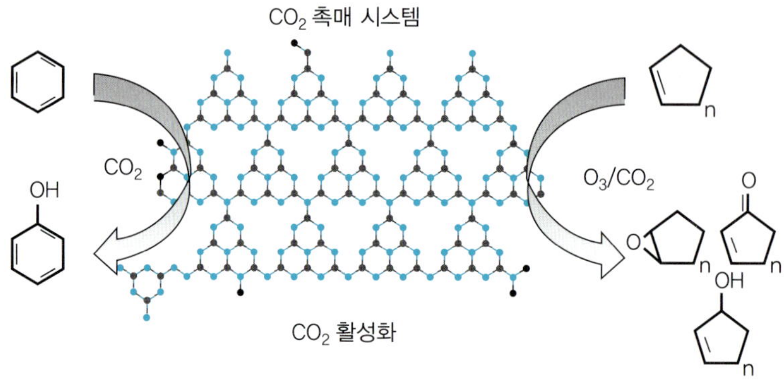

그림 3.12 산화제로 활용되는 이산화 탄소(가운데 육각형들로 표기된 것은 촉매를 의미)

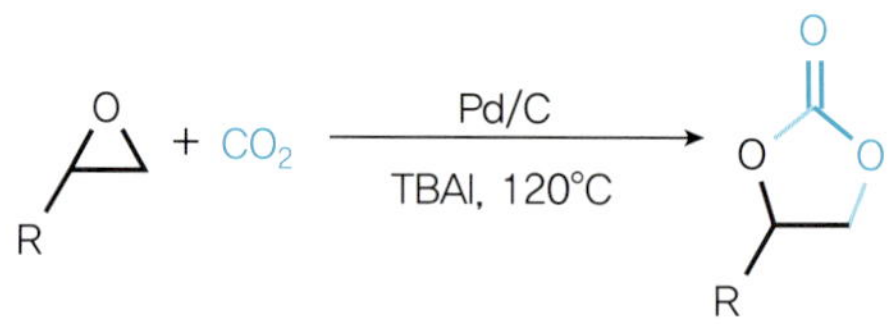

그림 3.13 화학 반응에서 이산화 탄소를 하나의 성분으로 활용하는 반응

3.9 지구온난화에 대한 가능한 대응책

지구온난화를 완화시키거나 지나친 지구온난화를 방지하기 위해 지구공학 등의 다양한 대응책이 제시되고 있다. 이 절에서는 실현 가능성을 떠나 지금까지 제안되어 온 지구온난화에 대한 대응책을 소개한다.

첫째, 화석 연료 소비를 최대한 줄이고 탄소 기반 이외의 대체 연료를 개발하고 이용하는 방법이 있다. 극단적으로 내연 기관 이용과 화석 연료의 연소를 금지하자는 제안도 있다. 무엇보다 온실가스를 발생시키지 않는 새로운 기술 개발 및 이용이 중요하며 원자력, 풍력 발전 및 태양광 발전 등을 고려할 수 있다. 그리고 전기, 수소, 하이브리드 차량 같이 이산화 탄소의 발생량이 적은 차량에 투자하고 그러한 차를 활용한다. 여기에 활용되는 전기나 수소 역시 화석 연료에서 얻는 것이 아니라 태양광이나 풍력, 원자력 등 탄소와 무관한 자원으로부터 얻어야 한다.

둘째, 효율적인 내연 엔진 및 자동차를 개발하여 화석 연료의 소비를 줄이고 궁극적으로는 화석 연료에 의존하지 않는 것이 필요하다. 일반적으로 수송 수단의 규모와 크기가 증가하면 연료 효율이 증가하므로 커다란 대량 수송 수단을 개발하는 것도 생각할 수 있다. 제품 생산 시 발생하는 온실가스 양을 고려하여 상품과 서비스에 탄소세를 부과함으로써 이산화 탄소 발생을 줄이도록 유도할 수 있다. 그리고 국가 또는 기관들이 서로 노력하여 효과적인 감축 프로그램을 집단적으로 잘 활용할 수 있도록 전 세계적인 방출량 무역 프로그램을 개발하고 적용하는 것도 필요하다. 지구의 인구 감소 혹은 최소한 인구 증가를 늦추어야 한다는 주장도 있다.

셋째, 바다를 이산화 탄소의 폐기장으로 활용하거나 바다의 플랑크톤을 잘 성장시키자는 의견도 있다. 바다에 이산화 탄소를 폐기하는 경우에는 바다의 화학적 환경이 급격히 변화할 가능성과 이산화 탄소가 분출될 경우를 고려해야 한다. 바다의 플랑크톤을 잘 성장시켜 이산화 탄소를 흡수시킴으로써 온난화를 줄이자는 의견 역시, 플랑크톤이 죽은 후 분해되는 경우에 대한 충분한 검토가 필요하다.

한편, 거대한 파라솔을 지구와 태양 사이에 설치하거나 대량의 먼지를 대류권에 수송하여 햇빛을 반사시키거나 막자는 다소 황당한 의견도 있다.

일반인들이 당장 할 수 있는 일로는 한 그루라도 나무를 더 심고, 자동차 이용을 줄이고 많이 걷는 등 생활 방식을 바꾸어 가능한 적은 양의 이산화 탄소를 발생시키도록 노력하는 것이다. 지붕을 녹색(옥상 정원) 혹은 흰색(페인트칠)으로 칠하는 것도 지구온난화를 완화하기 위해 쉽게 시도할 수 있는 일이다.

표 3.3은 이러한 대책을 요약한 것이다(**참고문헌 5**).

표 3.3 지구온난화에 대한 가능한 대응책의 예

보호	정화
• 화석연료 사용 감소(특히 석탄) • 석탄 대신에 천연 가스 사용 • 에너지 효율성 증진 • 재생 가능한 에너지원 사용 • 개발 도상국에 에너지 효율성과 재생 가능한 에너지 기술 전수 • 삼림벌채 감소 • 지속 가능한 농업, 삼림 관리 • 온실가스 배출에 대한 세금 부과 • 빈곤 줄이기, 인구 성장 속도 조절	• 굴뚝, 운송수단에서 발생하는 CO_2 제거 • 나무를 이용한 CO_2 제거 • 무경운* 경작, 농경지에서의 곡식 수확량 감소를 통한 CO_2 제거 • 지하 깊은 곳에 CO_2 제거(새어나지 않도록) • 노후된 천연가스 파이프라인과 공장 수리 • 동물 사료를 사용하여 소 트림에서 배출되는 CH_4 감소

* 무경운: 無耕耘, no-tillage, 토양을 갈지 않음.

참고

지구온난화(기후 변화)와 오존층 파괴 비교

현재 대기 및 기후에 관해 자주 듣는 두 가지 용어에 대한 내용을 표 3.4에 정리하였다.

표 3.4 지구온난화와 오존층 파괴의 비교

	지구온난화	오존층 파괴
대기의 권역	주로 대류권	성층권
주요 관련 물질	H_2O, CO_2, CH_4, N_2O	O_2, O_3, CFCs, Cl
복사선과의 반응	분자는 적외선 흡수 적외선은 분자를 진동하게 하여 열 에너지를 지구로 돌려보냄	CFCs 분자는 자외선 흡수 분자 내 1개 이상 결합 파괴
문제의 본질	온실가스의 농도 증가 더 많은 열을 붙잡음 평균 지구 온도의 상승을 야기함	CFC는 성층권 O_3 농도 감소를 야기하고, 결국 지구 표면의 자외선 증가를 야기함

3.10 요약

지구 대기의 온도는 매우 급격히 증가하고 있으며, 주요 원인은 대기에서 증가하는 CO_2 농도 때문이다. 또한 이것은 지나친 화석 연료의 사용 때문이기도 하다. CO_2 외에 메테인 및 N_2O 같은 또 다른 온실가스의 농도도 증가하고 있고 지구온난화를 가속화시킬 수 있다.

지구온난화에 의한 기후 변화는 예측하기 어려울 정도로 급격히 빨리 다가올 수 있고, 그 피해는 상상하지 못할 정도일 수 있다.

우리는 지구온난화 방지를 위해 다양한 일을 할 수 있다. 예를 들어 나무 심기, 재활용, 걷기, 과대 포장 거부, 장바구니 이용, 가스 누출 감시, 대중교통 이용하기, 웃음 기체인 아산화 질소 사용하지 않기 등이 있다. 설령 지구온난화가 인간의 활동과 무관할지라도 이러한 노력들은 우리가 살고 있는 환경을 보다 바람직한 방향으로 변화하게 할 것이다.

핵심어

메테인 하이드레이트, 온실가스, 온실효과, 이산화 탄소, 지구온난화, 탄소 중립화, 해수면 상승, CCS, GWP

4장

실내 오염

이 장에서는 우리가 일상생활을 하면서 가장 긴 시간을 보내는 집 안, 교실, 사무실, 스포츠센터, 자동차 안 등의 실내 오염의 개요, 현황 및 대처 방안에 대해 정리하였다.

4.1 개요

우리 주위에 위험하지 않은 것, 유해하지 않은 것이 있을까? 집 안이나 실내는 바깥보다 안전하거나 좋을까? 지하철역, 실내 스포츠 시설, 강당, 강의실 등의 실내 환경은 어떨까? 위험으로 가득한 세상을 살다 보면 이와 같은 궁금증이 들 수 있다. 이 장에서는 그러한 관점에서 실내 환경 혹은 오염에 대해 기술하였다.

집 안이나 실내에서 흔히 쓰이거나 보이는 물건은 무엇인지 생각해 보자. 벽지, 카펫, 옷, 이불, 소파, 커튼, 침대, 장롱, 책상, 장판, TV, PC, 프린터, 전화기, 화장지, 포장지, 가방, 벽지, 수돗물, 담배, 책, 달력, 반려견, 반려묘, "약품 및 일상용품"(Pharmaceutical and Personal Care Products, 흔히 PPCPs라 약칭함), 화분, 전등, 그림, 장난감 등 많은 물건을 볼 수 있다. 이 중 우리 환경에 도움이 되는 것이 있을까? 식물 및 공기청정기 등 극히 일부를 제외하고 대부분이 환경, 특히 실내 환경에 나쁜 영향을 주는 요인일 수 있다.

그러나 이러한 물건들은 생필품이거나 우리 생활에 많은 도움을 주는 것들이기 때문에 사용하지 않기가 힘들다. 따라서 실내 환경오염을 너무 두려워하지 말고 이러한 물건들을 현명하게 사용하고 환경오염을 방지하는 자세가 필요하다.

실내 오염을 논의하기 전에 실내의 산소 농도에 주목할 필요가 있다. 하버드 정신과학리뷰(Harvard Review of Psychiatry)에 발표된 논문에 따르면, 고산지대에 사는 사람이 우울증을 앓거나 자살하는 사례가 많고, 이것은 낮은 산소 농도와 관계가 있다고 한다. 예를 들면 미국 내 고도가 높은 지역의 주민 자살률은 10만 명당 18.1명으로 고도가 낮은 지역(11.3명)보다 훨씬 높고, 고산지대에 사는 조건이 총기 소유 여부보다 자살에 더 중요한 요인으로 작용한다고 한다.

우울증도 이와 유사한 경향을 보인다. 예를 들면 고도 약 3,000 m 도시에서 일하는 페루의 전기공들은 낮은 지대의 전기공보다 평소 우울·불안감이 약 4배 높다고 한다. 쥐를 대상으로 한 실험에서도 산소 부족을 유발하는 고도 자극을 일주일간 주었더니 움직임이 둔해지는 등 우울증 증상이 나타났다고 한다. 즉, "산소가 부족하면 행복 호르몬이 급격히 감소한다"는 것을 알 수 있다. 우리가 생활하는 실내 공간은 환기가 잘 되지 않거나 실내에서 연소를 하여 산소를 소모하면 산소 농도가 쉽게 낮아진다.

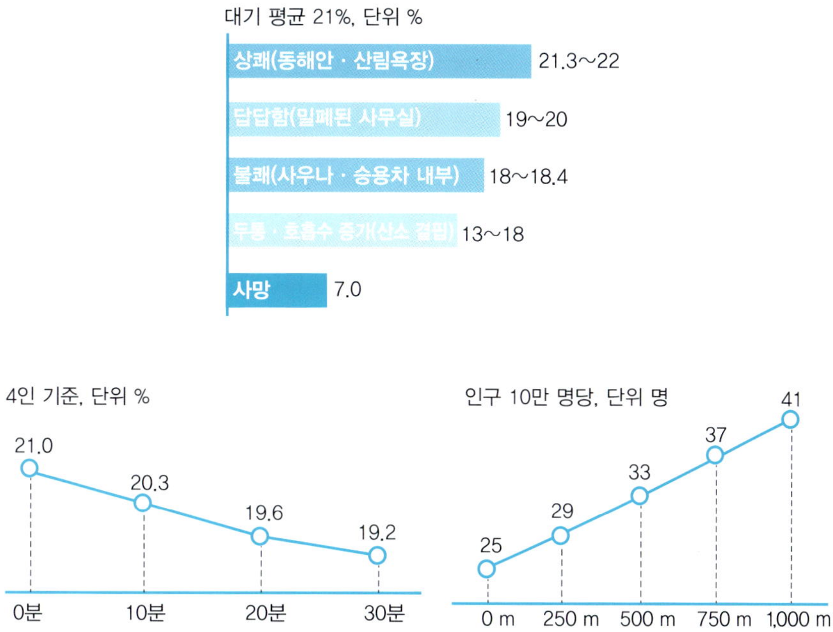

그림 4.1 대기의 산소 농도가 건강에 미치는 영향(위) / 탑승시간에 따른 승용차 내의 산소 농도의 변화(4인 탑승 시 기준)(아래 왼쪽) / 고도에 따른 평균 자살률 추이(국내 결과)(아래 오른쪽)

2018년 10월 3일자 중앙일보 기사(**참고문헌 1**)에도 유사한 정보를 찾아볼 수 있다. **그림 4.1** 맨 위의 그림은 대기의 산소 농도가 건강에 미치는 영향, 아래 왼쪽 그림은 탑승 시간에 따른 승용차 내의 산소 농도 변화(4인 탑승 시 기준)를 보여 주고 있다. 또 아래 오른쪽 그림과 같이 국내에서도 고도가 높아질수록 자살률이 증가하는 것을 알 수 있다.

이러한 사례들을 보면, 우선 실내 산소 농도가 낮아지지 않게 관리해야 한다. 따라서 자주 환기를 시키고 가급적 실내 연소를 줄이고 산소를 방출하는 녹색식물을 키우는 것이 좋다. 실내 곳곳에 식물을 키우고 곁에 두면 심리적으로 안정감을 느끼고 마치 산림욕장에 있는 효과를 얻는다고 한다. 또한 미국항공우주국 NASA에 따르면 18종의 식물(houseplants)이 천연 공기 정화기 역할을 한다고 하며 실내의 공기질 관리를 위해 이러한 식물들을 키울 것을 추천하였다.

WHO에 따르면 실내 오염은 가장 심각한 대기 오염이라고 하며, 특히 빈곤층에 심각한 위협이 된다. 실내 오염원의 발생 원인과 위험 요인은 매우 다양하고 많으며, **표 4.1**과 같이 정리할 수 있다(**참고문헌 2**).

표 4.1 실내 오염원의 발생 원인과 위험 요인들

발생 원인	위험 물질	위험
따뜻한 물로 샤워할 때 염소처리된 물	클로로폼	암
공기 청정제, 좀약 결정체	파라다이클로로벤젠	암
의류에 남아 있는 드라이클리닝 액체에서 방출	염화에틸렌	신경질환, 간과 신장에 피해, 암 유발 가능성이 있음
가구 충전재, 벽면, 파티클보드, 발포 단열재	폼알데하이드	눈과 피부와 폐 자극, 메스꺼움, 현기증
에어로졸	1,1,1-트라이클로로에테인	현기증, 불규칙한 호흡
통풍구가 없는 가스 스토브와 석유 난방기, 나무 스토브	질소 산화물	폐를 자극, 어린이의 감기, 두통
꽃가루, 동물 비듬, 집먼지 진드기, 조리 시의 연기 입자	미립자	폐를 자극, 천식 발작, 눈 가려움, 콧물, 폐질환
파이프 절연체, 비닐 천장, 바닥 타일	석면	폐질환, 폐암
불완전 연소, 통풍이 안 되는 가스 스토브, 석유 히터, 나무 스토브	일산화 탄소	두통, 졸음, 불규칙한 심장박동, 사망
페인트 제거액과 희석제	염화메틸	신경질환, 당뇨병
카펫, 플라스틱 물질	스타이렌	신장과 간 손상
담배 연기, 나무 스토브	벤조-α-피렌	폐암
건물의 토대를 둘러싸는 방사성의 토양과 바위, 물에서 발생	라돈-222	폐암
담배	담배 연기	폐암, 호흡기 질환, 심장병

미국 환경보호국(United States Environmental Protection Agency, EPA)에서도 아래와 같이 실내 오염에 대해 기술한 바 있다.

- 많은 오염 물질의 농도는 실외보다 실내가 높다(미국 가정과 상업 건물의 경우: 2~5배 높고 최대 100배 높을 수 있다).
- 도시 지역에서 교통 체증 시 차 안의 오염 농도는 실외보다 18배 이상 높을 수 있다.
- 화학물질에 노출 시 건강이 악화될 가능성이 높아지는데 이는 도시 지역에서는 차 안에서 많은 시간을 보내기 때문이다.
- 선진국에서 가장 위험한 4가지 실내 오염 물질은 담배 연기, 폼알데하이드, 라돈 기체, 초미세 입자이다.

요약하면 실외보다는 실내가 더욱 위험할 수 있으며, 우리의 건강을 위해 깊은 관심을 기울일 필요가 있다.

4.2 새집 증후군/헌집 증후군/병든집 증후군

새집 증후군(sick house syndrome)이란 새집으로 이사한 뒤 두통, 피로, 호흡곤란, 천식, 비염, 피부염 등의 증상이 나타나는 것을 의미하며, 영어로는 SHS(sick house syndrome) 또는 SBS(sick building syndrome)로 불린다. 이는 신축 건물의 마감재나 건축자재에서 배출되는 휘발성 유기 화합물(VOCs)로 인해 거주자들이 일시적 또는 만성적인 각종 질환을 호소하는 것이다. 새집 증후군 예방을 위해서는 이사하기 전 충분한 시간 동안 고온의 난방을 해서 벽지나 바닥재, 가구 등에 배어 있는 휘발성 화학물질을 뽑아내는 것이 좋다. 이를 베이킹 아웃(baking out)이라고 한다. 또 거주하는 동안 자주 환기를 해 주어야 한다. 새집 증후군은 병든집 증후군이라고도 불린다.

헌집 증후군이란 새집과 유사하게 지은 지 오래된 집이 그 집에 사는 사람들의 건강에 나쁜 영향을 끼치는 현상을 가리킨다. 새집 증후군과 같이 병든집 증후군이라고도 한다. 습기가 많은 곳에 생기는 곰팡이는 기관지염이나 천식, 알레르기 등을 유발하기 때문에 환풍 장치를 설치하여 습기를 제거해야 한다. 오래된 배수관이나 가스관에서 새는 메테인 가스와 암모니아, 일산화 탄소, 이산화 질소, 이산화 황 등은 두통 또는 현기증을 유발할 수 있다. 이를 해결하려면 문제가 있는 관을 바꾸거나 자주 환기를 시켜야 한다. 그리고 벽지와 장판, 가구 등을 새것으로 바꿀 경우 새집 증후군에서처럼 아세톤, 벤젠, 폼알데하이드 등 각종 유기 화합물이 발생하여 두통이나 알레르기와 같은 만성질환을 일으킬 가능성이 크기 때문에 환기에 신경을 써야 한다.

4.3 실내 오염 물질별 특징, 발생 원인 및 대처 방안

폼알데하이드

새집 증후군 혹은 실내의 주요 오염 물질의 하나인 폼알데하이드의 특징 및 용도 등에 대해 다음과 같이 정리할 수 있다.

폼알데하이드는 끓는점이 −19 ℃인 기체이며 물에 잘 녹아 주로 수용액으로 사용된다. 폼알데하이드는 열경화성 수지의 원료(멜라민, 요소, 페놀 등과 반응), 화학제품의 제조, 소독약(약 37%의 수용액을 포르말린이라고 함) 등으로 주로 사용되며, 특히 건축 혹은 가구 제작에 일반적으로 사용되는 합판과 베니어(veneer)합판(**그림 4.2**)의 생산과 보존에 많이 사용된다. 폼알데하이드는 가공 목재의 생산에 필요한 접착제 성분에도 포함되어 있고, 기생하는 곰팡이, 박테리아의 번식을 방지하기 위해서 포르말린 처리를 하는 경우도 많아 주요 실내 오염원(특히 새집 증후군)이 될 수 있다. 폼알데하이드는 눈, 코, 목 등에 자극을 주고 백혈병, 폐암 등에 걸릴 확률을 증가시키는 것으로 알려져 있다. 그런데 폼알데하이드는 자연적으로 존재하기도 하고(많은 과일에 약 50 ppm 존재, 사람 피에도 3 ppm 정도 존재) 순간적으로 몇 ml를 마셔도 문제는 없다. 그러나 만성적으로 노출 시 유해하고 폼알데하이드 용액인 포르말린을 60~100 ml를 마시면 사망할 수 있다. 폼알데하이드의 사용 기준은 8시간 노동을 할 때 공기 중에 0.3~0.75 ppm(폼알데하이드)을 허용기준으로 삼고 있다.

그림 4.2 가구 등에 사용되는 베니어 합판의 모습(© Shutterstock/Stock image)

톨루엔

새집 증후군 혹은 실내의 주요 오염 물질의 하나인 톨루엔의 특징 및 용도 등에 대해 다음과 같이 정리할 수 있다. 톨루엔은 끓는점 110.8 ℃의 특유의 냄새가 나는 가연성 액체로, 주로 합성 반응의 원료 및 용매로 사용된다. 구체적으로는 발암 위험이 높은 벤젠의 대체 용매, 페인트의 시너(thinner)[1], 실리콘 실란트(sealant), 다양한 반응의 원료, 고무, 프린터 잉크, 접착제, 가죽 가공 등에 사용된다. 특히 도료의 용제로 사용되는 시너는 톨루엔을 주성분(65%)으로 포함한다. **그림 4.3**은 톨루엔이 주성분으로 포함된 시너를 용제로 사용한 도료를 이용하여 벽에 칠하는 모습을 보여 주고 있다. 톨루엔을 소량 흡입하면 피곤함, 혼란, 술 취한 듯한 행동, 기억력 상실, 듣거나 색깔 구분을 잘 하지 못하는 등의 증상을 보이며 이러한 증상들의 일부는 노출이 중지되면 회복된다. 과량의 톨루엔을 짧은 시간 안에 흡입하면 두통, 메스꺼움, 졸음, 의식불명이 되기도 하고 심하면 사망에 이를 수 있다.

---

1 시너는 가짜 휘발유의 주요 원료이다. 이러한 가짜 휘발유 사용은 세금 탈루 및 공해 발생의 원인이 될 수 있다.

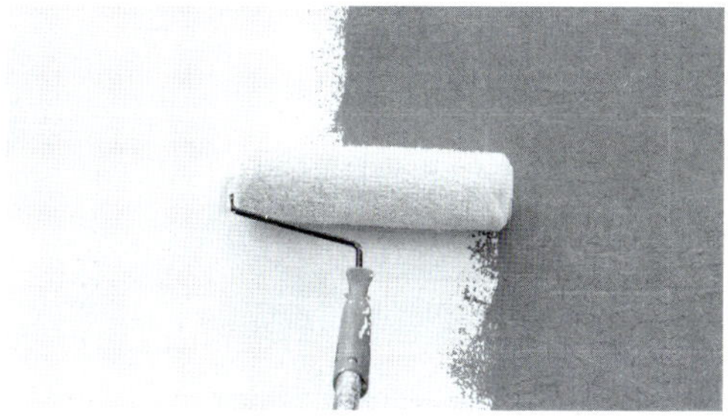

그림 4.3 벽에 도료를 칠하는 모습 칠한 뒤에는 페인트의 시너에 포함된 톨루엔이 실내에 남아 실내 오염의 원인이 될 수 있다. (© Shutterstock/N_Sakarin)

담배 연기

담배 자체는 고체이므로 크게 유해하거나 직접적으로 실내 오염을 일으키지 않는다. 그러나 담배를 피울 때 발생하는 연기에는 수천 종류의 물질이 들어 있고 벤조피렌 같은 다환(多環) 방향족 화합물(PAHs, polyaromatic hydrocarbons), 폼알데하이드, 카드뮴, 니켈, 비소, 나이트로아민, 페놀, 일산화 탄소, 사이안 화합물 등 많은 유해/발암 물질이 들어 있다. WHO에 따르면 흡연으로 매년 6백만 명이 죽고(총 사망자의 약 10%), 이 중 간접흡연으로 60만 명이 죽는다고 한다. 20세기에 1억 명이 담배 때문에 죽은 것으로 추론하였다. 미국 질병 제어 및 방지 센터(Centers for Disease Control and Prevention)는 "선진국에서 인간 건강에 위험한 요인이 많으나 담배는 위험 요인 중 방지 가능성이 있는 것 중의 가장 중요한 하나"이고 "전 세계적으로 조숙 사망의 중요한 요인"이라고 발표하였다. 담배의 주요 성분이면서 흥분을 유도할 수 있고 중독 요인이 있는 니코틴은 아직까지 발암물질이라는 명확한 증거는 없으나 동물실험 등에서 암의 생성에 간접적으로 관여한다는 것이 증명되었다.

라돈 기체

라돈은 원자번호 86번의 강한 방사선을 내는 비활성 기체 원소이다(8장 참조). 우라늄과 토륨의 방사성 붕괴 사슬에서 라듐(radium, Ra)을 거쳐 라돈이 생성될 수 있다. **그림 4.4**는 우라늄과 라듐으로부터 라돈이 얻어지는 과정을 보이고 있다. '라돈'이라는 원소 이름은 라돈을 유도하는 원소 라듐에 비활성 기체의 접미어 '온(on)'을 붙여 지은 것이다.

자연에 존재하는 라돈은 거의 전적으로 질량수가 222인 ^{222}Rn(반감기는 3.8)이다. 지구 대기 중에는 기체 분자 10^{20}개당 대략 6개의 비율로 매우 낮은 농도로 존재하며 대기 중에

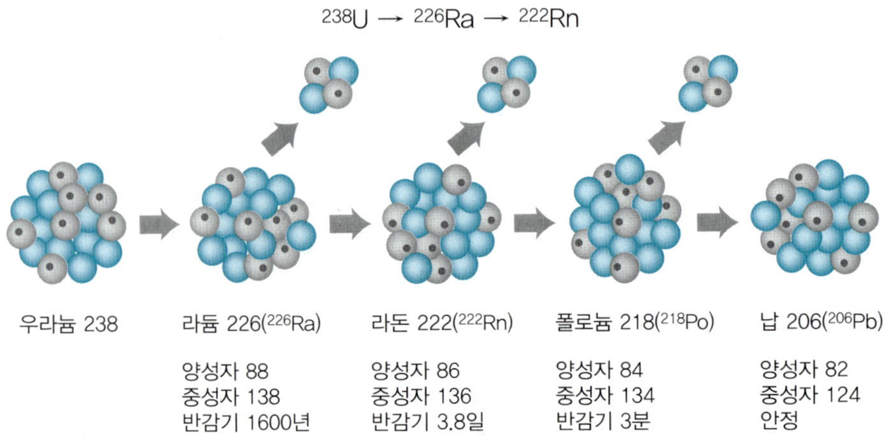

그림 4.4 우라늄과 라듐으로부터 라돈이 얻어지는 과정

존재하는 전체 라돈의 양은 100 g 미만이다. 화강암에는 암석 10억 톤당 0.4 mg의 비율로 매우 소량 들어 있으며, 이외에도 인광석, 석회석, 변성암, 흙 등에도 라돈의 전구 물질인 라듐이 들어 있다. 라돈에서 나오는 방사선 때문에 라돈은 건강에 위험한 기체로 보고되고 있다. 미국환경보호국은 라돈 흡입이 흡연 다음으로 주요 폐암 원인이라고 경고하고 있다.

그림 4.5에 정리한 바와 같이 라돈은 인간이 받는 총 방사선 피폭 중에 단일 피폭원으로는 가장 큰 비율을 차지한다. 반면에 라돈 온천(라듐 온천)이 건강에 좋다는 주장도 있으나 이에 대한 과학적 근거는 아직 없다. 라돈은 밀도가 9.73 g/L(공기: 1.225 g/L)로 무거운 기체이며 색, 맛, 냄새가 없는 방사성 기체이다. 또한 화학 반응성이 거의 없으므로 제거하기가 힘들며, 특히 지하실 등의 낮은 곳에 존재할 경우 더욱 제거하기 힘들다. 실내의 라돈 농도를 줄이기 위해서는 주기적인 환기가 필수적이다. 인간의 암 발생 위험은 공기 중의 라돈 농도가 낮을수록 낮아진다. 유의할 것은 라돈 노출에 있어서 "이 농도 이하이면 인체에 위험하지 않다"라는 어떤 허용 가능한 노출 농도는 존재하지 않는다는 것이다. 다시 말하면 라돈의 농도는 낮을수록 바람직하다.

그림 4.6은 우리가 살고 있는 집에서의 라돈의 유입 경로 및 실내의 라돈 농도를 줄일 수 있는 방법을 보여 주고 있다. 그림에서 보는 바와 같이 땅에서 실내로 연결된 미세한 틈을 통해 주로 라돈이 유입될 수 있고, 일부 건축자재는 물론이고 지하수를 통해서도 유입될 수 있다. 따라서 신축 건물의 실내에 라돈의 농도가 높은 경우가 많다. 라돈이 실내로 들어오는 것을 방지하기 위해서는 바닥이나 벽 등의 틈새를 잘 메우는 것이 중요하다. 들어온 라돈은 환기를 잘 시키고 필요 시 라돈 배출관을 설치할 필요도 있다.

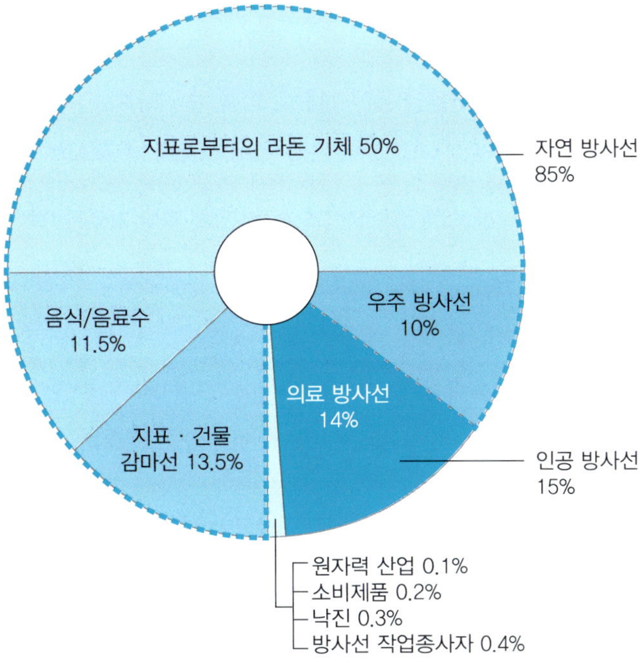

그림 4.5 인간의 방사선 노출량

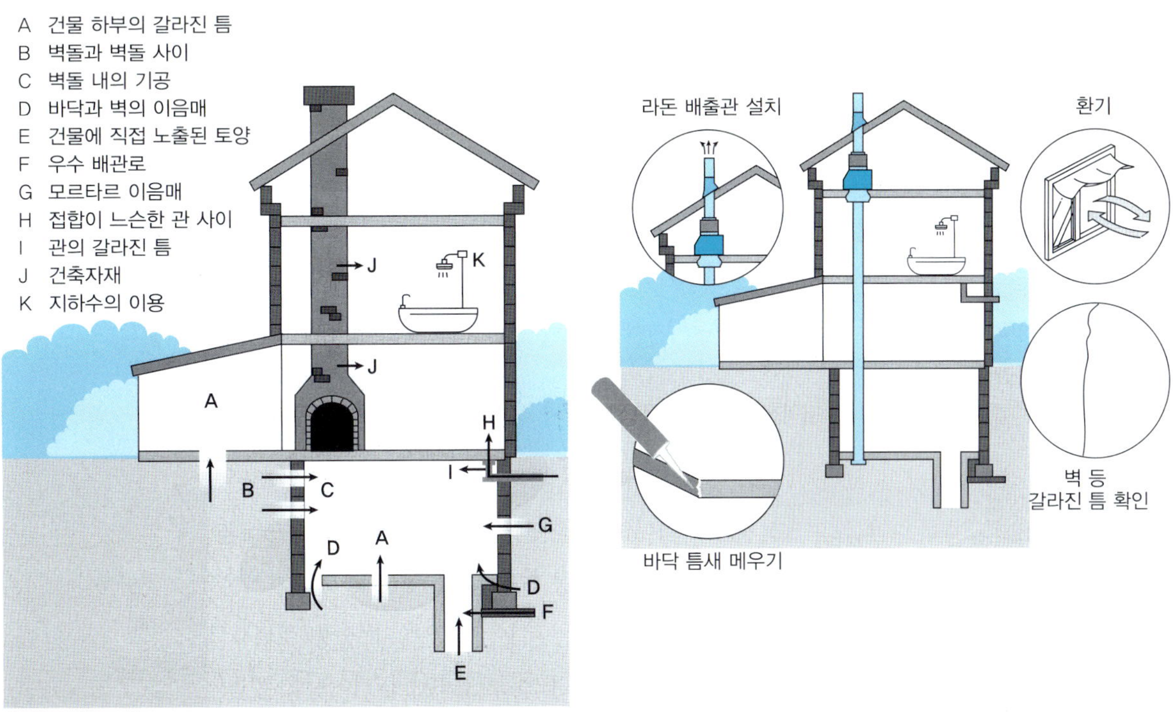

그림 4.6 라돈의 유입 경로와 실내의 라돈 농도를 줄이는 방법

참고

라돈 침대

2018년에 “라돈 침대” 혹은 라돈을 높은 농도로 방출하는 다수의 물건이 큰 사회적 문제가 되었다. 한 조사 결과에 따르면 침대, 찜질기, 전기장판 등에 바른 모나자이트라는 광물이 방사능 붕괴를 할 수 있고 결국 라돈을 방출할 수 있기 때문에 큰 소동이 일어났다. 모나자이트는 토륨[1] 등의 방사성 원소를 꽤 높게 포함하고 있어 위험할 수 있으며, 일부 자료에 의하면 국내에 수입된 모나자이트의 방사능 농도가 수입 당시 신고한 수치의 24배나 높은 1그램당 270베크렐(Bq)[2]로 조사되었다. 이는 가장 일반적인 핵 원료 물질인 천연 우라늄광이 갖는 500 Bq/g 안팎의 방사능 농도와 비교해도 결코 낮은 숫자가 아니다.

모나자이트(참고문헌 3)

토륨광의 일종으로 희토류, 특히 세륨과 란탄늄을 포함한 인산염이다. 조성은 $(Ce, La, Th)PO_4$로 표기한다. 모나자이트의 ThO_2 함유량은 1~15%(Th은 매우 무거운 원소이므로 ThO_2의 약 88%가 Th임)이고 U_3O_8 함유량은 0.01% 수준이다. 모나자이트는 연한 분홍색 내지 갈색의 주상 또는 모가 난 단편으로 수지 모양의 광택을 가진다. 경도는 5~5.5이고 비중은 4.6~5.3이다. 화강암 및 페그마타이트(심성암을 함유하는 암맥에서 발견되는 조립질 화성암)에서 산출되나 괴상으로서 중요한 것은 대부분 표사(漂砂)광상이다. 자원으로 널리 사용되고 있는 광물이다.

일산화 탄소

일산화 탄소(CO)는 무색, 무취의 기체로 다양한 경로, 특히 자연적인 경로를 통해 주로 발생한다. 예를 들어 토양에서 유기물의 산화 시 얻을 수 있다. 인위적인 요인으로는 연소 시 산소가 부족한 조건에서의 불완전 연소로 얻어진다(큰 산불이 일어날 때 주위에 산소가 부족하면 다량 발생한다). 또한 연탄의 연소가스, 자동차의 배기가스, 담배 연기 등에도 포함되어 있는데, 특히 석유 난로 및 연탄 난방 시 실내에 높은 농도로 발생할 수 있다. 일산화 탄소는 **그림 4.7**과 같이 피 속의 헤모글로빈과 매우 강하게 결합(산소보다 140배 강하게 결합)하여 몸에 산소의 전달을 방해함으로써 사람을 죽게 만들 수 있다.

$$O_2 + \text{Fe (hemoglobin)} \rightleftharpoons O_2\text{—Fe (hemoglobin)}$$
$$CO + \text{Fe (hemoglobin)} \longrightarrow CO\text{—Fe (hemoglobin)}$$

그림 4.7 헤모글로빈의 철과 산소 및 일산화 탄소 사이의 결합 세기를 보여 주는 개념도(위 식에서 양쪽 화살표는 반응이 좌우로 진행되는 가역적인 반응을 의미하고, 오른쪽 화살표는 반응이 왼쪽으로 돌아가지 못하는 불가역적인 반응을 의미한다.)

1 토륨은 매우 빠른 붕괴 반응(반감기 55.6초)으로 라돈이 쉽게 얻어지며($^{232}Th \rightarrow {}^{220}Rn$(라돈 또는 토론이라고 불림)) 생활 방사선에 대한 우려의 원인이다.

2 베크렐은 방사능 활동의 양을 나타내는 국제 표준 단위이며 1초에 방사성 붕괴가 1번 일어날 때 1베크렐이라고 한다. 자세한 사항은 8장을 참고하라.

일산화 탄소는 매우 위험하므로 허용 기준이 엄격하다. 우리나라의 경우 대기 중 일산화 탄소 허용 기준의 1시간 평균치는 25 ppm 이하, 8시간 평균치는 9 ppm 이하이다. 참고로 지구 대기의 평균 일산화 탄소 농도는 0.1 ppm 수준이고 교통이 혼잡한 경우 50 ppm까지 오를 수 있다고 한다.

일산화 탄소는 $CO + ½ O_2 \longrightarrow CO_2$의 반응을 통해 비교적 쉽게 이산화 탄소로 전환될 수 있다. 그러나 실내에 존재하는 소량의 일산화 탄소를 무해하게 전환하기 위해서는 우수한 촉매가 필요하며, 특히 실온 이하의 매우 낮은 온도에서 작동하는 촉매 개발이 중요하다. 이러한 촉매가 설치된 난방 기구 등을 사용하면 연소 시 발생할 수 있는 일산화 탄소를 쉽게 제거하여 우리의 안전에 도움이 된다. **그림 4.8**은 귀금속인 금(Au)이 포함된 산화 타이타늄 촉매가 매우 낮은 온도(77 K 혹은 −196 °C)에서 일산화 탄소를 이산화 탄소로 전환시키는 개념도를 보여 주고 있다. O_a로 표기된 것은 촉매 표면에 흡착된 산소를 의미한다.

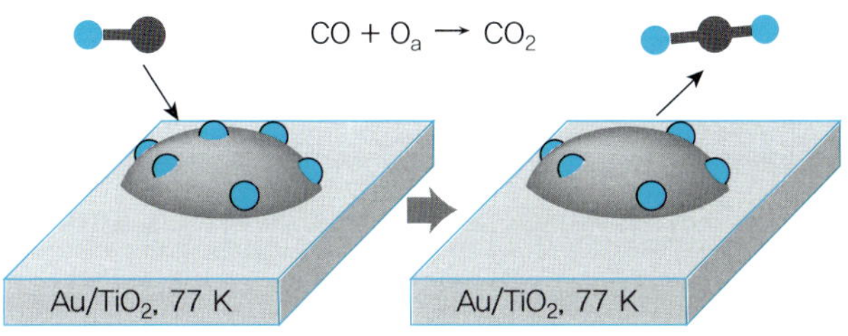

그림 4.8 금이 포함된 산화 타이타늄 촉매가 매우 낮은 온도(77 K 혹은 −196 °C)에서 일산화 탄소를 이산화 탄소로 전환시키는 개념도

암모니아

암모니아(NH_3)는 **그림 4.9**와 같은 구조를 가지는 특유의 자극적인 냄새가 나는 무색의 염기성 기체로, 비료, 폭약, 세정제(수용액), 냉매, 연료 등 그 쓰임이 다양하다. 참고로 암모니아를 이용하여 얻는 질소 비료 때문에 곡식 생산이 크게 증가하였고, 세계 인구의 반 정도가 질소 비료 덕분에 생명을 구할 수 있었다(6장 참조). 그만큼 암모니아는 우리 인류의 발전 및 삶에 지대한 영향을 미치는 기체이다. 암모니아는 수소와 질소의 반응

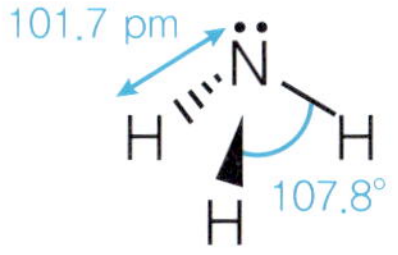

그림 4.9 암모니아의 구조 N 위의 비공유 전자쌍 때문에 염기성을 가진다.

($N_2 + 3H_2 \longrightarrow 2NH_3$)으로 얻을 수 있다. 철로 구성된 촉매를 사용하여 암모니아를 수소와 질소로부터 대량 생산할 수 있고, 이 공정개발에 크게 기여한 두 사람의 이름을 따서 'Haber-Bosch 공정'이라고 불린다.

암모니아는 독성을 가지며 농도별로 **표 4.2**에서 정리된 바와 같은 증상 또는 문제를 일으킬 수 있다.

표 4.2 농도별 암모니아가 미치는 증상 및 문제

농도	증상 및 문제
5 ppm	특유의 냄새가 난다.
6~20 ppm	눈 자극과 호흡기에 문제를 일으킨다.
40~200 ppm	두통, 매스꺼움, 식욕감퇴, 기도와 코, 목구멍 자극이 일어난다.
400 ppm	목에 자극을 준다.
700 ppm	눈이 상할 수 있다.
1,700 ppm	기침을 하고 숨을 쉬기가 힘들어진다. 순간적인 호흡 곤란을 겪기도 한다.
2,500~4,500 ppm	조금만 노출되어도 치명적일 수 있다.
5,000 ppm (0.5%) 이상	호흡 정지로 인하여 사망한다.

표 4.2에 기술된 바와 같이 농도별로 일으키는 문제점을 고려하여 암모니아 허용 농도가 설정되어 있다. 예로 15분 간 접촉하는 경우의 '단시간 허용 농도(short term exposure limit, STEL)'와 8시간 작업 시간을 기준으로 하는 시간당 '시간 평균 농도(time weighted average concentration, TWA)'로 구분되는데 암모니아의 경우 STEL은 35 ppm, TWA는 25 ppm 정도이다.

부엌에서 나오는 오염 물질

음식을 만들고 조리하는 부엌은 도시가스/천연가스 등의 화석 연료의 연소는 물론이고 음식물 및 식용유 등이 탈 수 있기 때문에 소량의 CO, 질소 산화물 등의 다양한 오염 물질이 발생할 수 있다. **그림 4.10**은 가정용 가스버너의 사용 모습을 보여 주고 있다. 파랗게 잘 타는 불꽃에서도 다양한 오염 물질이 나올 수 있다. 또한 가정에서 요리를 할 때 음식물이 타거나 변형되어 다양한 실내 오염 물질이 나올 수 있다. 로렌스 버클리(Lawrence Berkeley) 연구실의 연구 결과, 가정용 가스레인지는 유해한 기체를 생성하고, 특히 겨울에 환기 없이 가스버너를 사용할 시 62%의 가정이 과도한 이산화 질소(nitrogen dioxide), 9%가 일산화 탄소, 53%가 폼알데하이드(호흡기 질환, 심한 천식, 심혈관 질환을 유도할 수 있음)에 노출될 수 있다고 한다. 연구원들은 부엌의 공해를 줄이기 위해 다음

사항을 권고하였다.

- 레인지후드 사용하기
- 후드 팬을 강하게 틀기
- 흡입을 줄이기 위해 가능한 뒤쪽에 위치한 버너를 사용하기
- 주기적으로 기름 트랩을 청소하기
- 만약 레인지후드가 없으면 부엌 천장에 배기팬을 달거나 요리 중에 창을 열기

그림 4.10 가정용 가스버너와 사용 모습(© Shutterstock/Alexey Solyannikov)

국내 한 방송사에서도 가정에서 요리를 할 때 팬을 틀지 않고 측정하였을 때 초미세먼지가 요리 전에 비해 약 30배, 이산화 질소는 실내 기준치의 3배가 된다고 보도하였다. 그리고 탄소 검댕과 일산화 탄소의 농도도 각각 약 13배 및 4배 증가, 실내 오염이 매우 심각해지는 것을 보였다. 방송에서는 "요리 연기가 스모그보다 위험할 수 있고 WHO가 강조한 실내 공기 오염으로 인한 연간 사망자가 280만 명이란 점"을 상기하였다.

약품 및 생활용품

우리는 너무나 많은 '약품 및 생활용품'(pharmaceutical and personal care products, 혹은 PPCP라 약칭함, 5장 참조)을 매일 사용하고 있고, 그 대부분이 유기 물질로 이루어져 있다. 이러한 결과, 수질, 토양, 대기 등 거의 모든 분야가 영향을 받고 있으며, 특히 수질 오염이 큰 문제로 대두되고 있다. 일부 의약품 및 생활용품들은 지표수 및 지하수 이외에 실내 오염에 영향을 미치는데, 그 내용을 다음과 같이 정리할 수 있다.

좀약

옷을 보호하기 위해 사용하는 좀약은 살충제와 방향제로 구성되어 있고 주요 성분으로 나프탈렌을 함유하고 있다. **그림 4.11**은 우리 주위에서 흔히 보이는 나프탈렌을 함유한

좀약의 모습이다. 나프탈렌은 고체이나 30 ℃에서 증기압이 23.6 Pa으로 상당하며 가연성 물질이다. 증기압이 상당하므로 어느 정도의 기간이 지나면 옷장에 넣어둔 고체 좀약이 사라진 것을 볼 수 있는데, 이때 증발된 나프탈렌을 마시게 되어 우리 몸에 영향을 줄 수 있다. 나프탈렌은 현재 발암물질일 가능성이 제기되고 있다.

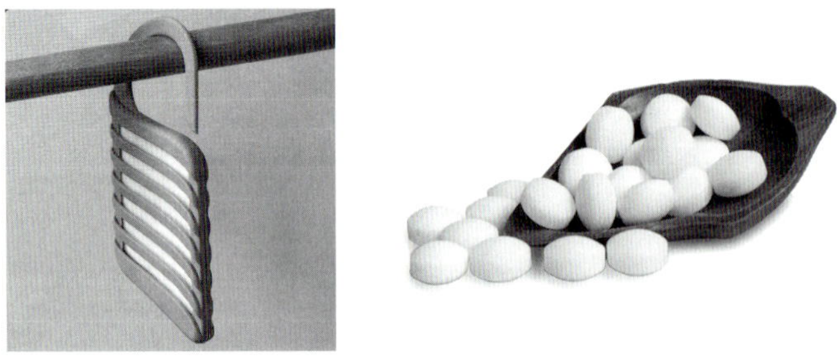

그림 4.11 우리 주위에서 흔히 보이는 나프탈렌을 함유한 좀약의 모습
(© Shutterstock/Yevhen Prozhyrko, Faizal Ramli)

바퀴벌레 약

바퀴벌레 약에는 많은 경우 피프로닐이라는 살충제 성분이 포함되어 있다. 2017년에는 계란에 살충제 성분 피프로닐이 허용치보다 많이 함유된 것이 발견되어 '농약 계란'이라 불리며 큰 사회적인 문제가 되었다. 바퀴벌레 약은 고체로 큰 위험은 없으나 실내에서 과도한 바퀴벌레 약을 사용하는 것은 살충제를 과도하게 집 안에 뿌리는 것과 유사한 일이

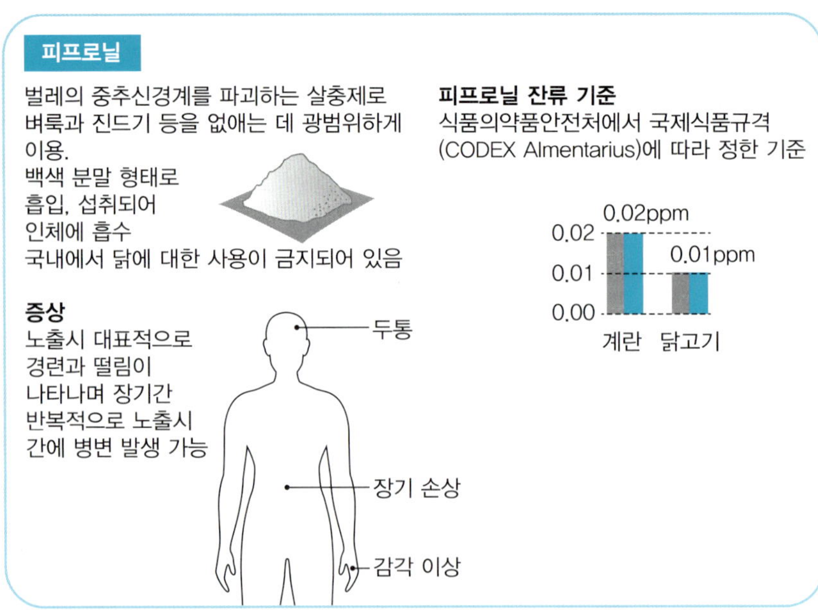

그림 4.12 살충제 피프로닐의 특성, 허용 기준 및 우리 몸에 미치는 영향

될 수도 있다. **그림 4.12**에 피프로닐 살충제의 특성과 허용 기준 및 인체에 미치는 영향이 정리되어 있다.

모기퇴치제

최근 야외 활동을 위해 모기퇴치제 혹은 모기기피제를 피부에 바르거나 옷에 뿌리는 경우가 많다. 이러한 기능을 하는 물질은 피부는 물론이고 사용한 후 집으로 돌아오면 실내 공기에도 영향을 줄 수 있다. 한국소비자원에서 시판되는 218개의 모기기피제 제품을 대상으로 조사한 결과, 대부분 다이에틸톨루아미드(DEET, 106개 제품), 정향유(57개 제품), 이카리딘(27개 제품), 시트로넬라오일(10개 제품) 등을 유효 성분으로 사용하고 있었다(**참고문헌 4**). 즉, 절반 이상의 제품에 다이에틸톨루아미드(DEET)가 들어 있었다. DEET는 신경계통 부작용 등 안전성 논란으로 대부분 국가에서 사용 함량·빈도·연령 등을 공통적으로 제한하고 있다. **표 4.3**는 모기기피제에 포함된 유효성분별 효과 및 특성을 보여 주고 있다. DEET 외에도 **표 4.3**에서와 같이 많은 모기기피 유효 성분은 인체에

표 4.3 모기기피제에 포함된 유효 성분별 효과 및 특성

성분명	모기기피 효과	특성(장·단점)
다이에틸롤루아미드 (DEET)	15%, 5~8시간	• 화학 성분 • 다양한 종류의 해충에 효과적 • 노란색을 띄며 특유의 냄새 • 플라스틱과 섬유 손상 • 신경계통 부작용 등 안정성 논란
이카리딘 (icaridin 혹은 picaridin)	20%, 8시간	• 화학 성분 • 다양한 종류의 해충에 효과적 • 무색·무취 • 플라스틱과 섬유 손상을 유발하지 않음 • DEET에 비해 안전한 것으로 간주됨
시트로넬라 오일	4%, 1시간	• 식물성 성분 • 모기기피용 화학성분보다 효과가 낮아 자주 발라줘야 함 • 포함된 일부 성분이 피부 알레르기를 유발할 수 있음 • 메틸유게놀(발암가능물질) 함유 • 산모기(Asian tiger mosqutoes)에 효과가 떨어짐
정향유	2%, 3시간	• 식물성 성분 • 포함된 일부 성분이 피부 알레르기를 유발할 수 있음 • 메틸유게놀(발암가능물질) 함유

나쁜 영향을 줄 수 있다. 따라서 사용 및 사용 후 주의가 필요하다. 특히 사용 후에는 물과 비누로 잘 씻어 주고 실내에 기피 성분들이 남지 않도록 주의해야 한다.

모기향과 모기 스프레이

우리는 모기기피제 외에도 다양한 모기향과 모기 스프레이를 사용하고 있다. 모기향, 모기매트, 전자 모기향과 모기 스프레이는 제충국(除蟲菊)이라는 국화의 일종에서 추출한 천연살충제를 참고하여 합성한 '피레스로이드계' 살충제 성분(알레트린, 프탈트린, 프탈레트린 등)을 주로 포함한다. 이러한 살충 성분은 인간과 가축에는 독성이 낮고 해충 방제에 사용할 수 있다고 알려져 있다. 또한 이러한 성분들은 빛에 의해 분해되므로 주로 실내용으로 사용되고 잔존할 확률이 낮은 장점이 있다. 비록 사람에게 독성이 낮은 것으로 알려져 있으나 과도하게 사용하면 호흡기 및 자율신경계에 장애를 유발할 가능성이 있다고 한다.

실내에서 모기향을 태울 시 살충 성분 외에 첨가물로부터 폼알데하이드 등의 다양한 유해성분이 발생할 수 있고, 특히 미세먼지가 크게 증가할 수 있다. 한 국내 연구에 따르면 모기향 1개를 태울 때 담배 2~22개비에 해당하는 폼알데하이드와 담배 41~56개비를 태울 때 생기는 미세먼지가 나온다고 한다. 또 다른 연구에서는 모기스프레이를 10초간 뿌린 다음 20분 경과 후 미세먼지 농도가 20배 증가한 결과를 보이기도 하였다. 따라서 모기향이나 스프레이를 사용할 때 살충 성분, 폼알데하이드, 미세먼지를 고려하여 주기적으로 환기를 해주어야 한다.

탈취제

생활환경에서 나는 악취를 없애기 위해 다양한 탈취제를 사용할 수 있다. 그러나 좋은 향이 난다고 아무 방향제나 뿌리면 나쁜 영향이 있을 수 있다. 주위에서 많이 쓰는 페브리즈의 경우를 살펴보자. 주요 성분은 옥수수로부터 만들어진 하이드록시프로필 베타-사이클로덱스트린(hydroxypropyl beta-cyclodextrin, HPβCD)으로 **그림 4.13**에서 그 구조를 확인할 수 있다. 이것은 HPβCD 분자의 고리 구조에 냄새 나는 물질을 잡아두어 우리가 냄새를 느끼지 못하게 하는 원리를 이용한 것이다. 즉, 고리 구조에 휘발성의 악취 물질이 잡히면 냄새가 나는 성분이 움직일 수 없게 되어 우리가 냄새를 느낄 확률이 낮아진다. 이 제품의 성분, 기능 및 특성은 **표 4.4**와 같다. HPβCD 등의 주요 성분은 해가 없는 것으로 알려져 있으나 일부 첨가물(제4급 암모늄염)의 경우는 논란이 있다. 이러한 탈취제의 경우에서 알 수 있는 바와 같이 주위의 많은 PPCP는 단일 분자 혹은 성분으로 된 경우는 거의 없고 안정제 혹은 향내 나는 성분 등을 포함하고 있으므로, 유해성을 평가할 때 모든 성분 및 함량을 고려할 필요가 있다.

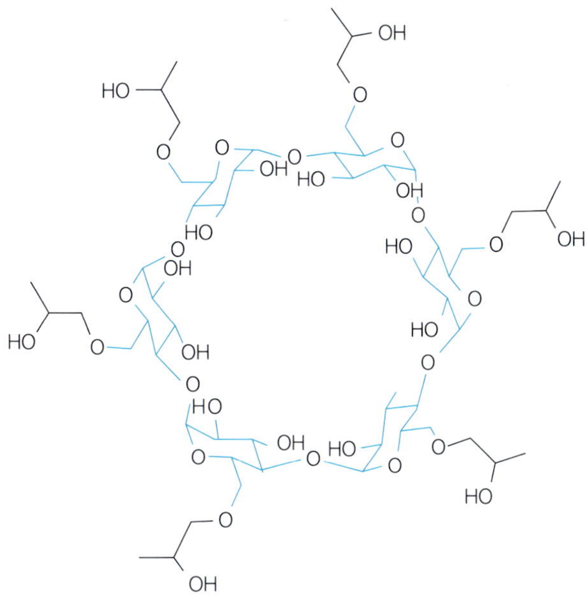

그림 4.13 탈취제의 주요 성분인 하이드록시프로필 베타-사이클로덱스트린의 화학 구조
고리 구조에 냄새 나는 물질을 잡아 두어 탈취 효과를 얻을 수 있다.

표 4.4 시중에서 판매되는 탈취제 페브리즈의 주요 성분, 기능 및 특성

성분	기능	특징
알코올	건조제	식물에서 추출된 건조제
구연산	산도조절제	감귤류 과일에서 자연적으로 추출되는 약산성 유기산으로 산도 조절
사이클로덱스트린	탈취제	옥수수 전분에서 추출한 성분으로 냄새 제거
말레익산	산도조절제	물의 산도만큼 안전한 수준으로 산도를 유지시켜줌
모디파이드 폴리다이메티콘	계면활성제	제품의 안전성을 유지시켜줌
폴리아지리딘	탈취제	냄새를 끌어낼 수 있는 고분자 기술을 가지고 있어 섬유에 깊숙이 침투해 냄새의 근원을 찾아 없애줌
하이드로제네이티드 캐스터 오일	계면활성제	캐스터 콩에서 추출된 계면활성제로 향을 더 넓게 퍼뜨리도록 도와줌
4가 암모늄 염/염화 다이데실 다이메틸 암모늄(DDAC)	미생물억제제	냄새를 유발하는 세균 및 박테리아를 제거해줌
향료	향료	섬유에 상쾌한 향이 남도록 해줌

드라이클리닝

요즘 세탁 시 자주 이용하는 드라이클리닝은 물 대신 유기용제(有機溶劑)를 사용하는 세탁 방법으로, 의복의 형태와 염색 등이 손상되기 쉬운 모직물이나 견직물 제품에 많이 사용되는 세탁 방법이다. 드라이클리닝에 사용되는 용제는 비교적 인화점이 높은 석유계 용제와 퍼클로로에틸렌(Perchloroethylene, PCE, Perc) (혹은 테트라클로로에틸렌(TCE)으로 불림) 등 불연성 합성 용제가 주로 쓰이며, 플루오린계(系) 용제도 사용되고 있다. 드라이클리닝의 용제는 등유 → 벤젠 → 사염화 탄소/트라이클로로에틸렌 → PCE 혹은 TCE 등으로 변천되고 있다.

현재 많이 사용되고 있는 PCE 혹은 TCE는 비점이 121 ℃로 쉽게 휘발할 수 있고 세탁물을 통해 실내를 오염시키기 쉽다. **그림 4.14**는 PCE 혹은 TCE의 분자 구조를 보여 주고 있다. TCE는 2급 발암물질로, 캘리포니아 공기자원위원회(California Air Resources Board)는 2007년부터 새로운 세탁소에서의 사용을 금하였고, 2023년부터는 모든 세탁소에서 사용할 수 없도록 규정하고 있다.

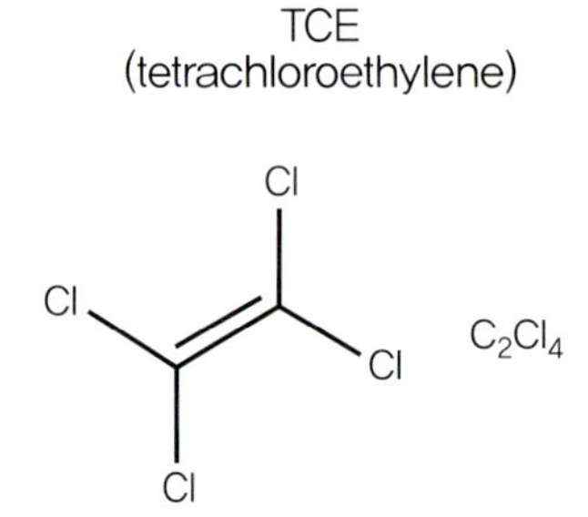

그림 4.14 PCE 혹은 TCE의 분자 구조

현재까지 많이 사용된 DCE 혹은 TCE의 위험성을 고려하면 세탁 후 충분히 실외에서 통풍시킨 후 옷들을 보관하는 것이 좋다. 또한 이산화 탄소를 용제로 이용한 새로운 드라이클리닝 기술이 소개되고 있다. **그림 4.15**는 액체 이산화 탄소를 용제로 사용하여 옷에 묻은 때를 제거하는 개념과 순서도를 보여 주고 있다**(참고문헌 5)**. 원심분리관 같은 용기에 오염된 옷과 고체 드라이아이스를 넣은 후 가열하면 압력이 증가하면서 드라이아이스로부터 액체 이산화 탄소(일부 이산화 탄소는 기체로 도망간다)가 얻어지고 세탁이 진행되게 된다. 이산화 탄소는 지구온난화의 문제점이 있지만 TCE의 위험성을 고려하면 안전하고 깨끗한 대체 세제로 생각할 수 있다.

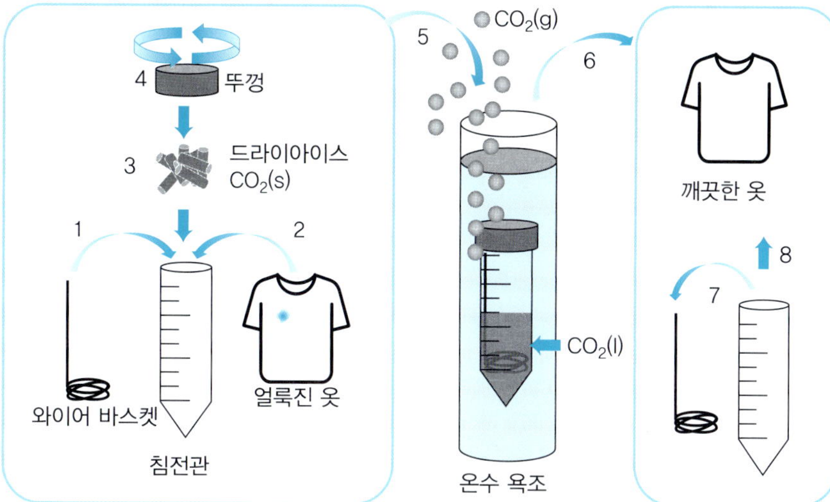

그림 4.15 액체 이산화 탄소를 용제로 사용하여 옷에 묻은 때를 제거하는 개념과 순서도

참고

액체 이산화 탄소

이산화 탄소의 액체 상태로, 대기압에서는 얻을 수 없고, 5.1기압 이상, 31.1 ℃(임계점) 이하 및 −56.6 ℃(삼중점) 이상의 압력에서만 존재할 수 있다. 냉매, 소화제 및 추출제로 사용된다.

향 및 촛불

요즘 실내에서 흡연을 하는 경우는 보기 힘들다. 반면, 실내에서 향을 피우거나 촛불을 켜는 것을 종종 볼 수 있다. 본 저자가 연구한 바(**참고문헌 6**)에 따르면 향불로부터 탄소를 주성분으로 한 미세먼지가 발생하고 촛불 등에 불을 붙일 때에도 성냥으로부터 미세먼지가 발생함을 알 수 있었다. 따라서 실내에서는 가능한 무엇이든지 태우는 일을 하지 않거나 최소화해야 한다. 2장에서 소개한 바와 같이 인도의 매우 높은 미세먼지는 축제 기간 중 사용하는 폭죽 때문이라고 한다. 따라서 우리의 안전한 환경을 위해 실내는 물론이고 실외에서도 폭죽이나 불꽃놀이 등과 같은 연소를 최소화할 필요가 있다. 환기가 잘 되지 않는 지하실이나 기도원 등에서는 특히 조심해야 한다.

참고

가습기 살균제의 비극

- **개요**: 가습기 내의 세균 및 물때를 방지하기 위해 살균제를 첨가하여 사용했으나 살균제에 의한 한국 최악의 화학 참사를 기록하였다.
- **피해**: 2017년 말까지 가습기 살균제 피해 신고자는 총 5,955명이며, 그중 사망자와 생존자가 각각 1,292명(22%)(참고문헌 7) 및 4,663명(78%)이었다. 그러나 제품의 사용자가 최대 500만 명에 이르고 사용 후 병원에서 치료를 받은 사람이 30~50만 명이었다. 그러나 피해 신고를 하지 않은 사람이 대다수여서 실제 피해 규모는 더 클 것으로 예측된다.
- **사용한 살균제**: 가습기에는 그간 비교적 안전한 것으로 알려진 폴리헥사메틸렌구아니딘(polyhexamethyleneguanidine, PHMG) 및 올리고(2-2-에톡시)에톡시에틸구아니딘(oligo(2-(2-ethoxy)ethoxyethyl guanidine, PGH) 등의 살균제를 사용하였다. 이들의 화학 구조는 그림 4.16에서 볼 수 있으며 다른 PPCP와 유사하게 하나의 유기 화합물들이다.
- **참사 원인**: 비교적 안전한 것으로 알려진 살균제를 사용했으나 문제는 초음파 가습기에 사용한 점이다. 초음파 가습기는 특히 우리나라에서 유독 많이 사용되는데, 살균제가 물방울과 함께 증발되어 증기로 만들어진 후 예기치 않게 사람들의 폐에 들어가게 된 것이다. 이전에 이러한 살균제들은 다양한 사용 및 위험성이 검토되었으나 증기로 만들어져 폐에 들어갈 경우의 위험성은 고려하지 못하였다. 불행히도 증기를 흡입하여 폐에 들어갈 때 폐를 굳게 하는 등의 다양한 문제를 야기하는 등 위험성이 높아 큰 인명 피해가 발생하였다.

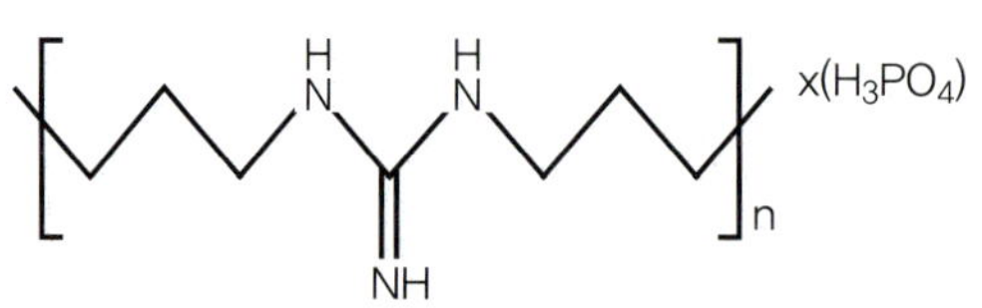

Polyhexamethyleneguanidine phosphate (n/x=1~2)
PHMG phosphate

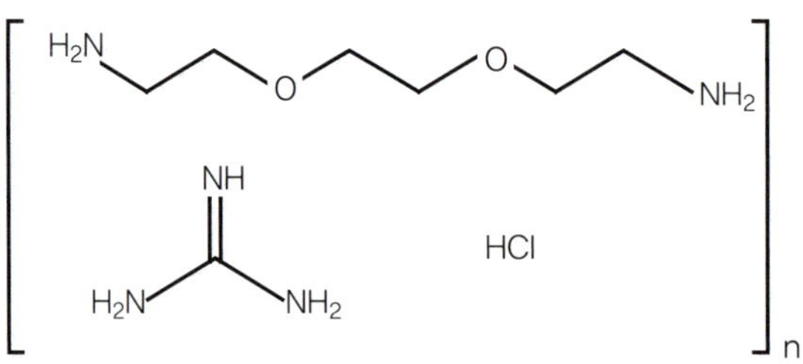

Oligo(2-(2-ethoxy)ethoxyethyl guanidinlum chloride)
PGH

그림 4.16 가습기에 사용된 적이 있는 살균제 폴리헥사메틸렌구아니딘(polyhexamethyleneguanidine, PHMG) 및 올리고(2-2-에톡시)에톡시에틸구아니딘(oligo(2-(2-ethoxy)ethoxyethyl guanidine, PGH)의 화학 구조

4.4 요약

앞서 살펴본 바에 의하면 실내 공기의 질이 실외보다 나쁠 확률이 높다. 따라서 주위 대부분의 사물의 안전성 및 유해성을 생각하고 평가해 보아야 한다. 그리고 가능하면 안전한 것을 사용하고 유해한 것의 사용을 줄여야 한다. 또한 필요 없는 폭죽놀이, 불꽃놀이, 향 사용을 억제하고 연소 시에는 불완전 연소로 발생할 수 있는 일산화 탄소를 없애기 위해 노력해야 한다.

필요한 경우 실내의 미세먼지, 일산화 탄소, 라돈 등의 농도를 측정하고 적당한 주기로 환기를 꼭 하도록 한다(특히 차량 운전 및 음식 조리 시). 실내에 가능하면 녹색식물(화분)을 많이 키우는 것이 좋다. 다만 실내 오염을 지나치게 염려하거나 걱정하기보다 현명하고 꼭 필요한 소비를 하는 것에 초점을 맞추도록 한다. 다음은 미국에서 추천하는 실내 오염에 대처하는 행동요령으로 일상생활에서 참고할 만하다.

실내 오염 관련 우리가 할 수 있는 일(참고문헌 8)

- ☑ 집 내부의 라돈과 폼알데하이드를 확인하고, 필요에 따라서 조치를 취하라.
- ☑ 폼알데하이드가 함유된 가구와 물건을 사지 마라.
- ☑ 먼지, 납, 농약의 유입을 감소시키기 위해서 집에 들어가기 전에 신발을 벗어라.
- ☑ 프탈레이트가 함유되어 있지 않은 세제로 바꿔라.
- ☑ 천연향수로 구운 레몬을 사용하라.
- ☑ 집과 작업장의 석면 수준을 확인하고, 만약 1980년 이전에 지어진 건물이라면 어떤 석면 물질인지 확인하라.
- ☑ 집 안 또는 차고에 가솔린, 용제, 또는 다른 해로운 휘발성 물질을 저장하지 마라.
- ☑ 흡연은 실외에서 하고 밀폐된 방에서는 환기를 자주 시켜라.
- ☑ 나무 연소 난로, 벽난로 그리고 등유와 가스 연소 히터를 작동시키고 환기하고 유지하는 것을 확실하게 하라.
- ☑ 모든 취침 공간에 일산화 탄소 탐지기를 설치하라.
- ☑ 실내 공기를 순환시키기 위해서 환풍기를 사용하라.
- ☑ 실내에 식물을 키워라. 많으면 많을수록 좋다.

핵심어

담배 연기, 라돈, 암모니아, 새집 증후군, 톨루엔, 폼알데하이드, 헌집 증후군, 환기, CO, PPCP, VOC

5장

물의 오염

이 장에서는 우리가 늘 마시고 쉽게 구할 수 있다고 생각했던, 그러나 생명 유지에 너무나 중요한 물의 오염에 대한 개요, 현황 및 대처 방안에 대해 정리하였다.

5.1 개요

요즘은 대부분의 경우 정수기나 생수 구입을 통해 마실 물을 얻고 있다. 10~20년 전에는 어땠을까? 예전에는 수질이 좋아서 강물이나 수돗물을 그대로 마셔도 된다고 생각했었다. 그런데 최근에는 급격한 산업 발전과 그에 따른 수질 오염으로, 정수가 잘 되어 공급되는 수돗물도 마시기를 꺼려하는 경향이 있으며, 생수를 사 마시거나 정수기를 설치하여 마시는 물을 얻고 있다.

2018년 6월과 8월 사이에는 여러 언론사에서 수자원 확보에 큰 문제가 있음을 다음과 같은 제목의 기사로 보도하였다.

- 대구 · 구미 · 음성 등 하 · 폐수 처리장 5곳, 과플루오린화 화합물 기준치 이상 검출
- 녹조에 과플루오린화 화합물까지 ··· 낙동강 식수 관리 '비상'
- 과플루오린화 화합물 끓이면 농도 높아져 ··· 부산 수돗물 지역별로 농도 차이

이처럼 환경 위기는 모든 방면에서 심각해지고 있고, 앞서 살펴본 대기 오염이나 지구 온난화는 물론 수자원의 오염도 급속히 진행되고 있다. 따라서 더 늦기 전에 대처를 해야만 안심하고 마실 물을 구할 수 있을 것이다.

표 5.1은 1991년부터 2018년까지의 낙동강에서의 수질 오염 사고를 보여 주고 있다. 다

표 5.1 낙동강에서의 수질 오염 사고(1991~2018년)

연도	유입 물질	유출 지역
1991(3월)	페놀(1차)	구미 A 전자
1991(4월)	페놀(2차)	구미 A 전자
2004	1, 4-다이옥세인	구미·김천공단
2006	퍼클로레이트	구미공단 B 기업
2008	페놀	김천공단 C 기업
2009	1, 4-다이옥세인	구미·김천공단
2012	플루오린화수소산	구미공단
2013	플루오린화수소산	구미공단
2018	과플루오린화 화합물	구미공단

양한 오염원으로 인한 수질 사고가 꾸준히 발생해 왔음을 알 수 있다. 즉, 생활하수 및 폐수를 잘 정화한 뒤 방류해야 하며, 이외에도 수질 오염 사고들을 방지해야만 수질을 깨끗하게 유지할 수 있을 것이다.

어떤 화학 실험실 싱크대 앞에 "버리는 물도 낙동강, 마시는 물도 낙동강"이라는 스티커가 붙어 있었는데 우리가 강물을 오염시키지 않아야 깨끗한 물을 이용할 수 있다는 점을 강조한 문구였다. 그만큼 수자원의 오염은 우리에게 밀접한 영향을 끼치는 일이라는 것을 알아야 한다.

최근에는 바다도 플라스틱 등으로 심각하게 오염되고 있다. 이러한 강물의 오염은 바다의 오염으로 이어진다. 한 언론에 "2050년에는 바다에 물고기보다 플라스틱이 많을 것이다"라는 경고 기사가 실린 적도 있다.

그림 5.1은 해안가에 쌓여 있는 쓰레기의 모습을 보여 주고 있다. 이러한 다양한 쓰레기나 폐기물들로 인해 바다는 서서히 매우 심각하게 오염되고 있다.

그림 5.1 해안가에 쌓여 있는 쓰레기의 모습(© Shutterstock/slim_Arnuphapy)

또한 바다에서는 해양 오염 사고가 빈번하게 일어나고 있는데, 이러한 사고도 수질 오염을 심화시키고 있다. 1995년 7월에는 시프린스 호에 의한 기름 유출 사고가 여수에서 발생하였고 2007년 12월에는 삼성-허베이 스피리트 호에 의한 태안 기름 유출 사고가 발생하였다.

그림 5.2는 이 사고가 일어난 후 오염된 바다를 청소하는 자원 봉사자들의 모습이다. 이 사진을 통해 해양 사고의 심각성을 짐작해 볼 수 있다.

그림 5.2 오염된 바다를 청소하는 자원 봉사자들의 모습(© SrA Steven R. Doty)

그동안 식수는 비교적 흔한 자원 중 하나였지만, 오늘날에 들어서 그 중요성이 더해지고 있다. 또한 지구상의 대부분의 물은 바다와 극지방의 빙하에 분포되어 있으며, 나머지 소량은 지하수, 염호, 호수, 강 및 공기 중의 수증기 등으로 존재한다. 이 중에 우리가 먹을 수 있는 물은 극히 일부분에 불과하다.

사람 몸은 약 70%가 물로 이루어져 있으며, 이 중에서 1~2%만 잃어도 갈증을 느끼고 약 5%를 잃으면 혼수상태에 빠지며 12% 이상을 잃으면 생명을 잃는다. 이처럼 사람은 매일 적당한 양의 물을 섭취해야 생명과 건강을 유지할 수 있다. 따라서 우리가 먹을 수 있는 깨끗한 물이 부족하다면 생존에 큰 위협이 될 것이다.

현재 태양계 행성 중에서 물이 있다고 알려진 곳은 지구뿐이다. 미국 항공우주국에 따르면 화성 표면에 거대한 호수가 있었던 흔적이 있다고 하지만 현재 물이 있는 행성은 지구 외에는 없다. "물처럼 쓴다"는 말이 있을 정도로 물은 너무나 흔한 것이었지만, 이제는 "물 전쟁"이라는 말이 나올 정도로 중요한 자원이 되어 가고 있다.

유엔환경프로그램(The United Nations Environment Program, UNEP)에서 제시한 자료에 따르면 한국이 '물부족 국가'로 규정되어 있음을 알 수 있다(https://www.grida.no/resources/5622).

5.2 물의 특성

물은 두 개의 수소와 한 개의 산소로 이루어진 분자이다. 수소와 산소의 전기음성도[1]

1 **전기음성도**: 어떤 원자가 전자를 끌어당기는 능력을 의미하며, 클수록 전자를 잘 당긴다.

차이가 크고 분자가 굽은 구조를 가지기 때문에 물은 극성을 가지고 수소 결합을 할 수 있다. **그림 5.3**의 왼쪽 그림은 실제로 물의 구조인 굽은 구조를 보여 주고 있다. 반면, 오른쪽 그림은 "만약 물이 직선 구조를 가진다면?"이라는 생각으로 그린 구조이다. 이러한 직선 구조(굽은 구조 대신에)에서는 물은 극성을 가질 수 없으며, 이에 따라 수소 결합도 불가능하므로 물의 성질 및 특성이 우리가 알고 있는 것들과 아주 달라질 것이다.

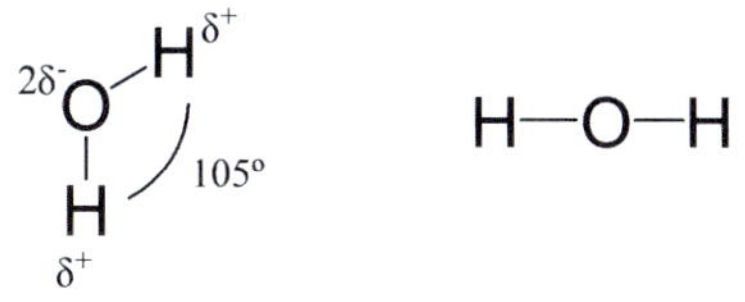

그림 5.3 실제 물의 구조(왼쪽)와 가상의 직선 구조(오른쪽)

그림 5.4는 물이 가지는 특수한 성질의 원인인 수소 결합의 개념을 보여 준다. 물 분자 2개 사이에서 산소와 수소 사이에 생기는 비교적 약한 결합을 점선으로 나타냈는데, 바로 이것이 수소 결합을 의미한다. 반면, 실선으로 표기된 결합은 하나의 물 분자 안에 존재하는 수소와 산소 사이의 결합(공유 결합)을 나타내고 있으며, 이 결합은 강하여 끊기 힘들다.

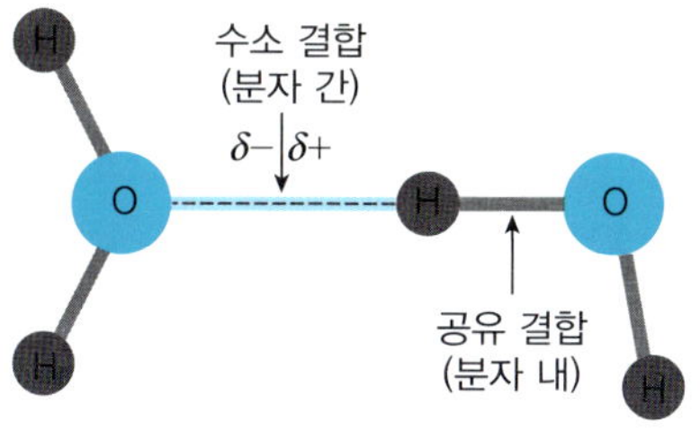

그림 5.4 물에서의 수소 결합

그림 5.5는 수소 결합(점선으로 표기됨)이 발생하는 다양한 경우를 보여 주고 있다. 맨 위 3개의 그림(①, ②, ③)은 같은 분자들 사이의 결합으로, 각각 물, 플루오린화 수소, 암모

참고

수소 결합

F, O, N 등의 전기음성도가 큰 원자와 수소로 이루어진 분자가 이웃한 같은 혹은 유사한 분자 사이에서 생기는 정전기적 인력으로 일종의 '분자간 인력'을 의미한다.

물이 굽은 구조를 갖는 이유: 산소 원자 주위에 많은 수의 전자가 있고 이들이 서로 넓은 자리를 차지하기를 선호하기 때문에 서로 멀리 위치하게 되며 결국 수소들이 차지한 자리가 서로 마주 보는 위치와는 달리 가까이 존재하기 때문이다.

니아 분자들 간의 수소 결합을 보여 준다. ④는 같은 분자 사이의 수소 결합을 보여 주지만 보다 크기가 큰 분자인 초산의 경우이며, 특히 2개의 초산 사이의 수소 결합은 8각형의 안정한 구조를 유도한다. ⑤, ⑥은 서로 다른 분자들 간의 수소 결합을 보여 주며, ⑤는 암모니아와 물, ⑥은 물과 암모니아 사이의 수소 결합을 보여 주고 있다.

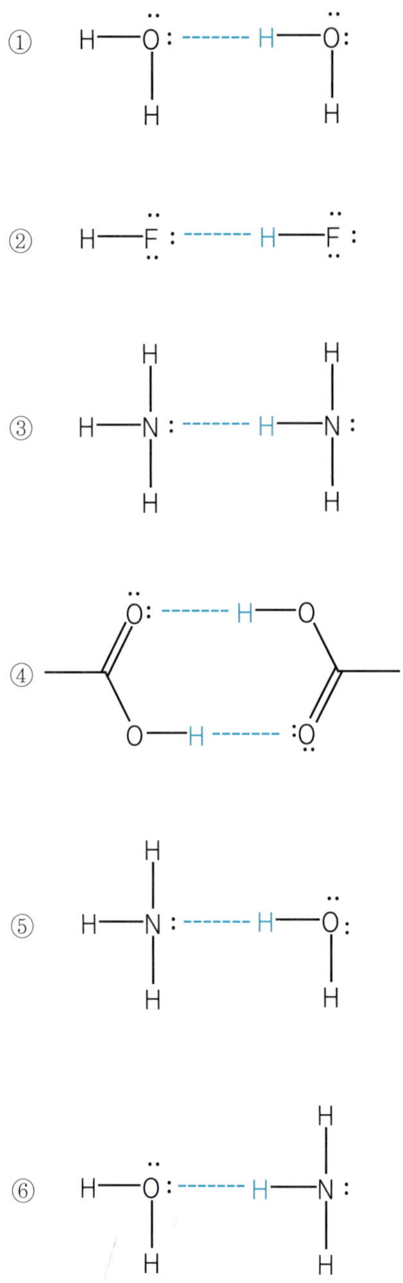

그림 5.5 수소 결합(파선으로 표기됨)이 발생하는 다양한 경우

물의 특성 1

물은 주위에서 보이는 많은 다른 물질들과 달리 자연 상태에서 비교적 용이하게 기체, 액체 및 고체의 3개의 상태로 존재한다. 특히 낮은 분자량(18 g/mol)을 가지지만 보통의 상태에서 액체 상태로 존재하고 조금만 온도를 내리거나 올리면 각각 얼음과 수증기로 쉽게 전환된다. 따라서 우리가 물을 쉽게 활용할 수 있다.

그림 5.6은 물이 각각 수증기, 물(액체 상태) 및 얼음으로 존재하는 모양 혹은 개념도를 보여 주고 있다.

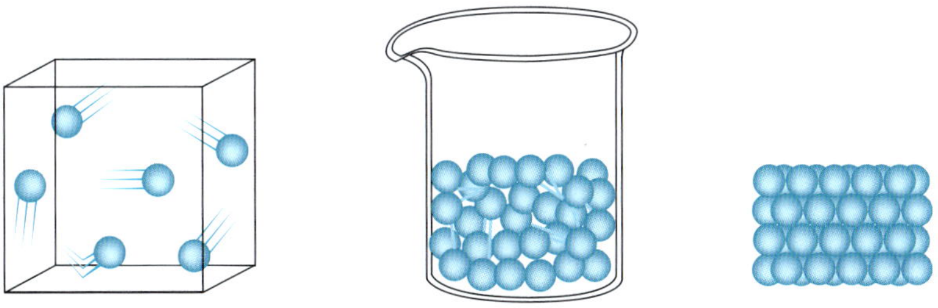

그림 5.6 물의 세 가지 상

참고

물은 분자량이 낮지만 끓는점이 100 ℃로 높은 이유

대부분의 화합물은 분자량이 적을수록 끓는점과 어는점이 낮아지는 성질을 보인다. 그러나 물은 예외적으로 매우 높은 값을 가진다. **그림 5.7**에서와 같이 물, 암모니아 및 플루오린화 수소는 수소 결합 때문에 분자량으로 예측된 끓는점보다 매우 높은 값들을 가진다(어는점도 유사하다).

예를 들어 물과 황화 수소를 다음과 같이 비교할 수 있다.

(1) 황화 수소(H_2S): 분자량은 34 g/mol이며 $-60\ ^{\circ}C \sim -82\ ^{\circ}C$ 사이에서 액체 상태로 존재한다.

(2) 물(H_2O): 분자량은 18 g/mol이며, 만약 황화 수소와 유사한 성질을 가진다면(즉, 수소 결합의 기여가 없다면) 물은 약 $-80\ ^{\circ}C$에서 끓고 우리가 생활하는 환경에서는 보통 기체일 것이다. 즉, 물을 마시거나 많은 물질을 녹이는 용매로 사용하기 힘들고 깨끗한 강이나 바다를 보기도 쉽지 않을 것이다.

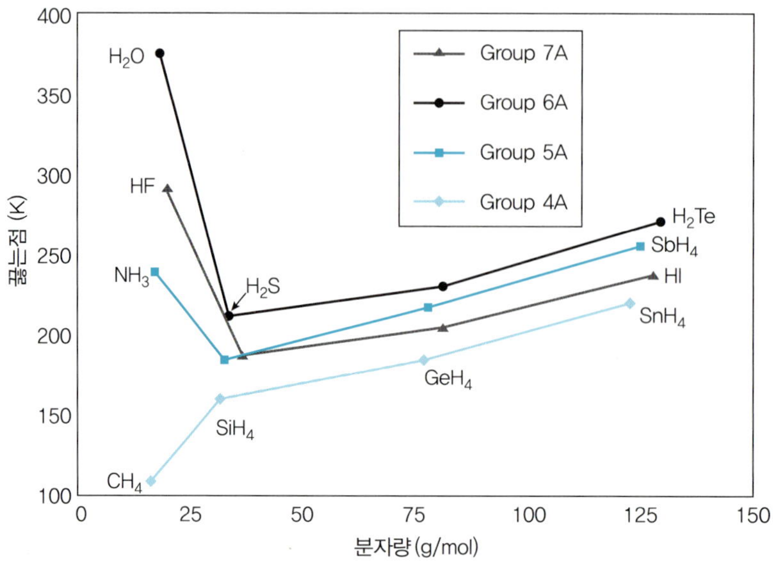

그림 5.7 물질의 분자량이 끓는점에 미치는 영향

물의 특성 2

액체에서 고체가 되면 오히려 부피가 늘어난다. 그 이유는 **그림 5.8**에서와 같이 물이 얼음이 되면 질서정연한 구조가 되지만 빈 공간이 생기기 때문이다. 만약 다른 물질과 비슷하게 액체에서 고체가 될 때 물의 부피가 줄어든다면 얼음이 물보다 무거울 것이다. 이 경우 강의 온도가 0 ℃ 이하로 내려가면 강은 밑바닥부터 얼고 이 얼음이 차곡차곡 위로 올라와 강 전체가 얼어버릴 것이다. 이 때문에 물고기 같은 수생 생물들이 살 수 없게 된다. 그런데 실제로는 물이 위에서부터 얼기 때문에 추운 겨울에도 물 위의 얼음이 추운 기운을 잘 막아주어 강물의 온도가 크게 내려가지 않아 많은 생명들이 살아갈 수 있다.

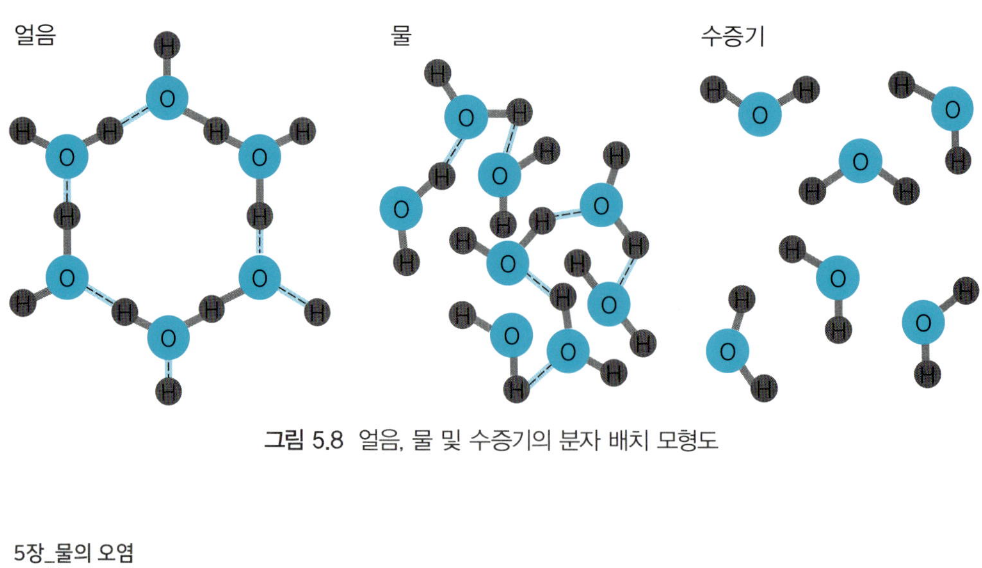

그림 5.8 얼음, 물 및 수증기의 분자 배치 모형도

물의 특성 3

물은 많은 물질(비극성 물질 제외)을 매우 잘 녹인다. 이러한 성질로 인해 물을 만유 용매(universal solvent)라고도 한다. 이러한 물의 높은 용해도를 이용하여 빨래, 오염된 곳의 정화, 영양분의 전달 등이 가능하다. 그러나 물이 너무 쉽게 오염된다는 단점이 있다. 즉, 물은 농약이나 합성 세제, 공장 폐수 등 사람이 만드는 온갖 오염 물질들과 쉽게 섞이고 정화가 어려운 문제가 있다.

그림 5.9는 물의 극성 및 이들과 상호작용[2]하는 양이온과 음이온의 모습을 보여 주고 있다(즉, 물과 이온들은 아주 쉽게 상호작용을 하고 쉽게 섞이거나 녹는다).

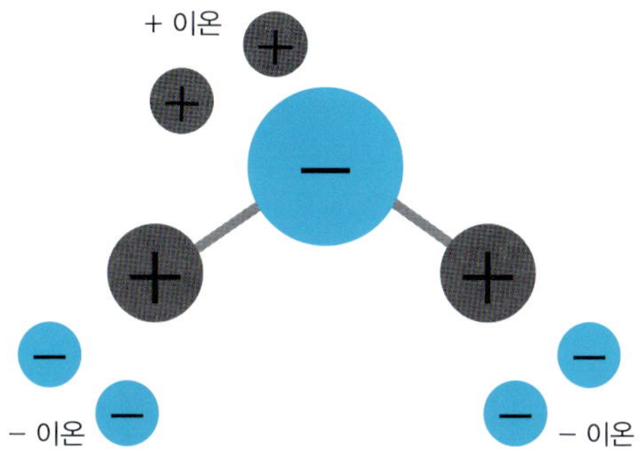

그림 5.9 물의 극성 및 이들과 상호작용하는 양이온과 음이온

물의 특성 4

물은 비열이 매우 크며, 대양, 인간, 생물 등의 급격한 온도 변화를 방지할 뿐만 아니라 덜 덥고 덜 추운 특성을 갖는 해양성 기후가 나타나게 한다. 또한 융해열(80 cal/g)과 기화열(540 cal/g)이 매우 커서 쉽게 끓이거나 얼릴 수 없고, 이러한 과정을 일으키기 위해서는 큰 에너지가 필요하다. 이처럼 물의 온도가 쉽게 변화하지 않아 다양한 응용이 가능하다.

물의 특성 5

물은 표면장력이 매우 크고 투명하며 순수한 물은 거의 이온화되지 않아 전기가 거의 통하지 않는다. **그림 5.10**은 물 사이의 상호인력에 의한 표면장력의 개념도를 보여 준다.

---

2 물과 이온들은 서로 다른 전하(양 및 음전하)를 가질 때 서로 상호작용한다.

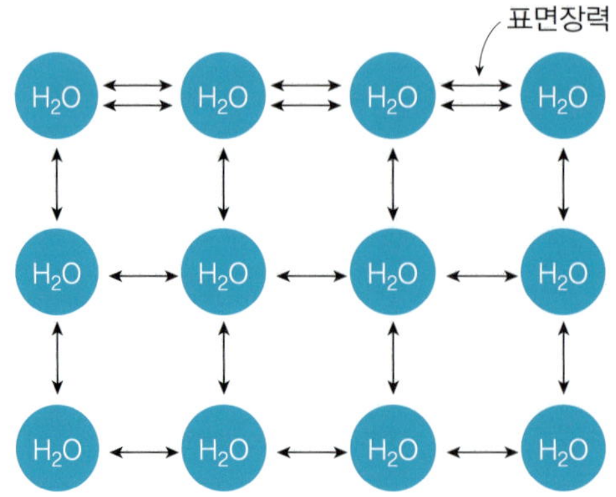

그림 5.10 표면장력의 개념도

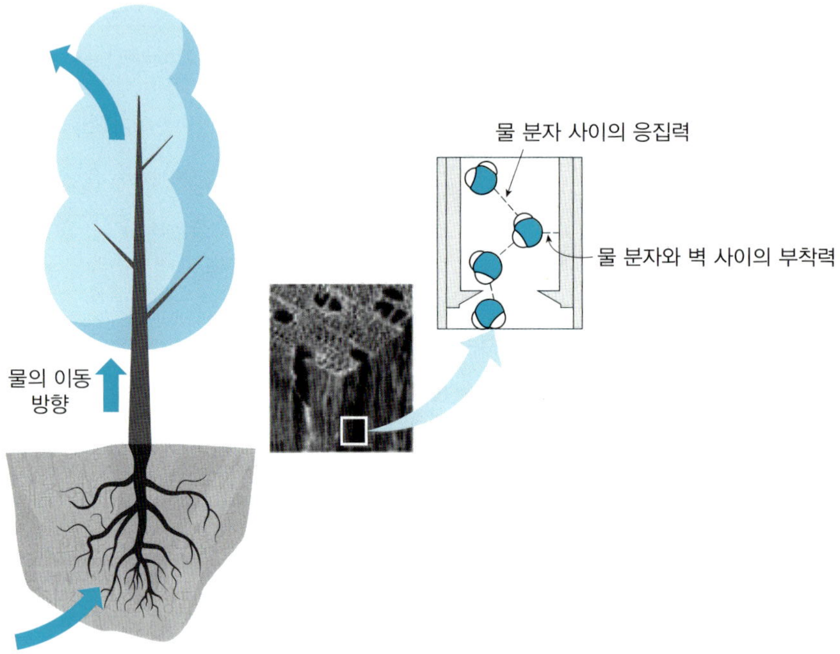

그림 5.11 나무에서의 물의 이동

참고

물의 수소 결합의 효과

아주 키가 큰 나무에서 땅 혹은 나무의 뿌리로부터 나무의 말단 혹은 잎까지 물이 쉽게 이동하는 이유도 물이 수소 결합을 잘 하기 때문이다(물이 나무 밖으로부터 용질의 농도가 높은 나무 안쪽으로 이동하는 것은 삼투압 때문이다). 그림 5.11은 물이 나무의 뿌리부터 잎까지 이동해가는 개념도이다. 물관과 그 내부의 물 분자들의 구조를 보면 물과 물 사이는 응집력*이, 물과 세포벽 사이에는 부착력*이 발생하여 물이 서로 연결될 수 있고 결국 잎까지 이동할 수 있다. 응집력과 부착력은 모두 수소 결합에 기인한다.

*부착(Adhesion): 물 분자와 세포벽 간의 힘을 부착력(수소 결합 때문)이라고 하며, 물이 중력에 의해 아래로 내려가는 것을 방지한다.

*응집(Cohesion): 물 분자들 사이의 힘을 응집력(수소 결합 때문)이라고 하며, 세포 내에서 물들이 서로 결합하여 물기둥을 유지한다. 즉, 물이 서로 분리되고 중력에 의해 아래로 내려가는 것을 방지한다.

5.3 물의 지구에서의 분포

지구에는 많은 양의 물이 존재한다. 얼음으로 혹은 수증기로 혹은 바닷물이나 강물 등으로 다양한 지점에 다양한 상태로 존재한다. 그렇다면 인간이 사용하는 물의 비율은 얼마나 될까? **그림 5.12**와 같이 그 비율은 매우 낮다. 즉, 그림 왼쪽에서 보는 바와 같이 많은 물 중, 사람이 사용하는 비율은 2.5/100(담수 비율) × 31/100(빙하를 제외한 표층수 비율) × 8/100(농업이나 공업용을 제외한 사람이 쓰는 비율) × 100 = 0.062%(620 ppm)로 매우 적다. 즉, 100만 개 중에서 620개만 사용하는 정도이다.

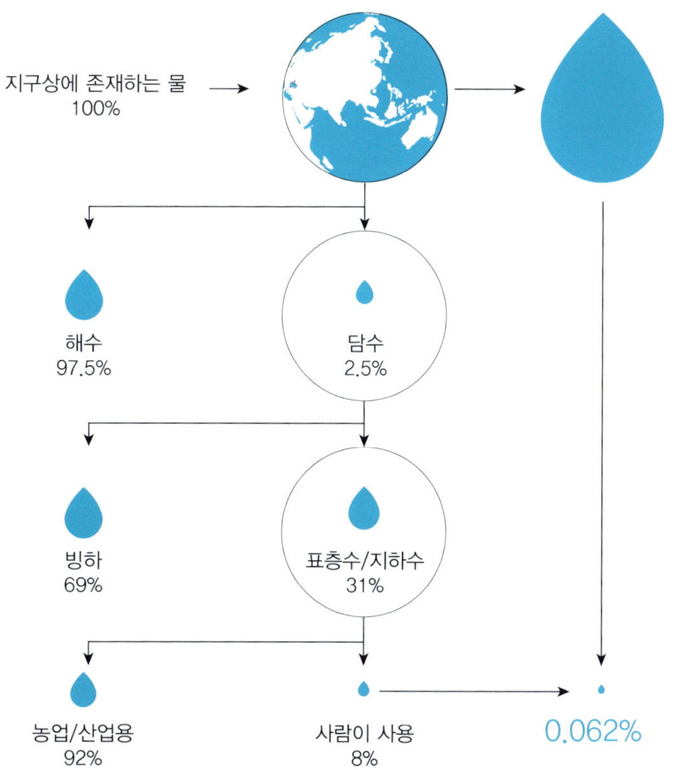

그림 5.12 사람이 사용하는 물의 비율

또한 **그림 5.13**에서 보는 바와 같이 모든 물 중에서 우리가 흔히 보는 강물의 비율은 2.5/100(담수 비율) × 1.2/100(지하수나 빙하 등을 제외한 표층수나 기타 담수 비율) × 0.49/100(호수, 저빙 및 영구동토층을 제외한 비율) × 10^6 = 1.5 ppm로 매우 적은 비율이다(즉, 100만 개 중 1.5개 정도이다).

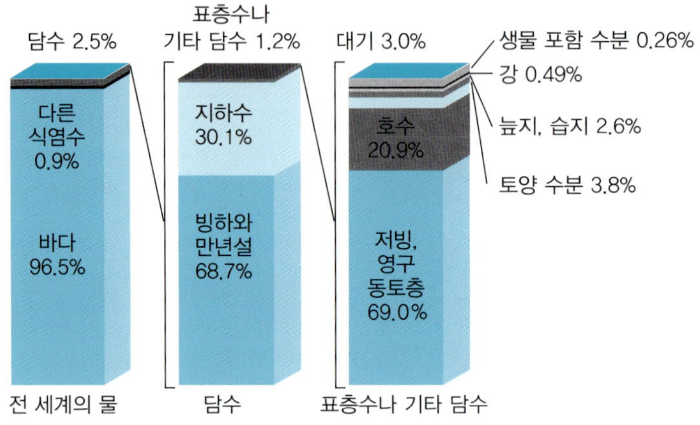

그림 5.13 전 세계의 물 중 강물의 비율

5.4 물의 순환 및 오염 경로

그림 5.14와 같이 물은 태양 에너지에 의한 증발, 응축, 강수 및 중력에 의한 낮은 곳으로의 이동 등을 통해 지구를 순환하고 있다.

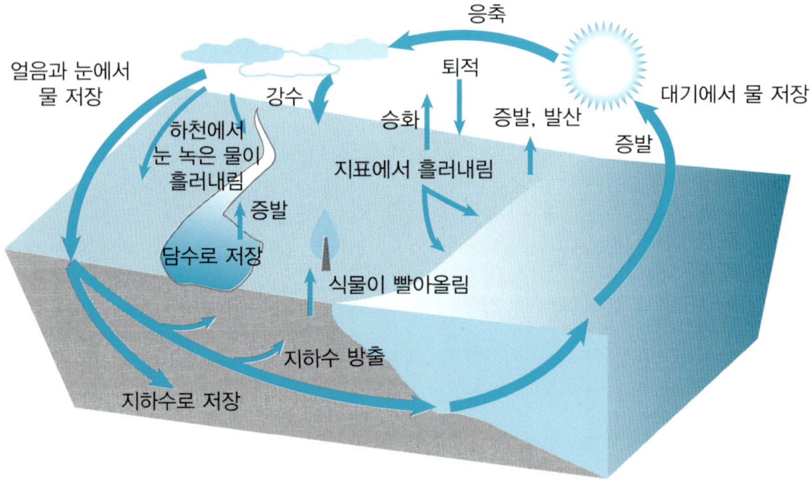

그림 5.14 물의 순환

한편, **그림 5.15**와 같이 인간의 활동으로 물이 오염될 수 있다. 농축산 폐수는 물론이고 공장폐수, 생활하수, 쓰레기 및 세차 등의 매우 다양한 경로로 물이 오염될 수 있다.

그림 5.15 물이 오염되는 원인과 경로

5.5 물의 오염 문제

앞에서 언급된 것처럼 물은 많은 물질을 잘 녹이기 때문에 쉽게 오염될 수 있다. 먹이 사슬을 따라 높은 단계로 올라갈수록 분해가 잘 되지 않는 어떤 화학 물질의 농도가 증가

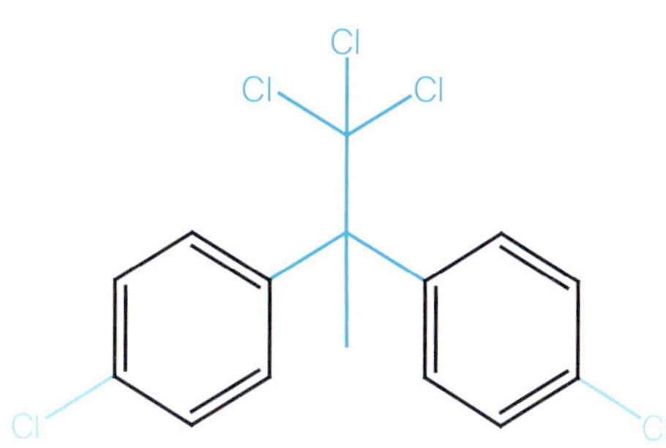

그림 5.16 살충제 DDT의 화학적 구조

하는 현상을 생물농축(biomagnification)이라고 한다. 예를 들어 살충제 DDT(비극성으로 몸의 지방에 저장되며 구조는 **그림 5.16**과 같다)의 농도는 **그림 5.17**에서와 같이 먹이사슬을 따라 올라갈수록 심각하게 증가한다. 강에서의 DDT 농도는 0.000003 ppm으로 매우 낮으나 동물 플랑크톤, 작은 물고기, 큰 물고기 및 물수리로 올라갈수록 그 농도가 매우 높아져 물고기를 먹는 동물의 개체 수가 아주 크게 증가함을 알 수 있다. 이와 같은 농도 증가폭과 생물농축은 강물을 오염시키지 않아야 하는 또 하나의 이유가 된다.

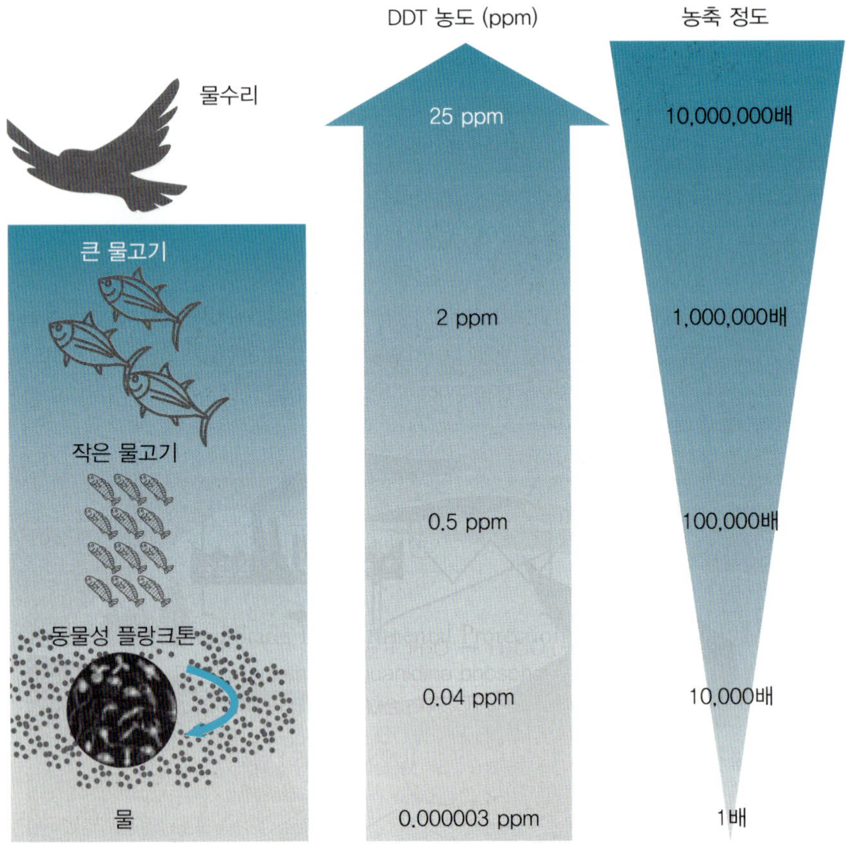

그림 5.17 생물농축 현상의 예

바닷물의 오염도 강물과 크게 다르지 않다. **그림 5.18**과 같이 방사성 세슘137의 농도(8장 참조)를 조사한 바에 따르면 식물 플랑크톤, 동물 플랑크톤, 고등어, 대구, 쥐돌고래 순으로 먹이사슬이 올라갈수록 세슘의 농도가 증가함을 알 수 있고 생물농축이 일어남을 보여 준다.

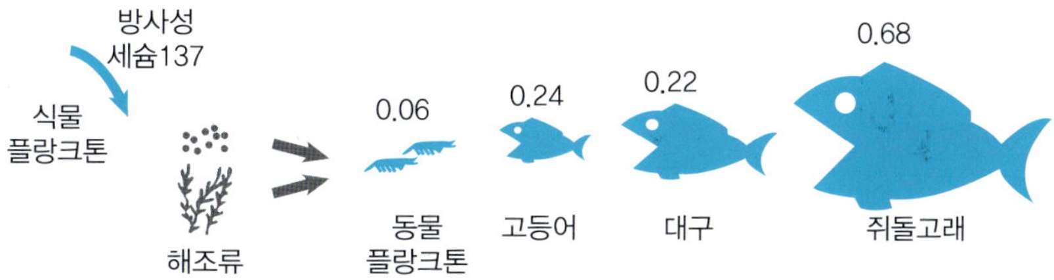

그림 5.18 방사성 세슘137의 생물 농축 과정(단위: 체중 1 kg당 베크렐(Bq))

한편, FDA에서는 수은 함량이 높기 때문에 먹어서는 안 되는 생선으로 옥돔, 상어, 황새치, 왕고등어 등을 제시했으며 대부분 몸집이 큰, 먹이사슬의 상위 생선임을 알 수 있다. 또한 국내 수산물 중의 메틸수은 함량을 분석한 결과 **그림 5.19**와 같이 참다랑어, 날개다랑어, 고등어, 갈치, 오징어, 가다랑어 등의 순서로 수은 함량이 감소하였다. 특히 참다랑어와 날개다랑어 등의 몸집이 큰 생선은 매우 높은 수은 함량을 가져 섭취를 제한해야 한다.

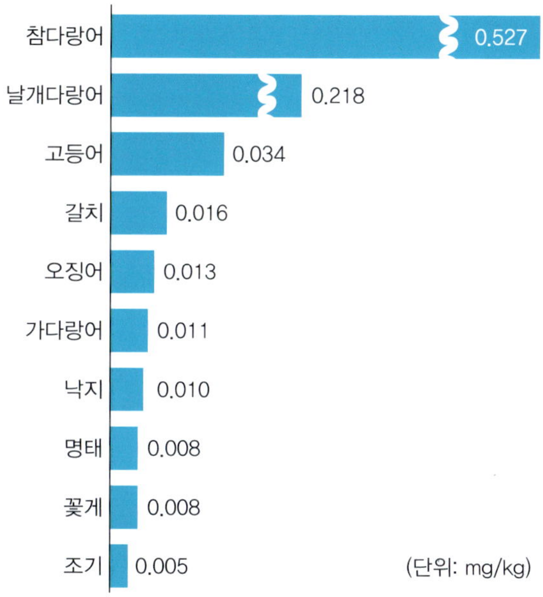

그림 5.19 국내 수산물 중 메틸수은 함량

참고

메틸수은

수은과 메틸기가 결합한 화합물로 일반적으로 일본 미나마타병의 발병 물질인 염화 메틸수은(CH_3HgCl)을 의미한다. 또한 유기수은이라고 하면 염화 메틸수은을 가리키는 경우가 많다.

참고

마실 물이 오염된 경우 휴대용 정수기가 있으면 '생명수'를 구할 수 있다. 그림 5.20은 생명빨대(LifeStraw)라고 불리는 휴대용 정수기의 외관 및 내부 구조를 보여 주고 있다. 물이 오염되었어도 이 빨대를 이용하여 빨아 당겨 마시면 다양한 오염원이 제거될 수 있음을 보여 주고 있다. 오염 지역 및 물이 아주 부족한 지역을 여행 시 휴대하면 큰 도움이 되며 물의 오염으로 생명을 구할 수 있는 작은 정수기이다.

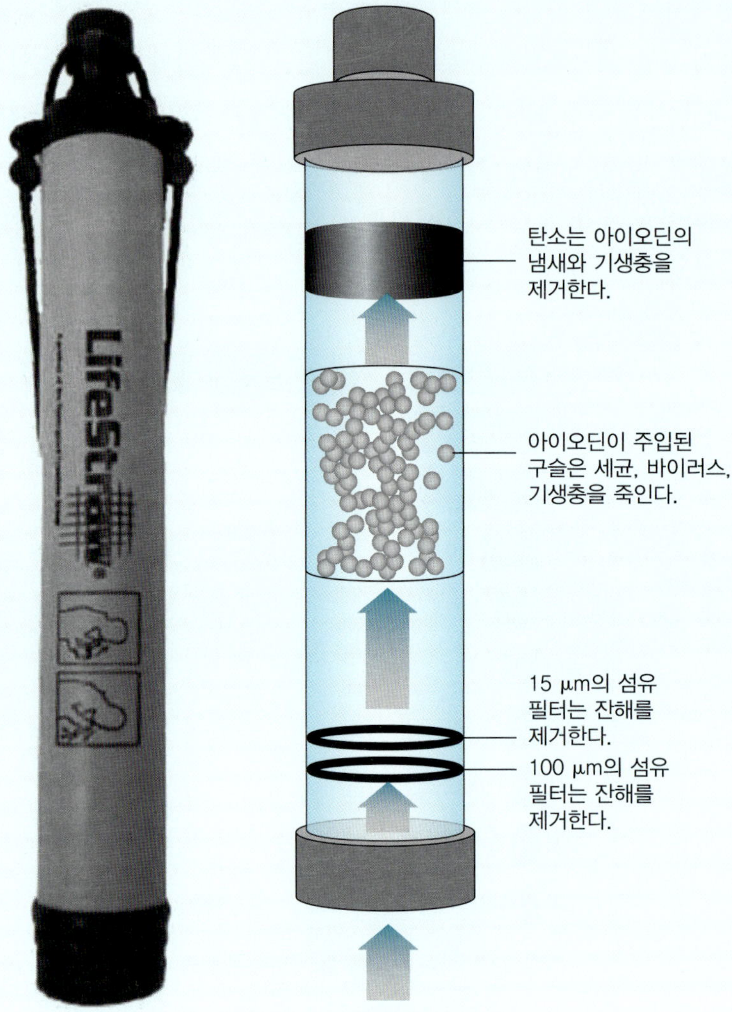

그림 5.20 생명빨대의 구조

5.6 지켜야 할 수자원

인구와 경제활동의 증가로 인하여 수질이 나빠지고 전 세계적으로 먹는 물이 부족해지자 UN에서 경각심을 일깨우기 위하여 세계 물의 날을 선포하고 홍보하고 있다. **그림 5.21**은 '세계 물의 날' 로고이다.

표 5.2는 물에 대해 알아 두어야 할 몇 가지 수치를 정리하였다. 앞에 언급한 바와 같이 지구에 존재하는 담수 중 사용할 수 있는 비율은 1% 수준이고 15초마다 물 관련 질병으로 인한 어린이 사망자가 1명씩 늘어나고 있다. 전 세계적으로 물 관련 질병으로 매년 약 358만 명[3]이 죽고 안전한 식수를 구하지 못하는 사람이 약 9억 명이다.

그림 5.21 세계 물의 날 로고

표 5.2 물에 대해 알아 두어야 할 몇 가지 수치

수치	내용
1%	지구상의 담수 중 사용 가능 비율
15초	물 관련 질병으로 인한 어린이 사망자 1명 증가 시간
3,575,000명	연간 물 관련 질병으로 인한 전 세계 사망자
884,000,000명	안전한 식수를 구하지 못하는 인구

한편, 다음과 같이 물을 절약하는 5가지 방법이 소개되어 있으며 이러한 절약 방법을 적극적으로 실천하여 소중한 물을 절약할 수 있다.

물 절약 5계명

- ☑ 양치컵 사용하기
- ☑ 샤워 시간 줄이기
- ☑ 세숫대야 사용하기

3 일부 자료에 따르면 물 관련 질환으로 연간 800만 명이 죽는다고도 한다.

☑ 설거지통 사용하기

☑ 세제 사용 줄이기

물 발자국

최근 물 소비가 급격히 늘고 수자원 고갈이 염려되는 상황에서 물 발자국(**참고문헌 1**)이라는 새로운 개념이 도입되고 있다. 물 발자국(water footprint)은 "개인 혹은 국가에 대하여 상품과 서비스를 지탱하는 데 필요한 물(담수)의 양"을 나타낸다. 참고로 전 세계의 물 발자국은 7.45×10^{15} L/년(혹은 1.24×10^{6} L/년/인)이고 미국인의 물 발자국은 2.48×10^{6} L/년/인으로 인도인의 약 2.5배를 사용한다고 한다(**참고문헌 2**).

참고

물 발자국과 유사한 개념

(1) 탄소 발자국(carbon footprint)은 개인 또는 단체가 직접·간접적으로 발생시키는 온실가스의 총량을 의미한다. 여기에는 이들이 일상생활에서 사용하는 연료, 전기, 용품 등이 모두 포함된다.

(2) 생태 발자국(Ecological Footprint, EF)은 인간이 지구에서 삶을 영위하는 데 필요한 의식주 등을 제공하기 위한 자원의 생산과 폐기에 드는 비용을 토지로 환산한 지수를 말한다. 인간이 자연에 남긴 영향을 발자국으로 표현하였다. 생태 발자국은 1996년 캐나다 경제학자 마티스 웨커네이걸과 윌리엄 리스가 개발한 개념이다. 지구가 기본적으로 감당해 낼 수 있는 면적 기준은 1인당 1.8 ha이고 면적이 넓을수록 환경문제가 심각하다는 의미가 된다. 선진국으로 갈수록 이 면적이 넓은 것으로 나타났으며, 선진국에 살고 있는 사람들 가운데 20%가 세계 자원의 86%를 소비하고 있을 정도로 자원의 소비도 편중되어 있다. 한국인은 1995년을 기준으로 이 기준점(1.8 ha)을 넘기 시작하였고, 2005년에는 3.0 ha에 이르렀다. 생태 발자국을 줄이기 위해서는 가지고 있는 자원의 낭비를 최대한 줄이고, 대체 에너지를 개발하여 환경오염의 가속화와 자원의 고갈을 막아야 한다. 녹색연합이 2004년 조사한 바에 따르면 한국인의 생태 발자국은 4.05 ha로 이 방식대로 생활한다면 지구가 2.2개 이상이 있어야 한다.

제품별 생산에 필요한 물의 양

표 5.3은 우리가 소비하는 다양한 식품을 생산하는 데 필요한 물의 양을 보여 주고 있다(세계 평균 물 소비량 기준이므로, 지역 및 환경에 따라서 큰 차이가 날 수 있다). 또 대략적인 추산이므로 자료에 따라서 차이가 날 수도 있고, 특히 지역별로 차이가 클 수 있으나 몇 가지 흥미로운 점을 알 수 있다. 우선 쇠고기보다는 돼지고기, 돼지고기보다는 닭고기의 생산에 필요한 물의 양이 적다. 또한 곡물이나 야채가 육류 식품에 비해 상당히 적은

물로도 생산될 수 있다. 그리고 표에는 나타나 있지 않지만 커피는 차에 비해 약 10배의 물을 더 소비하여 물 소비 측면에서 바람직하지 못한 기호식품이다.

표 5.3 다양한 식품을 생산하는 데 필요한 물의 양(L/kg) (자료: 국립환경과학원)

식품	물 필요량(L/Kg)	식품	물 필요량(L/Kg)
당료작물(sugar crops)	197	채소	322
과일	962	씨리얼	1,644
유작물(oil crops)	2,634	콩류(pulse)	4,055
견과류(nuts)	9,063	우유	1,020
계란	3,265	닭고기	4,325
버터	5,553	돼지고기	5,988
양/염소 고기	8,763	쇠고기	15,415

5.7 물의 오염 및 정화

물의 오염 및 정화 정도

그림 5.22는 강물의 상하 위치 및 오염원의 위치에 따른 오염 및 정화되는 정도는 물론이고 각각의 위치에 사는 생물들을 보여 주고 있다.

오염원이 없는 강의 상류는 청정역이라고 하며, 송어, 농어, 하루살이, 강도래가 주로 산다. 오염원이 주입되는 위치부터는 분해역이라고 하며, 잉어와 동갈치가 산다. 오염원이 강으로 들어가면 산소 농도가 급격히 감소하는데, 그 이유는 생물학적 산소요구량(BOD)이 아주 높기 때문이다. 분해역 아래에 부패역이라고 하는 곳은 여전히 BOD는 높고 산소 농도는 낮아 물고기가 거의 살지 못하고 곰팡이, 실지렁이, 혐기성 박테리아 등이 사는 영역이다. 부패역을 지나면 BOD는 줄어들고 용존산소량은 빨리 늘어나는 회복역이 나타나며 다시 잉어와 동갈치 등이 보인다. 따라서 강에 잉어나 동갈치, 심지어 곰팡이, 실지렁이, 혐기성 박테리아 등이 산다고 다양한 생명이 잘 살 수 있는 깨끗한 강으로 오해하면 안 된다. 회복역 다음에는 다시 청정역이 나올 수 있다. 단, 분해역, 부패역, 회복역, 청정역으로 부를 수 있는 강물이 되기 위해서는 오염원의 농도가 자연 정화가 가능할 정도로 너무 높지 않아야 하고 오염원의 개수도 많지 않아야 한다.

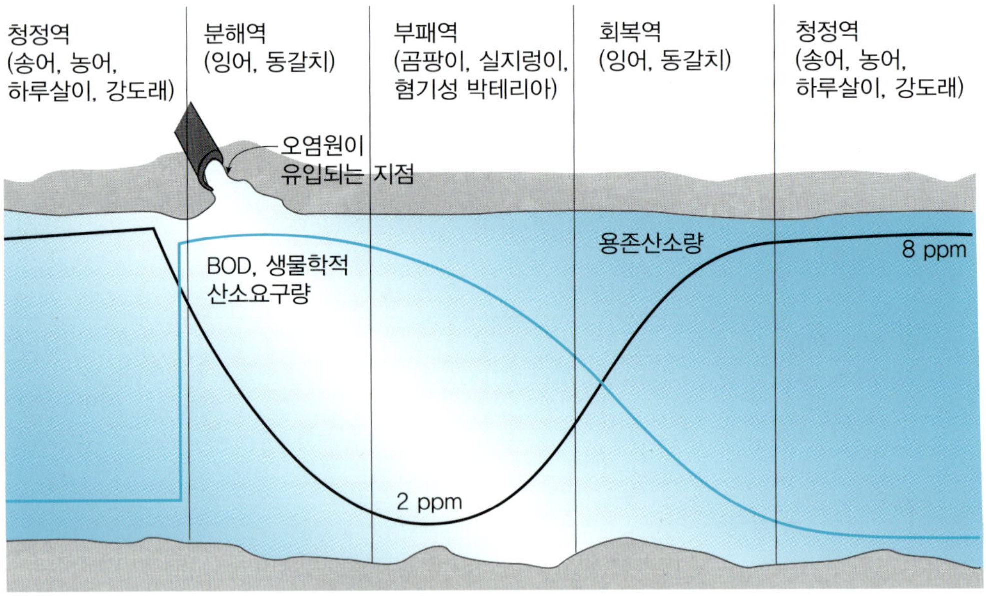

그림 5.22 강물의 오염 및 정화되는 정도

물의 정화

물은 오염시키기 쉬워도 정화하기는 매우 어렵다. 다음 **표 5.4**(국립환경과학원 자료)와 **그림 5.23**(**참고문헌 3**)과 같이 오염된 물을 정화하는 데에는 보통 수만 배 부피의 물이 필요한 것으로 알려져 있다. 두 자료는 서로 다른 값을 보이기도 하지만 오염된 물을 정화하기 위해서 매우 많은 양의 물이 필요하다는 사실은 같다.

표 5.4 오염된 물을 정화할 때 필요한 물의 양

구분	버려진 양	정화에 필요한 양	1.5 L 페트병 환산
위스키	30 mL(1잔)	1,830 L	1,220개
소주	360 mL(1잔)	1만 8,180 L	1만 2,120개
맥주	500 mL(1잔)	7,150 L	4,766개
요구르트	65 mL(1잔)	1,307 L	871개
김치찌개	150 mL(1잔)	525 L	350개
라면국물	150 mL(1잔)	564 L	376개
우유	200 mL(1잔)	7,500 L	5,000개

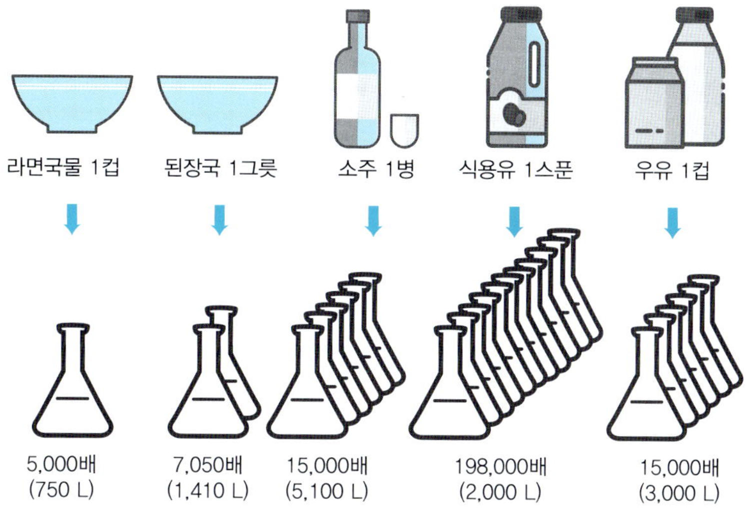

그림 5.23 오염된 물을 정화하기 위해 필요한 물의 양

5.8 물의 주요 오염원

화학 물질

페놀

'낙동강 페놀'이라는 말을 들어보았을 것이다. 페놀은 아주 위험하고 강을 오염시키기 쉬운 화학 물질이다. 그러나 다양한 용도로 주위에서 많이 사용되고 있다.

특성 및 용도	약산성의 C_6H_5OH 조성의 방향족 화합물로 페놀 수지, 비스페놀-A, 농약, 세제, 폴리카보네이트, 에폭시 등의 다양한 화합물의 원료로 사용되는 등 그 용도가 다양하여 많은 공장에서 사용된다.
독성	**그림 5.24**의 로고(미국 방화협회의 '응급 처치를 위한 물질의 표준 유해성 지표', NFPA 704)[4]에 따르면 페놀은 3등급의 상당히 위험한 물질이고 (물질을 0~4의 5등급으로 분류하며 4등급이 가장 위험하다. 아주 잘 알려진 독극물질인 포스젠, 일산화 탄소, 플루오린화 수소 등이 4등급 물질이다) 미국 보건복지부에 의하면 인간이 1~32 g을 섭취하면 치명적이라고 한다. 더 이상 강으로 페놀이 누출되지 않도록 노력해야 함을 알 수 있다.

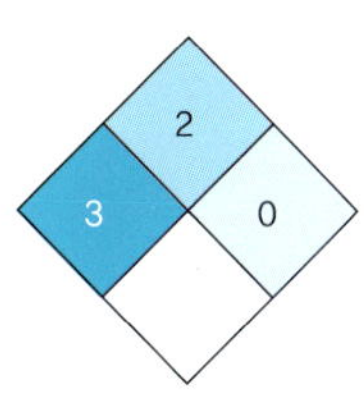

그림 5.24 NFPA 704 기준에 따른 페놀의 특성

플루오린화 수소 혹은 불산(HF 수용액)

최근 일본에서 수출 금지 품목으로 잘 알려진 플루오린화 수소(물에 녹인 것은 불산이라고 한다)는 우리 주위의 공장에서 종종 누출되어 매스컴에도 자주 언급되는 물질이다.

특성 및 용도	플루오린화 수소는 기체이며 불산은 수용액(보통 45~50%의 농도로 통용)이다. 테프론이나 불소를 포함한 의약품 및 화합물의 원료로 사용될 뿐만 아니라 에칭 및 다양한 세정제로 사용된다. 특히 유리를 포함한 산화물을 잘 녹이며 반도체 공정에도 많이 활용된다.
독성	아래에서 보는 바와 같이 불산(수용액일지라도)은 NFPA 704에서 건강에 매우 위험한 4등급 물질로 분류되었고(**그림 5.25**) 자극적이며, HF 기체는 폐나 눈(각막)에 심각한 손상을 유도한다. 수용액마저도 피부에 접촉 시 심한 화상을 일으키며 피부를 죽게 하는데 접촉 초기엔 통증이 없고 다음날이 되어야 증상이 나타난다는 점이 특히 위험성을 높인다고 볼 수 있다. 진한 불산과 일정 면적 이상의 피부가 160 cm^2 혹은 25 $inch^2$ 접촉 시 치명적이며 심정지까지 일어날 수 있다고 한다.

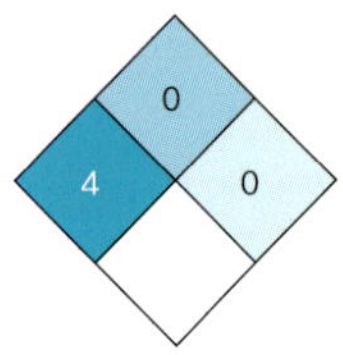

그림 5.25 NFPA 704 기준에 따른 불산의 특성

1,4-다이옥산

특성 및 용도	물과 섞이고 불이 잘 붙으며 용매 및 Trichloroethane의 안정제 등의 용도를 가지는 유기 물질이다.
독성	LD50: 5,170 mg/kg (쥐) 정도의 독성을 가지며 NFPA 704에 따르면 가연성은 3등급, 건강에 대한 영향은 2등급 물질에 해당한다.

*LD50: 반수 치사량. 피실험동물에 실험 대상물질을 투여할 때 피실험동물의 절반이 죽게 되는 양을 말한다(the lethal dose for 50 percent of the animals tested). 해당 약물의 LD50을 나타낼 때 보통 체중 kg당 약물의 양을 mg으로 나타낸다.

환경 호르몬

환경 호르몬(Endocrine disrupters)이란 동물이나 사람 몸속에 들어가게 되면 호르몬의 분비나 작용을 방해하는 물질로, 전문용어로는 내분비계 교란물질 또는 내분비계 장애물

4 NFPA 704는 영어로 National Fire Protection Association 704이며 미국 방화협회가 제시한 '응급 처치를 위한 물질의 표준 유해성 지표(Standard System for the Identification of the Hazards of Materials for Emergency Response)'이다. 옅은색(원래 붉은색으로 표기함)으로 표기된 맨 윗부분은 가연성 정도를, 진한색(원래 푸른색으로 표기함)으로 표기된 맨 왼쪽 부분은 건강에 영향 정도를, 가장 옅은색(원래 노란색으로 표기함)으로 표기된 맨 오른쪽 부분은 불안정성/반응성 정도를 나타내며(모두 0~4 등급 사이임) 흰색은 특별한 성질을 나타낸다.

질이라고 한다. 몸에서 정상적으로 만들어지는 물질이 아니고 산업 활동이나 환경오염 등으로 인해 외부에서 유입되는 물질이다. 환경 호르몬으로 추정되는 물질로는 각종 산업용 물질, 살충제, 농약, 유기 중금속류, 다이옥신류, 의약품으로 사용되는 합성 에스트로겐류 등을 들 수 있다. 그 외 컵라면 용기로 쓰이는 스티로폼의 주성분인 스틸렌 등이 환경 호르몬으로 의심받고 있다. 이러한 환경 호르몬은 인간의 생식 기능 저하, 기형, 성장 장애, 암 등을 유발하는 물질로 추정되고 있는 등 생태계의 교란 물질이다. 이에 따라 환경 호르몬은 전 세계적으로 생물종에 위협이 될 수 있다는 경각심이 생겼으며 오존층 파괴, 지구온난화 문제와 함께 환경 호르몬은 세계 3대 환경 문제로 등장하였다. 세계 야생 동물 보호 기금 목록에서 67종, 일본 후생성에서 143종, 미국에서 73종의 화학 물질을 환경 호르몬으로 규정하고 있지만 얼마나 더 늘어날지는 아직 예측할 수 없는 상태이다.

약품 및 생활용품

4장에서도 언급한 바와 같이 우리는 너무나 많은 '약품 및 생활용품'(pharmaceuticals and personal care products, PPCP)을 매일 사용하고 있고, 이들은 대부분 유기 물질로 물을 오염시키기 쉽다. 즉, PPCP는 수질, 토양, 대기 등 거의 모든 분야에 영향을 끼치고, 특히 심각한 수질 오염원이 될 수 있다.

그림 5.26은 PPCP가 환경에 누출되는 경로를 보여 주고 있다(**참고문헌 4**). 그림에서 보는 바와 같이 제약사에서 만들어진 PPCP는 사람은 물론이고 어류, 반려동물, 가축 등도 사용하게 된다. 또한 사용하지 않은 PPCP, 포장재, 주사 등도 잘못 처리하거나 공장에서 누출되면 결국 우리의 토양과 물을 오염시킬 수 있다. 따라서 PPCP는 생산과 유통 시는 물론이고 사용 시 및 그 후에도 자연의 오염을 최소화하도록 노력해야 한다.

약품 및 생활용품은 다음과 같은 특징이 있기 때문에 사용 및 폐기 시에도 주의해야 한다.

- ☑ 내분비장애 물질로 작동하기 쉽고 '새롭게 부각하는 오염물'(emerging contaminants)의 하나로 분류한다.
- ☑ 너무나 많은 종류가 알려져 있고 계속 늘어나고 있다.

즉, PPCP가 환경에 미치는 영향을 최소화하기 위해서는 PPCP를 주로 사용하는 개개인의 관심과 노력이 무엇보다 중요하다.

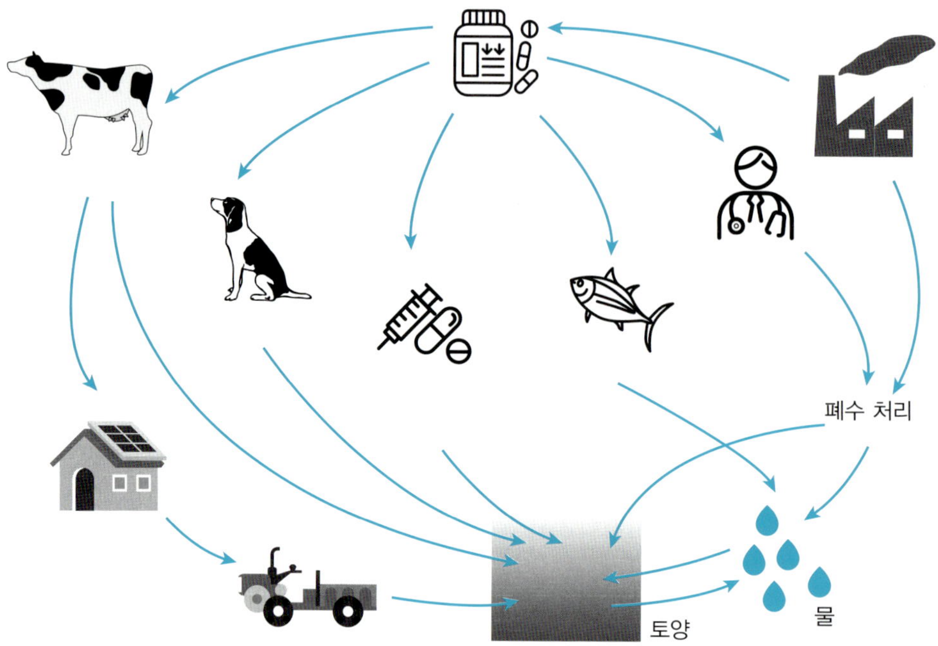

그림 5.26 PPCP 누출 경로

산업용 물질

산업에 활용되는 물질의 일부는 환경 호르몬이 될 수 있으며, 다음과 같이 환경 호르몬으로 보고된 대표적인 산업용 물질을 소개한다.

비스페놀-A(BPA)

대표적인 내분비계 장애물질이며 수지(폴리카보네이트, 에폭시, 폴리설폰 수지 등)의 제조에 활용된다. 최근에는 BPA 없이 제조된 수지가 많이 사용되고 있고 **그림 5.27**과 같이 BPA-free 또는 비스프리라고 홍보하는 것을 주위에서 볼 수 있다.

그림 5.27 bpa-free가 적혀 있는 용기(© 출처: Shutterstock/Hteink.min)

참고

비스프리 제품에 환경 호르몬이 없다고 말할 수 있을까?

비스페놀-A가 대표적인 환경 호르몬으로 알려지면서 이를 대체하기 위한 노력이 많이 이루어졌고 현재 수십 종의 대체품이 있다고 한다. 그 중에서 가장 잘 알려진 것은 비스페놀-S라는 물질이다. 그림 5.28에서 보듯이 이 두 물질의 구조는 매우 유사하다.

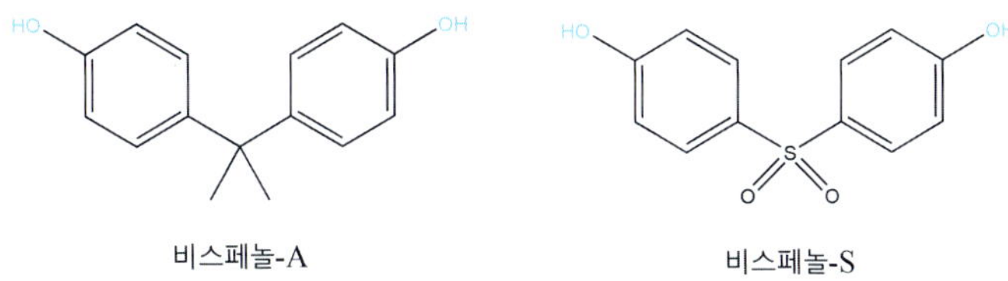

그림 5.28 비스페놀-A와 비스페놀-S의 화학 구조
(두 물질은 양쪽 끝에 -OH기를 가질 뿐만 아니라 서로 매우 유사한 구조를 가진다).

비스페놀-A가 환경 호르몬으로 작용하는 이유를 아주 간단히 생각해 보면 **그림 5.29**에서 에스트로겐(에스트론, 에스트라디올 및 에스트리올의 3가지 성분이 가장 잘 알려져 있다)의 구조와 비스페놀-A의 구조가 유사하기 때문이다(특히 모두 -OH기를 포함한다).

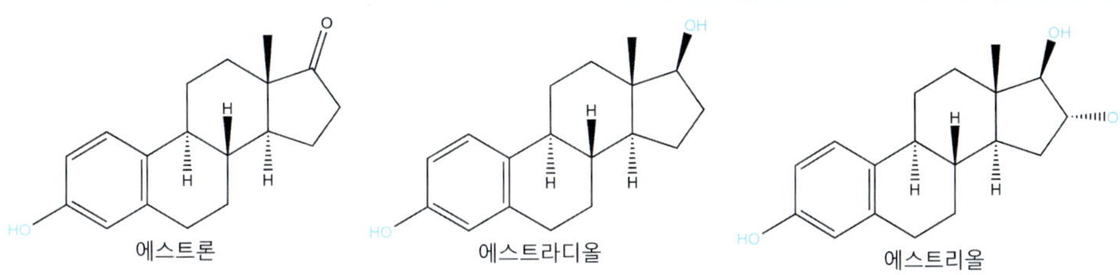

그림 5.29 에스트로겐의 대표적 3가지 성분인 에스트론, 에스트라디올 및 에스트리올의 구조

비스페놀-A를 비스페놀-S로 대체하여도 환경 호르몬 측면에서는 유사하다는 연구 결과가 알려져 있는데, 이는 비스페놀-S가 비스페놀-A와 아주 유사한 화학 구조를 가지고 있는 것과도 관계가 있는 것으로 생각한다.

한편, 트라이탄(Tritan)이라고 하는 미국 Eastman 화학에서 개발한 소재가 최근 다양한 식품 및 유아용품에 많이 사용되고 있고 '비스프리'라고 통용되는 제품에도 사용되는 것으로 알려져 있다. 그러나 비스페놀-A가 없는 플라스틱에서도 환경 호르몬이 검출된다는 논문(**참고문헌 5**)이 발표되기도 하였다. 극단적으로는 "환경 호르몬 없는 플라스틱이란 없다"라는 말이 있을 정도이다.

프탈레이트(phthalate)

주로 플라스틱 제조 공정의 가소제로 사용된다. 즉, PVC 등의 플라스틱에 더해져 유연성, 투명성, 내구성 등을 증진시킨다. 흔히 플라스틱 제조 공정에 사용되어 최종 제품에 잔존할 수 있는 프탈레이트는 내분계 장애물질로 의심된다.

스타이렌

스타이렌(styrene)은 특유한 냄새가 나는 액체이며 폴리스타이렌 및 다양한 공중합체의 원료로 사용되나 발암물질로 분류된다. NFPA 704에 따르면 가연성은 3등급, 건강에의 영향은 2등급 물질이다. **그림 5.30**에서 보이는 것 같은 폴리스타이렌(보통 스티로폼으로 많이 불림) 용기들은 침묵의 살인자라고 불리며, 따라서 최근에는 라면 용기 및 커피잔 등의 일상 용기에서 퇴출되고 있다.

그림 5.30 폴리스타이렌(보통 스티로폼으로 많이 불림) 용기의 모습

농약과 비료(8장 참조)

농약

농약은 농작물의 재배 · 저장 중 발생하는 병 · 해충 · 잡초를 방제하는 데 사용하는 화학농약 및 생물농약 그리고 농작물의 생리기능을 증진 · 억제하는 데 사용되는 생장조정제, 약효를 증진시키는 보조제 등을 총칭하며 제초체, 살충제, 살균제 등이 일반적이다.

넓은 의미에서 농약은 비료까지도 포함하며 토양소독으로부터 종자소독, 발아에서 결실 및 저장에 이르기까지 농업의 모든 과정에서 동식물에 의한 피해를 막는 데 쓰이는 모든 약제를 말한다. 또한 농작물을 보호하고 생육을 촉진하거나 억제하며 착색을 좋게 하여 농산물의 품질을 높이는 약제도 포함한다.

이러한 농약을 농가에서 사용하면 농약이 당연히 강으로 들어갈 수도 있고, 이에 따라 물의 주요한 오염원이 될 수 있다. 사용하지 않는 농약의 폐기 및 농약의 보관 시에도 농약이 물속으로 들어가지 않도록 특별히 주의해야 한다.

비료

비료는 토양의 생산력을 유지 또는 증진시키고 작물들을 잘 생장시키기 위하여 토양 또는 식물에 투입하는 영양물질을 일컫는다. 그 외 직접적으로는 작물의 영양물질이 되지는 않더라도 토양의 물리적·화학적 성질을 개선하고 유용한 미생물들을 증진시키며 토양 중에 식물에 이용될 수 없는 형태로 있는 양분을 이용 가능한 형태로 바꾸어 주거나 유독성 물질의 독성을 저감시키는 등 간접적으로 작물의 생육에 도움을 주는 물질도 비료에 포함된다.

비료의 성분들은 물에 녹는 수용성이 많으며 토양수 중에 빠르게 용해되는 것도 많다. 또한 비료의 주성분인 질소와 인은 하천과 호수 등지의 부영양화(6장 참조)를 초래한다. 따라서 비료도 농약과 유사하게 토양은 물론이고 우리의 수자원을 오염시킬 수 있으므로 생산, 이송, 보관, 사용 및 사후 처리에 큰 주의를 기울여야 한다.

과플루오린화 화합물

과플루오린화 화합물(Perfluorinated compounds, PFCs)은 탄소(C)와 플루오린(F)으로 이루어진 화합물(C–F 결합을 가지되 C–H 결합은 없음)로 화학적, 열역학적으로 안정하여 식품 포장제, 필름, 의류 등 다양한 생활용품에 사용된다. 그러나 과플루오린화 화합물은 쉽게 분해되지 않아 환경 및 사람 몸 안에 오래 잔류함으로써 위해가 우려되고 있다. 환경에 높은 빈도로 검출되는 종류로는 Perfluorooctane sulfonate(PFOS)와 Perfluorooctanoic acid(PFOA) 등이 있으며 스톡홀름 협약을 통해 PFOS 물질을 잔류성 유기 오염 물질(Persistent organic pollutants, POPs)로 지정하여 국제적 관리가 이루어지고 있다. 다음과 같이 PFOA와 PFOS의 특징을 간략히 요약한다.

- ✓ PFOA(C8): 폴리테트라플루오로에틸렌(PTFE) 중합 시 계면활성제로 사용되며 유해하고 발암성(동물)이 의심되는 물질로, 일부 업체에서 사용을 중단하고 있다.
- ✓ PFOS: Scotchgard(3M에 의해 개발된 섬유 등의 보호제의 상표명) 및 다양한 오염방지제의 원료로 사용되며 표유류에 독성이 있고 지속성(persistent)을 가지며 생물농축(bioaccumulative)이 되는 것으로 알려져 있다. PFOA와 PFOS의 화학적 구조는 **그림 5.31**에서 볼 수 있다.

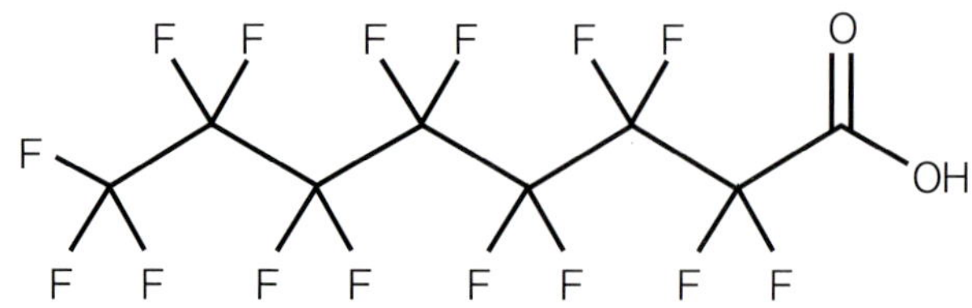

PFOA

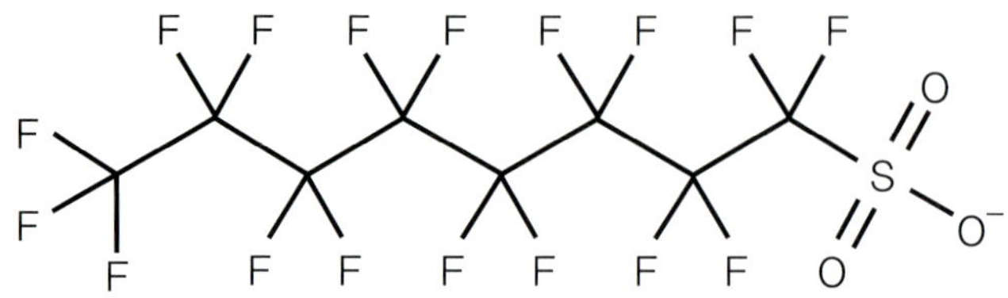

PFOS

그림 5.31 PFOA와 PFOS의 화학적 구조

> **참고**
>
> ☑ **PFASs**: 과플루오린화 알킬 혹은 폴리플루오린화 알킬 화합물을 의미하며 Perfluoroalkyl and polyfluoroalkyl substances의 약자로 PFOA와 PFOS를 포함한다. 반면, PFCs는 과플루오린화 화합물(perfluorinated compounds or perfluorochemicals)을 의미하며 매우 범위가 넓다. 일반적으로는 PFCs > PFASs > PFOA 혹은 PFOS의 범위를 가진다.
>
> ☑ **PTFE**: 테트라플루오로에틸렌의 중합으로 얻어지는 폴리테트라플루오로에틸렌(Polytetrafluoroethylene)이며 **그림 5.32**와 같이 $-(F_2C-CF_2)_n-$의 조성을 가진다.
>
> ☑ **테프론(Teflon)**: Chemours Co.에서 생산되는 PTFE의 상표 이름을 말한다.

Polytetrafluoroethylene (PTFE) structure

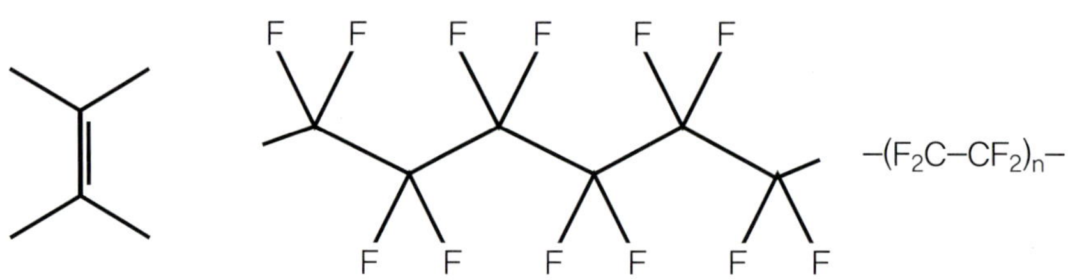

Tetrafluoroethylene (monomer)

Polytetrafluoroethylene (PTFE) molecule

그림 5.32 테트라플루오로에틸렌의 중합으로 얻어지는 폴리테트라플루오로에틸렌(PTFE)의 분자 모형
그림의 오른쪽은 PTFE의 조성 $-(F_2C-CF_2)_n-$을 보여 준다.

중금속

중금속은 비중이 4 이상의 무거운 금속 원소를 지칭하며 비소 · 안티모니 · 납 · 수은 · 카드뮴 · 크로뮴 · 주석 · 아연 · 바륨 · 비스무트 · 니켈 · 코발트 · 망가니즈 · 바나듐 · 셀레늄 등 주기율표의 아래쪽에 주로 위치하고 있는 금속을 의미한다. 중금속은 미량이라도 체내에 축적되면 잘 배설되지 않고 우리 몸속의 단백질에 쌓여 장기간에 걸쳐 부작용을 나타내기 때문에 매우 위험하다. 아래에는 대표적 중금속 오염원을 기술한다.

수은

실온에서 액체인 유일한 금속으로 각종 산업용 화합물의 합성 및 각종 기구 및 기기에 이용되고 수은전지, 치과용 아말감, 형광등 등에 사용된다. 1950년대 일본 미나마타에서 수은(실제로는 메틸수은)의 축적으로 668명이 사망하는 사건이 발생하였을 정도로 위험한 물질이다. 그 후 수은중독으로 인해 발생하는 공해병을 미나마타병이라고 부른다.

카드뮴

강철의 부식 방지를 위한 도금, 니켈-카드뮴 2차 전지, 다양한 색의 안료, 플라스틱 안정제, 브라운관 TV의 인광체 등의 재료로 사용된다. 1960년 일본에서 카드뮴이 포함된 광산폐수로 인한 이타이이타이병이 발생하였고 그 후 위험이 잘 알려진 물질이다.

납

납축전지, 땜납, X-선과 방사선 차단제, 전선 피복제, 탄환, 무게추 등은 물론이고 과거에는 수도관, 조리기구, 안료, 가솔린 첨가제 등으로도 사용되었다. 다양한 음식물과 해산물, 수도관 등의 일상생활에서 발견되며, 체내에 축적되면 납중독이 일어날 수 있고 언어 장애, 두통, 복통, 및 빈혈 등의 증상이 나타난다.

비소

비소는 여러 합금(전지, 탄환), 반도체의 n-형 첨가제, GaAs 등 화합물 반도체로 사용되며, 비소 화합물은 목재 방부제, 농약(제초제와 살충제), 유리 제조 등에 사용된다. 물에서는 주로 3가의 $As(III)O_3^{3-}$와 5가의 $As(V)O_4^{3-}$ 비소 함유 물질들(주로 산소가 결합된)이 발견되며 3가 비소가 5가의 비소보다 더 위험한 것으로 알려져 있다. '비상(arsenic trioxide)'이라는 비소산화물도 오래전부터 독극물로 알려져 있다.

합성 세제

비누(알칼리성)

긴 사슬을 갖는 카복실산의 음이온과 소듐 혹은 포타슘 이온이 이루는 염(salt)을 말한다. 즉, 비누 분자는 탄화수소 사슬과 카복실산염으로 구성되어 있다. 예를 들어 '스테아르산의 소듐염($C_{17}H_{35}COONa$)'은 **그림 5.33**과 같이 두 부분으로 나눌 수 있다. 긴 꼬리 부분은 물과 잘 섞이지 않고 기름과 잘 섞이는 친유성을 나타내며, 전하를 띤 머리 부분은 물과 잘 섞이는 친수성을 나타낸다.

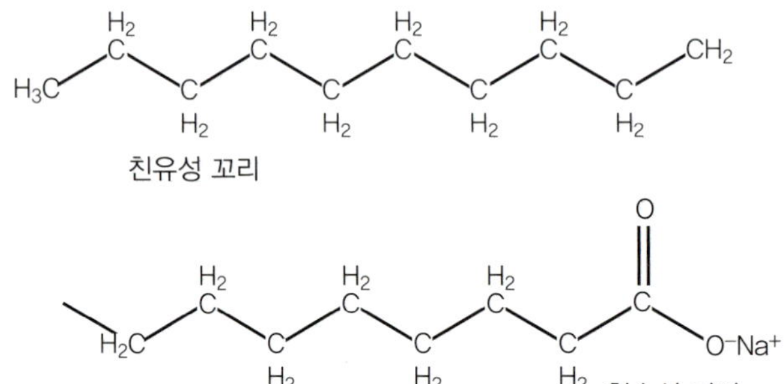

그림 5.33 스테아르산의 소듐염($C_{17}H_{35}COONa$)의 구조 및 친수성 및 친유성 부분 그림의 윗부분의 맨 오른쪽과 아랫부분의 맨 왼쪽 부분은 서로 연결되며, 그림의 편의를 위해 단절된 것처럼 표현하였다.

합성세제(중성)

석유계 탄화수소를 이용하여 화학적으로 합성하여 만든 세제로, 대개 중성세제이며 알킬벤젠설폰산소듐이다. 알킬기는 체인을 가질 수도 있으나 그 경우 분해가 어려워 주로 직선형의 선형 '알킬벤젠설폰염(linear alkylbenzenesulfonate, LAS)'이 사용된다. 세척력을 높이기 위해 계면 활성제에 인산염, 착색제, 표백제, 효소제를 첨가하여 제조하고 있다. 인산염은 센물을 단물로 만들기 위하여 첨가하고 있으나, 인산염이 물의 부영양화의 원인으로 지적되면서 대신 합성 지올라이트(zeolite)[5]를 사용하고 있다. 생화학적 분해가 빠르고 피부 자극성도 적은 무공해 합성세제 개발이 시도되고 있고, 일부 시판되기도 한다.

비누와 합성세제는 사용량이 워낙 크므로 제대로 처리하지 않으면 강물을 오염시키기 쉽다. 부영양화는 물론이고 이들의 거품이 빛의 투과를 막기도 하여 수생 생물의 서식 환경을 크게 저해하고 미관상 좋지 않은 것도 단점이다.

---

5 지올라이트는 양이온 교환 능력이 있는 무기물질로 비교적 무해하다.

참고

1. **비누와 합성세제의 비교**: 비누가 천연 물질인 동·식물성 유지류를 사용하는 반면에 합성세제는 석유에서 얻은 물질을 이용한다. 비누는 알칼리성이며, 합성세제는 중성이다.
2. **계면활성제(Surface Active Agent)**: 표면활성제라고도 하며 물에 녹기 쉬운 친수성 부분과 기름에 녹기 쉬운 소수성 부분을 가지고 있는 화합물이다. 비누와 합성세제의 주성분으로 탄화수소계 화합물로서 친수성기와 소수성기를 동시에 포함하고 있어 옷의 때를 제거하는 역할을 주로 한다.

플라스틱

한 신문에 제시된 "바다에 물고기보다 플라스틱이 더 많아진다면"(**참고문헌 6**)이라는 기사를 통해 플라스틱에 의한 물, 특히 바다의 오염을 정리하였다.

국가별로 2010년 기준 해양에서 버려지는 양을 보면, 중국을 비롯한 많은 아시아 국가(인도네시아, 필리핀, 베트남, 스리랑카)들이 많은 양을 버리고 있고 미국도 꽤 많은 양을 버리는 것으로 나타났다(**참고문헌 7**). 플라스틱은 한때 '기적의 소재'로 불렸으며 발명 후 65년 만에 생산량이 160배로 늘어났다. **그림 5.34**에서 정리한 바와 같이 1950~2015년 사이에 생산된 83억 톤 중 5억 톤이 재사용되었으나 재사용 후 결국은 대부분 매립, 방치 및 소각처리되었고 현재까지 재활용되고 있는 것은 1억 톤에 불과하다(**참고문헌 8**).

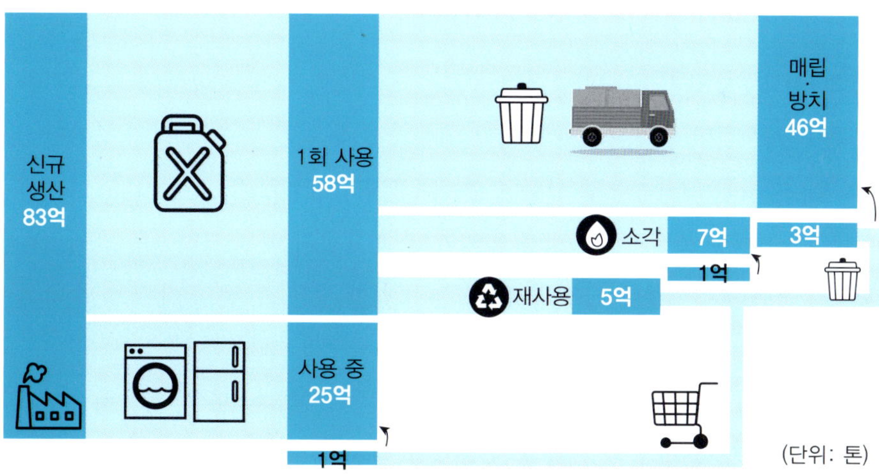

그림 5.34 1950~2015년 사이에 생산된 플라스틱 83억 톤의 현황

플라스틱 쓰레기가 크게 문제가 되는 것은 플라스틱이 너무나 흔하고, 특히 포장재 및 소비재 등 1회용 소비와 수명이 짧은 제품이 많기 때문이다. 현재 플라스틱은 환경을 오

염시켜 큰 사회문제가 되고 있으나 플라스틱을 개발, 생산하는 측에서는 "만약 플라스틱이 없었고 다른 소재를 사용했다면 우리의 환경은 더욱 오염되었을 것이고 에너지 요구는 더욱 높았을 것이다. 따라서 오히려 플리스틱의 기여로 현재의 지구가 유지될 수 있었다"라고 강변하기도 한다. 충분히 설득력 있는 지적이며 인간이 지나치게 자원을 낭비하고 있는 부분을 더욱 관심 깊게 생각해야 할 것이다.

그림 5.35(참고문헌 8)는 용도별 플라스틱의 사용 기간 혹은 수명을 보여 주는 것으로 포장재는 대부분 몇 년 이내에 수명을 다하고 쓰레기가 될 확률이 높다. 반면, 건축재 및 산업 기계로 사용된 플라스틱은 각각 대략 35년 및 20년 정도의 수명을 가져 포장재 대비하여 큰 문제가 되지 않고 자원의 효율이 높다.

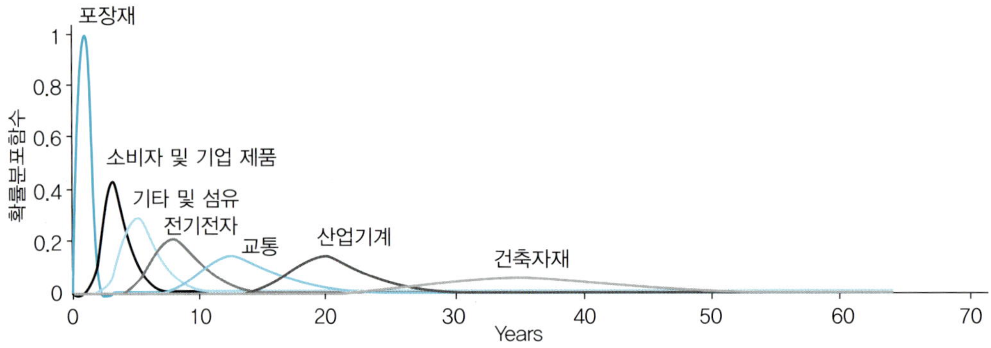

그림 5.35 용도별 플라스틱의 사용 기간 혹은 수명

그림 5.36(참고문헌 8)은 2050년까지 예상되는 플라스틱 쓰레기의 생성 및 폐기량 등을 정리한 것이다. 시간이 증가하면서 쓰레기 생성과 소각 등은 매우 급격히 증가할 것으로 예측되고 있다. 또한 재사용량도 상당히 증가하겠지만 절대량이 크지 않다. 따라서 플라스틱의 생산, 사용 및 쓰레기 발생량을 줄여야 할 필요성이 매우 크다. 즉, 플라스틱을 워낙 대량으로 사용하기 때문에 사용 후 매립 및 방치할 경우 그 양도 매우 클 수밖에 없고 소각을 해도 우리의 생태계에 나쁜 영향을 미친다. 최근의 다양한 연구들에 의하면 소금, 공기 및 심지어 수돗물에도 플라스틱 조각이 들어 있다고 한다. 또한 우리 몸에도 플라스틱 입자가 차곡차곡 쌓이고 있고 비록 그 영향은 아직 규명되지 않았으나 플라스틱에 따른 다양한 문제들이 심각한 상황이다.

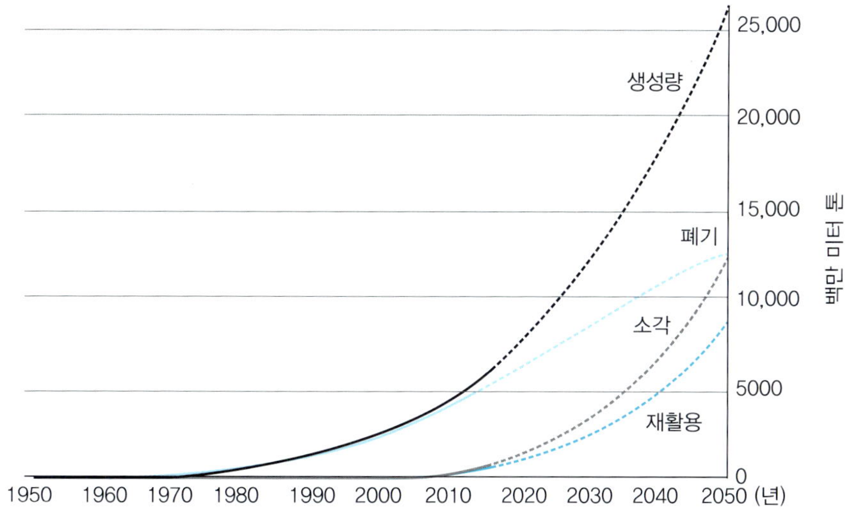

그림 5.36 2050년까지 예상되는 플라스틱 쓰레기의 생성, 폐기, 소각 및 재사용량

참고

플라스틱 컵의 재활용 정도를 관측한 연구에서 일반 컵을 사용할 때에는 할인을 해주어도 재활용 정도가 크게 증가하지 않았으나 본인 이름이 정확하게 적힌 컵의 경우 그렇지 않은 경우 대비하여 재활용률이 거의 2배나 높았다(약 25% → 48%). 또한 대학교 로고가 박힌 컵의 경우 학교에 대해 긍정적인 기사를 본 후 재활용 비율이 46%로, 아무런 기사를 보지 않은 경우 및 부정적 기사를 본 경우의 재활용율 27% 및 13%에 비해 매우 높았다(**참고문헌 9**). 플라스틱의 재활용을 높이기 위해 다양하고 과감한 정책수단이 동원되어야 할 필요성이 크다. 예로 할인보다는 벌금을 부과하면 벌금을 내지 않기 위해 적극적으로 대응함이 잘 알려져 있고 이러한 사람들의 성향을 이용할 필요도 있다.

미세 플라스틱

미세 플라스틱(Microplastics, MPs)[6](**참고문헌 10**)은 5 mm 미만의 작은 플라스틱으로 정의되며, 처음부터 미세 플라스틱으로 제조되거나 플라스틱 제품이 부서지거나 분해(특히 햇빛을 받으면 쉽게 분해된다)되어 생성된다. 예를 들어 바다에서 흔히 보이는 부표 및 간단한 어구 혹은 폐타이어, 마대 등은 풍화되어 쉽게 미세 플라스틱이 될 수 있다. 미세 플라스틱은 일상생활에서 쉽게 접할 수 있는 치약, 세정제, 세안제 등의 생활용품에도 포함되어 있는데, 150 mL 제품에는 대략 280만 개의 미세 플라스틱이 함유되어 있는 것으로 알려져 있다. 즉, 생활용품에는 성능 개선을 위해 제조 시에 미세 플라스틱을 일부러 넣기도 한다. **그림 5.37**은 미세 플라스틱이 포함된 생활용품의 모습을 보여 주고 있다.

6 0.1 혹은 1 μm보다 작으면 나노 플라스틱이라고 함.

다행히 최근에는 미세 플라스틱이 포함되지 않은 제품이라고 강조하는 제품들이 시장에 등장하고 있다. 미세 플라스틱은 너무 작아 하수처리시설에 걸러지지 않고, 강과 바다로 그대로 유입되어 환경을 파괴할 뿐만 아니라 인간의 건강을 위협할 수 있다.

미세 플라스틱은 최근에 매스컴 등에서 자주 접하는 용어가 되었다. 예를 들어 "천일염부터 생선까지 미세 플라스틱 오염", "수산물 안전기준 시급", "인천 · 낙동강 하구 미세 플라스틱 농도 세계 2 · 3위", "거제 · 마산 생선 마리당 1.54개 미세 플라스틱 검출" 등의 보도가 있었다. 2018년 국내 연구진이 해염(바닷물에서 얻은 소금)에서 미세 플라스틱의 함량이 얼마나 되는가 하는 흥미로운 연구 결과를 논문으로 발표하였다(**참고문헌 11**). 이 논문의 내용에 따르면 인도네시아, 대만, 중국 등의 아시아 국가에서의 오염이 아주 심각한 수준이다.

이러한 현상의 주요 원인은 인간 활동으로 인한 바다의 오염이다. 쓰레기가 바다로 흘러 들어가고, 이로 인해 인근 인도네시아의 바다에서 얻어지는 소금이 미세 플라스틱으로 오염되는 것은 당연한 결과이다.

그림 5.37 미세 플라스틱이 포함된 생활용품의 모습(© Shutterstock/KYTan)

논문의 내용을 좀 더 살펴보면 해염의 MP도 결국 인간의 플라스틱 사용에 기인함을 알 수 있다. **그림 5.38**은 강에 버려지는 플라스틱의 양이 해염의 미세 플라스틱 농도에 미치는 영향과, 바닷물의 미세 플라스틱 농도가 해염의 미세 플라스틱 농도에 미치는 영향을 보여 주고 있다. 전반적으로 보면 강에 플라스틱을 버리는 양이 증가하거나 바닷물의 미세 플라스틱의 농도가 높아지면 해염에서의 미세 플라스틱의 농도가 증가하게 된다. 이 연구 결과는 "전 세계 소금 90%서 미세 플라스틱이 검출 … 우리 식탁 위협한다"라는 제목으로 국내에 보도되기도 하였다(**참고문헌 12**). 그 연구 결과를 보면 몇 년 후에는 MP가 없는 소금을 특별히 찾게 되거나 적어도 해염 대신에 암염을 찾게 될 수도 있다.

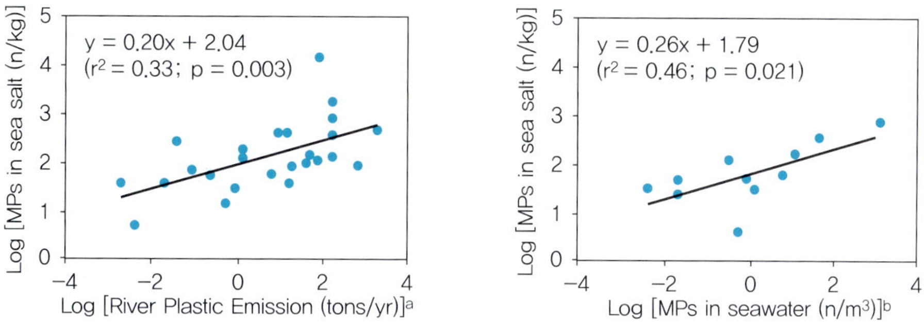

그림 5.38 강에 버려지는 플라스틱의 양이 해염의 미세 플라스틱 농도에 미치는 영향(왼쪽). 바닷물의 미세 플라스틱 농도가 해염의 미세 플라스틱 농도에 미치는 영향(오른쪽)

우리들이 먹는 음식, 물과 공기에서의 미세 플라스틱은 어떠할까? 최근 연구 결과(**참고문헌 13**)에 따르면 미국인들은 "음식 · 공기를 통해 연간 10만 개 수준의 미세 플라스틱을 삼키며(대략적으로 남자 아이 81,000, 성인 남성 121,000, 여자 아이 74,000, 성인 여성 98,000개/연간 흡입) 음식물과 공기 흡입이 비슷한 영향을 미친다"라고 설명하였다. 이러한 주장은 다양한 식품과 물 및 미국의 대기에서의 미세 플라스틱 농도 분석치를 활용한 추정치이다. 그 연구를 위해 사용한 기준을 보면, 바다식품 = 1.48 MPs/g[7], 설탕 = 0.44 MPs/g, 벌꿀 = 0.10 MPs/g, 소금 = 0.11 MPs/g, 알코올 = 32.27 MPs/L, 병물 = 94.37 MPs/L, 수돗물 = 4.23 MPs/L, 공기 = 9.80 MPs/m^3 등의 농도로 미세 플라스틱이 존재한다는 통계였다. 반면, 고기, 곡물 및 야채는 MP에 관한 데이터가 없어서 반영하지 않았다(따라서 이러한 식품의 통계까지 반영하면 섭취하는 미세 플라스틱의 개수는 더욱 증가할 것이다). 특히 플라스틱 병물이 수돗물에 비해 22배 이상의 MP 농도를 가짐을 알 수 있었다. 따라서 그 연구에서는 어떤 물을 마시느냐가 미세 플라스틱 흡수량에 결정적인 요인이라고 하였다. 플라스틱 병에 든 물만 마시는 사람은 연간 9만 개의 미세 플라스틱을 물로 인해 흡수하게 되는 것이며 이는 수돗물만 마시는 사람이 흡수하는 연간 4천 개의 미세 플라스틱에 비해 20배 이상이다.

또 다른 최근 연구(**참고문헌 14**)에서는 일반적인 사용 조건에서 우리가 차를 마실 때 흔히 사용하는 플라스틱 티백(tea bag)에서 얼마나 많은 미세 플라스틱이 나오는지를 조사하였다. 플라스틱(나일론 혹 폴리에틸테레프탈레이트로 만들어짐)으로 만든 티백 1개에서 티를 제거한 후 티백을 95 °C에서 5분간 우려내면 무려 약 116억 개의 MPs와 31억 개의

7 "1.48 MPs/g"는 1 g에 1.48개의 미세 플라스틱이 존재함을 의미한다.

나노 플라스틱(nanoplastics, 100 nm 이하)이 컵 속으로 나온다는 충격적인 결과를 전자현미경, 적외선 분광기, X-선 광전자 분광기 등으로 분석, 보고하였다. 보다 구체적으로는 몬트리올에서 2016년 1월에 구입한 4개의 티백(A, B, C, D로 명명된 시료)에서 각각 89, 78, 191, 214억 개의 입자가 방출되었다. 2,000개의 입자(뭉친 것 포함)를 분석하여(1,000~100,000배로 확대한 후) A, B, C, D 시료는 각각 24.3±14.4 μm / 102±22 nm, 52.3±29.3 μm / 171±78 nm, 12.6±6.7 μm / 357±156 nm, 8.6±5.2 μm / 229±116 nm 크기의 큰 것과 작은 것으로 구성됨을 알 수 있었다.

2018년 10월 25일 아시아경제의 "미세 플라스틱의 역습… '인체 유입' 공포 확산"이라는 제목의 기사(**참고문헌 15**)에서도 오스트리아 환경청과 빈 의과대학 연구팀이 자국의 의회에 출석해 발표한 결과를 인용하여 "인간 대변 10 g당 평균 20개의 미세 플라스틱 발견" 등의 보도를 하였다. 기사 내용에 따르면, 유럽, 러시아, 일본 등 총 8개국의 자원자 8명을 대상으로 채취한 대변에서 총 9종의 미세 플라스틱이 검출되었다. 자원자는 남성 3명, 여성 5명이었으며 6명이 해산물을 섭취하였고, 모든 참가자가 플라스틱 포장식품과 페트병 생수를 마셨다. 연구팀에 따르면 검출된 미세 플라스틱은 대변 10 g당 평균 20개였고(검출된 미세 플라스틱의 크기는 0.05~0.5 mm 사이였다) 가장 많게는 172개, 가장 적게는 18개가 검출되어 10배 가까운 큰 차이를 보였지만 참가한 모든 사람이 미세 플라스틱을 섭취, 배출함을 보여 주었다. 또한 이 기사에서는 그린피스의 주장을 옮겨 "플라스틱 제조 시 첨가되는 프탈레이트(Phthalate), 비스페놀A(BPA), 노니페놀(NP) 등 독성 화학물질이 미세 플라스틱에서 침출되어 해수 및 해양생물 체내에 유입될 가능성이 있다"고 하였다. 이 뿐만 아니라, 기사에서 한국해양과학기술원의 '해양 미세 플라스틱에 의한 환경위해성 연구(2017년)'를 인용하여 국내 연안에서 채취한 굴 · 게 · 지렁이 · 담치의 내장과 배설물을 분석한 결과 139개 개체 중 135개 개체에서 미세 플라스틱이 검출되었다고 보도하였다.

YTN의 2018년 5월 19일 보도에 따르면 뉴질랜드와 남미대륙 사이의 '포인트 니모'라는 해역(2,700 km 반경 안에 육지나 유인도가 전혀 없는, 지구상에서 인간으로부터 가장 멀리 떨어진 곳)의 물에서마저 미세 플라스틱이 검출되어 인간 활동으로 인한 지구의 오염이 얼마나 심각한지를 보여 주고 있다.

미세 플라스틱은 환경이나 수중 생물, 음식물 등에서 검출되지만 인체에 얼마나 해로운지는 아직 확인되지 않았다. 인간에게도 어떤 영향을 주는지 확인하려면 더 많은 연구가 필요한 상황이다. 또한 흡입한 미세 플라스틱의 어느 정도가 폐나 위까지 도달하고 인체에 어떤 해를 끼치는지 등은 추가 연구가 필요하다.

확실한 것은 우리는 미세 플라스틱에 매우 쉽게 노출되어 있으며, 미세 플라스틱을 흡수하고 그 중 일부를 배출하고 있다는 것이다. 미세 플라스틱은 안 좋은 다양한 성분들을 포함하고 있으므로 미세 플라스틱의 인체 흡수를 줄이도록 노력해야 한다. 당장 미세 플라스틱의 흡입을 줄일 수 있는 가장 효과적인 방법은 미세 플라스틱이 포함된 생활용품을 사용하지 말고 플라스틱의 생산과 사용 및 폐기를 줄이는 것이다. 특히 플라스틱 제품을 무단 폐기 혹은 방치하여 강과 바다는 물론 공기까지 오염시키지 말아야 한다.

5.9 녹조와 적조

녹조는 부영양화된 호소(湖沼) 또는 유속이 느린 하천에서 조류(특히 녹조류와 남조류)가 이상 증식하여 물빛이 녹색이 되는 현상을 말한다. 녹조 발생 시 수중생물이 죽어 생태계를 파괴하며 유독 남조류가 독소를 생산할 경우에는 동물에도 피해가 일어난다. 예방을 위해서 영양염류를 제거해야 한다.

참고

조류(algal 또는 algae)

물속에서 빛 에너지를 이용(광합성 작용)하여 이산화 탄소, 질소, 인과 같은 무기물을 먹고 탄수화물과 같은 유기물과 산소를 만드는 생물(식물 플랑크톤)을 말한다.

적조는 녹조와 유사하게 물의 부영양화로 조류가 이상 증식하여 바다의 색이 바뀌는 현상이다. 생태계에 문제를 일으키며 인간의 생활에도 여러 가지 피해를 준다. 적조가 일어나는 가장 큰 요인은 물의 부영양화이며, 갯벌의 감소도 큰 요인으로 생각된다. 또 수온 상승(온난화 및 엘니뇨 같은 지구 환경 변화에 따른)도 요인으로 생각된다. 참고로 적조는 붉은색 외에 조류의 색깔에 따라서 다양한 색을 가질 수 있다.

참고

녹조와 적조의 비교

- **녹조와 적조의 공통점**: 부영양화로 인해 발생, 수온과 대기 온도가 높을 때와 물의 흐름이 느린 곳에서 잘 발생한다.
- **녹조와 적조의 차이점**: 발생 장소가 다름(녹조는 호수와 하천, 적조는 바다), 조류의 종류가 다르다(녹조: 남조류와 녹조류, 적조: 규조류와 편모류 등)

5.10 부영양화, BOD와 COD

부영양화

부영양화(eutrophication)는 질소와 인과 같은 영양물질이 풍부하게 공급되었다는 뜻이다. 강이나 호수, 바다 등에 생활하수나 가축분뇨 등의 유입으로 위에 기술된 성분들이 크게 증가한 것을 의미한다. 식물 플랑크톤이 과다 증식하게 되어 해수의 경우 붉은색으로 바닷물이 변하게 되고, 하천의 경우에는 녹색으로 물이 변하게 된다. **그림 5.39**는 부영양화의 원인 및 그에 따른 자연에 악영향을 요약한 것이다.

BOD

BOD(biochemical oxygen demand, 생화학적 산소요구량)는 물이 오염된 정도를 나타내는 지표로 호기성 박테리아가 일정 기간(보통 섭씨 20도에서 5일간) 동안 수중의 유기물을 산화·분해시켜 정화하는 데 들어가는 산소량을 ppm(백만분율)으로 나타낸 것이다. 물의 오염이 많이 진행될수록 유기물의 양이 많기 때문에 그만큼 박테리아 분해에 소비되는 산소량도 증가한다. 즉, BOD가 높을수록 오염이 많이 진행된 물이다. 1 L의 물에 1 mg의 산소가 필요한 것을 1 ppm이라고 하는데, 일반적인 하천에서는 5 ppm이 되면 자정 능력을 잃으며 10 ppm을 넘으면 악취가 난다.

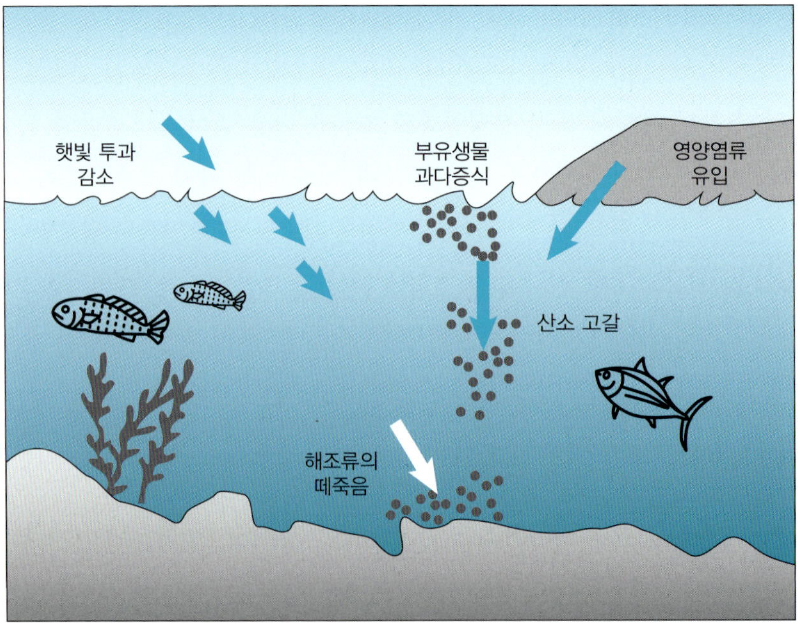

그림 5.39 부영양화의 원인 및 자연에 미치는 악영향

COD

COD(chemical oxygen demand, 화학적 산소요구량)는 물의 오염 정도를 나타내는 또 다른 지표 혹은 기준이다. 하천이나 바다 등에 폐수가 방류되면 유기 물질에 의하여 물이 오염된다. 산화제(과망가니즈산 포타슘)를 이용하여 일정 조건(산화제 농도, 접촉시간 및 온도)에서 환원성 물질을 분해시켜 소비한 산소량을 ppm으로 표시한 것으로, BOD가 보급되고 나서는 COD는 주로 참고지표로 사용된다.

5.11 바닷물의 담수화

바닷물의 담수화 또는 해수담수화란 생활용수나 공업용수로 직접 사용하기 힘든 바닷물로부터 염분을 포함한 용해된 물질 같은 필요 없는 성분 및 불순물을 제거하여 순도 높은 음용수 및 생활용수, 공업용수 등을 얻어내는 일련의 수처리 과정을 말한다. 해수탈염 또는 해수제염이라고도 한다. 주로 증발법, 역삼투압법, 전기투석막법, 냉동법 등이 사용된다.

증발법

증발법은 가장 역사가 오래된 기술로서 현재까지 가장 널리 사용되고 있다. 현재 전 세계 담수화 생산용량 중 약 70%를 증발식이 차지하고 있다. 가장 확실하게 순수한 물을 얻을 수 있으나 물을 끓이는 과정에서 에너지가 많이 소요되므로 비용이 많이 든다는 단점이 있다.

역삼투압법

두 용액을 서로 반투막을 통해 연결하면 낮은 농도의 용액(용질이 없는 순수한 용매 혹은 낮은 용도의 용질이 들어 있는 용액)으로부터 높은 농도의 용액(용질 농도가 높은 용액)으로 용매가 움직이려는 성질이 있으며, 그때 발생하는 압력을 삼투압이라고 한다. 예로 김장할 때 배추를 진한 소금물에 담가두면 배추 속의 물 성분이 소금물로 흘러가게 되어 배추가 절여지게 되는데 이러한 물의 이동이 삼투압 때문이다. 유사하게 순수한 물과 바닷물을 양쪽에 두고 가운데에 반투막 혹은 삼투막을 두면 물로부터 바닷물로 힘(삼투압)이 생기고 바닷물 쪽으로 움직이게 된다. 그런데 바닷물 쪽에 삼투압보다 크고 충분한 압력을 가하면 반대로, 즉 바닷물에서 순수한 물로 물(용질은 통과하지 못함)이 이동할 수 있고 따라서 바닷물에서 순수한 물을 얻을 수 있다. 이러한 개념을 이용한 담수 제조 방법을 역삼투압법[8]이라고 하며, **그림 5.40**에 개념도를 나타내었다.

> **참고**
>
> **반투막**
>
> 용액 혹은 기체의 혼합물에서 어떤 성분은 통과시키고 다른 성분은 통과시키지 않는 막을 말한다. 반투막에는 무수히 많은 미세한 구멍이 뚫려 있어 일반적으로 구멍보다 작은 물질은 통과하고, 그 구멍보다 큰 물질은 통과하지 못한다.

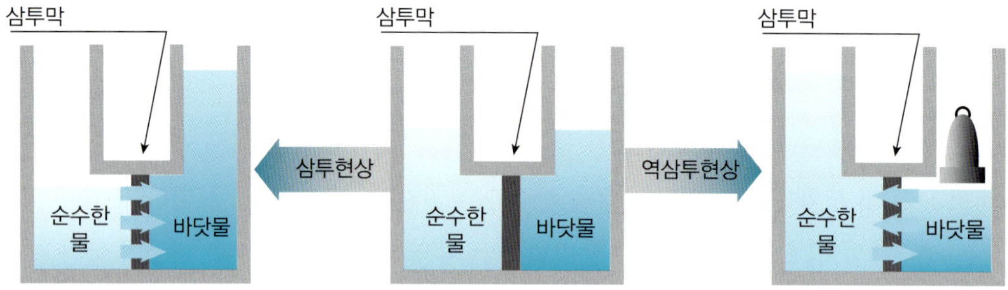

그림 5.40 역삼투압법에 의한 해수담수화의 운전

5.12 물의 정수

그림 5.41에서 보인 것과 같이 오염된 물로부터 우리가 사용할 수 있는 물을 얻기 위해, 정수 처리를 할 수 있으나 비용이 많이 드는 문제점이 있다. 그리고 정수 처리를 해도 우

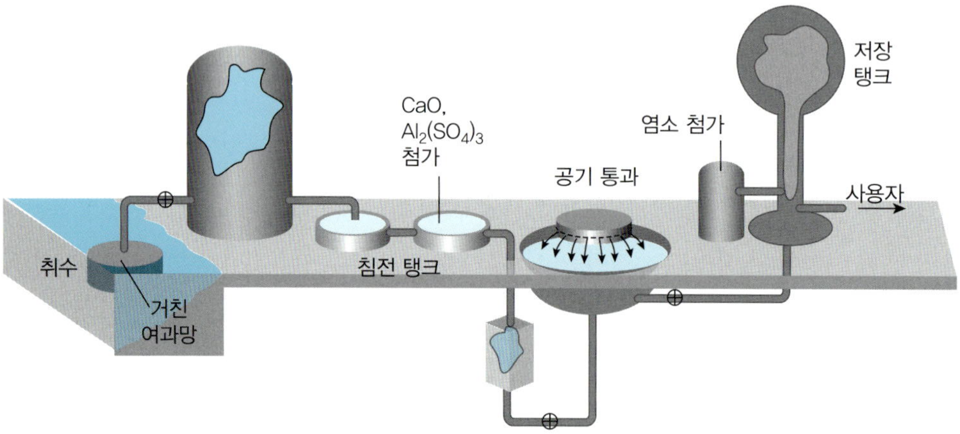

그림 5.41 정수 처리의 공정도

8 역삼투압법을 이용한 정수기도 많이 보급, 사용되고 있다.

리가 마시거나 사용할 수 없는 경우가 발생하기도 하는 등의 심각한 문제도 있다. 물은 오염되면 우리에게 큰 문제를 주며 향후 물의 오염 및 오염에 의한 문제점이 더욱 증가할 것이다. 따라서 물의 적절한 사용, 오염 방지, 환경 보존이 아주 시급한 상황이다.

5.13 요약

그동안 너무 흔했던 물의 소중함을 상기하고 오염시키지 않도록 노력해야 한다. 대도시 주변, 특히 낙동강 및 대구, 경북, 경남, 부산 등은 물 사정이 좋지 못하며, 다른 대도시나 큰 강들도 예외가 없다. 물은 오염시키기는 쉬워도 정화하기는 매우 어렵다. 오염된 물을 정화할 때 오염된 물의 양이 만 배 이상이 들기도 하지만 과플루오린화 화합물이나 미세 플라스틱처럼 정화가 되지 않는 성분도 많다. 오염된 물은 단순히 마시기 어려운 성질 외에 생물농축 등으로 인간에게 더욱 큰 위험을 줄 수 있다.

우리가 할 수 있는 일은 미약하더라도 하나 하나 실천해 나가야 된다. 예를 들면, 싱크대에 식용유 버리지 않기, 소량의 세제/샴푸 사용하기, 양치컵 및 설거지통 사용하기, 양치 및 샤워 시 물 계속 틀지 않기, 오래된 의약품 모아서 약국에 가져가기, 하수구에 담배 버리지 않기, 환경오염 현장을 발견 시 적극적이고 신속하게 신고하기, 실험 시 폐액통 활용하기 등 작은 것부터 실천해 나가야 한다.

핵심어

녹조, 담수화, 미세 플라스틱, 부영양화, 삼투, 생물농축, 적조, 중금속, 환경 호르몬, BOD, COD

6장

토양의 오염

이 장에서는 우리가 살고 있고 곡식 등의 먹거리를 제공해 주는, 즉 우리의 생명 유지에 있어 너무나 중요한 토양의 오염에 대한 개요, 현황 및 대처 방안에 대해 정리하였다.

6.1 개요

토양(soil)은 땅 위에 드러난 암석이 잘게 부서져 만들어진 것 혹은 지구 표면에 퇴적되어 있는 물질을 의미한다. 토양은 인간의 의식주에 필수적이며, 많은 동식물의 삶에도 필수적이다. 대부분의 토양은 고체상의 물질과 고체 물질 입자 사이에 기체와 액체가 존재하는 3상으로 구성되어 있다. 토양의 액체상은 주로 비로부터 얻어지며, 토양 입자 표면에 물이 흡착되어 수막을 형성하기도 한다. 그리고 토양의 틈 사이에는 공기가 들어 있을 수 있고 (일부의 경우에는 물에 의해 포화될 수도 있다) 이러한 공기는 대기로 순환할 수 있다.

토양에는 미생물이 서식할 수 있고 미생물과 식물들의 뿌리가 호흡하여 이산화 탄소를 발생시킬 수 있는데 이는 대기로 확산된다. 반면, 생물의 호흡에 필요한 산소는 토양으로 확산될 수 있다. 작물을 재배하는 데 바람직한 토양의 3상 분포는 고체상 45%, 유기물 5%, 물과 공기는 각각 25% 정도가 좋다고 한다. 토양은 식량 생산은 물론이고 휴양 및 오락 등 우리의 삶을 위해서도 매우 중요할 뿐만 아니라 깨끗한 지하수를 얻기 위해서도 매우 중요하다. 특히 식량을 생산하는 농경지는 지구의 총 육지 면적의 10% 미만으로 아주 소중한 자원이다. 따라서 우리의 소중한 자산인 토양이 중금속과 방사성 물질, 생활쓰레기, 산업폐기물 등에 의해 오염되거나 토양침식 등이 일어나지 않게 방지해야 한다.

6.2 토양 오염의 원인

우리가 살아가기 위한 행동들 대부분이 토양을 오염시키는 원인이라고 볼 수 있으며, 대표적인 오염원 혹은 오염물을 다음과 같이 나열할 수 있다.

- 공업/산업화: 산업폐기물, 전자폐기물, 광산, 화학약품, 석유제품(주유소, 저유소, 군기지), 태양광 판넬 폐기물 등
- 농업: 농약, 비료, 구제역/조류 인플루엔자 등에 의한 동물 사체의 매립/소각
- 생활폐기물: 폐플라스틱 등의 과도한 쓰레기 배출
- 기타: 산성비, 방사능 물질 등

주요 토양 오염 물질로는 카드뮴 및 그 화합물, 구리 및 그 화합물, 비소 및 그 화합물, 수은 및 그 화합물, 납 및 그 화합물, 6가 크로뮴 화합물, 아연 및 그 화합물, 니켈 및 그 화합물, 플루오르 화합물, 유기 인 화합물, 폴리클로리네이티드비페닐(PCBs, Polychlorinated biphenyls, **그림 6.1**의 참조), 사이안 화합물, 페놀류, 유류[동식물성은 제외하고 BTEX(benzene, toluene, ethylbenzene, xylene), 총석유계탄화수소(TPH, Total petroleum hydrocarbon), 유기 용제류] 등이 있고 산업 발달로 그 종류가 급격히 늘고 있다.

참고

총석유계탄화수소(TPH)

석유제품이 환경에 미치는 영향을 고려하여 그 양과 농도(특히 위험하다고 알려진 벤조피렌, 톨루엔, 에틸벤젠, 자일렌 등의 방향족 화합물)를 분석해야 하나 각각의 성분을 분석, 관리하기에는 비용과 시간이 많이 소요되므로, 대신에 탄화수소의 총량으로 토양의 유류에 의한 오염 정도를 분석 관리한다. 즉, TPH는 토양의 유류 오염 정도를 측정하는 지표이며 탄화수소의 총량으로 측정한다.

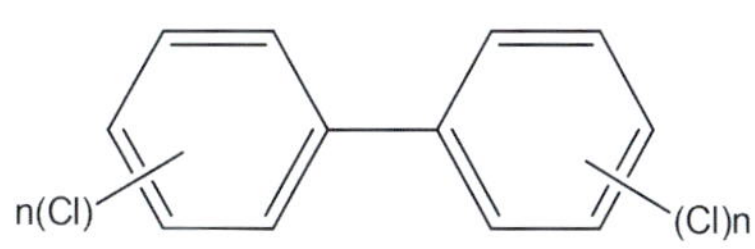

그림 6.1 폴리클로리네이티드비페닐(PCBs)의 구조

토양은 한 번 오염되면 정화하기 어렵고 2차 오염 유발 가능성도 높은 특징이 있다. **그림 6.2**는 공업, 농업 및 가정은 물론이고 폐기물 및 매립장 등에 의해 토양이 오염되는 현상을 요약해서 보여 주고 있다.

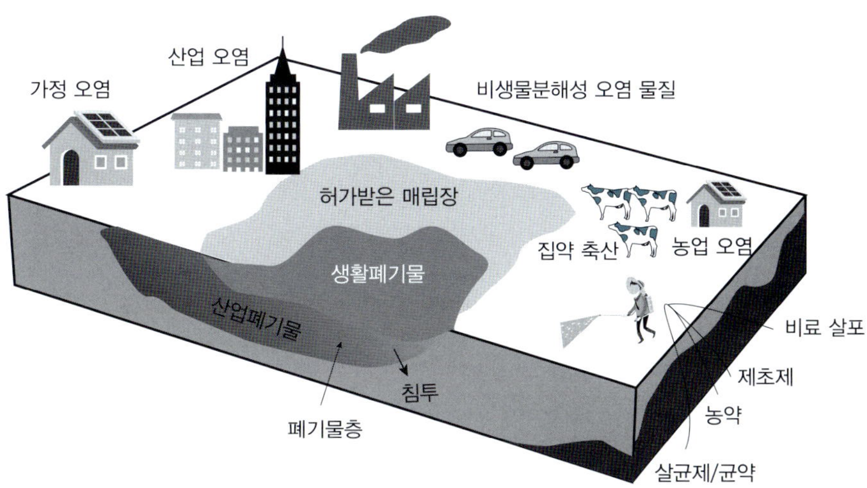

그림 6.2 토양 오염의 주요 요인

지구에서 인간이 오염시키지 않은 곳은 얼마나 될까? 호주 퀸즐랜드 대학교와 미국 야생동물보존협회 연구진은 전 지구적인 조사를 통해 남극을 제외한 육지의 77%, 전체 바다의 87%가 인간에게 점령당하였다고 2018년 10월에 학술지 '네이처'(**참고문헌 1**)에 발표하였다. 100년 전만 해도 인간이 가축을 기르거나 곡물을 생산하는 등 인간이 활동해왔던 육지 면적은 전체의 15%였다. 즉, 최근 인간의 활동 영역이 불과 100년 전에 비해 5배 이상 증가하였다는 주장이다. 전체 육지의 23%만이 오염에서 자유로운 상태이다. 그나마 남아 있는 미지의 육지도 계속 인간이 개발해 나가고 있으므로 얼마나 깨끗하고 오염이 없는 곳이 남아 있을지 의문을 가지게 된다.

우리가 살고 있는 한국의 토양은 어떨까? 환경부의 2011년도 토양 오염 실태 조사 결과에 따르면(**참고문헌 2**) 전국 16개 시 · 도의 2,470개 지점에 대한 조사 결과, 43개(1.7%) 지점이 토양 오염 우려기준[1]을 초과하였고, 특히 이 중 13개 지점은 토양 오염 대책기준[2]도 초과해 정화가 시급한 것으로 나타났다. 오염원별로는 폐기물 적치 · 매립 · 소각 관련 지역 및 금속광산지역이 각 10곳(24.4%)으로 가장 많았다. 이어서 교통 관련 시설 지역 7곳(16.3%), 공장 및 공업 지역 5곳(11.6%) 순이었다. 지역별로는 강원도가 9곳으로 가장 많았고 서울 7곳, 경기와 부산 6곳, 충남과 경북 4곳 등의 순이었다. 대책기준을 초과한 13개 지역은 서울 4곳, 부산 1곳, 대구 2곳, 경기도 2곳, 강원도 3곳, 충남 1곳이었다. 오염 항목별로는 총석유계탄화수소(TPH) 및 비소(As) 각 14개, 아연(Zn) 11개, 구리(Cu) 6개, 납(Pb) 4개 순으로 초과하였다. 토양 오염 우려기준이 초과된 각 항목별 최고치인 크실렌[3]의 경우 교통 관련 시설 지역인 서울 관악구 소재 주유소에서 194.7 mg/kg로 우려기준인 15 mg/kg의 약 13배, 대책기준인 45 mg/kg의 약 4.3배를 초과한 것으로 나타났다. 구리(Cu)는 공장 및 공업 지역인 경기 군포시 소재 공장에서 15.349 g/kg로 우려기준인 2 g/kg의 약 7.7배, 대책기준인 6 g/kg의 2.6배를 초과하는 등 최고치를 기록하였다. 즉, 금속광산 지역, 폐기물 적치 · 매립 · 소각 지역, 폐공장, 폐주유소 등을 위시하여 전국적으로 토양 오염이 심각하다고 할 수 있다.

6.3 토양의 주요 오염원

토양은 다양한 오염원이 있으며 다음과 같이 다수의 중요한 오염원을 정리할 수 있다.

1 **토양 오염 우려기준**: '우려기준'은 사람의 건강·재산이나 동·식물의 생육에 지장을 가져올 우려가 있는 토양 오염 기준을 말한다.
2 **토양 오염 대책기준**: '대책기준'은 우려기준을 초과해 대책을 필요로 하는 기준을 말한다.

- 농약/비료에 의한 오염: 농산물의 생산, 가공, 유통, 보관 등을 위해 다양한 농약과 비료 등을 사용하며 이들은 토양을 오염시키는 주범이 될 수 있다.
- 유류 오염: 석유 제품 제조과정이나 저장시설에서의 유류 유출은 토양과 수질에 큰 피해를 줄 수 있다. 또한 유류 운반 시의 사고도 비슷하게 오염원이 된다.
- 중금속 오염: 금속을 캐내는 광산 주변 지역은 일반적으로 중금속 오염이 심할 수 있다.
- 방사성 물질 오염: 방사성 물질에 의해 토양이 오염될 수 있다(8장 참조).
- 유독성 물질 오염: 유해폐기물의 불법투기 혹은 유기 독성 물질의 운반 중의 사고 등에 의해 토양이 오염될 수 있다.
- 산성비에 의한 오염: pH 5.6 미만의 비를 산성비로 정의하며 화석 연료의 연소에서 발생한 황과 질소 산화물이 대기의 수증기, 산소 및 오염 물질 등과 반응하여 산성비로 내리게 되는데 산성비가 내리면 토양이 오염될 수 있다. 즉, 산성비는 토양의 산성화와 지표수와 지하수의 오염을 심각하게 초래한다. 산성비가 내리면 토양의 pH를 감소시킴은 물론이고 토양 속에 있던 영양성분인 인, 칼슘, 마그네슘 등의 광물질이 씻겨 내려가게 되어 식물의 생육에 필요한 양분이 부족해지게 된다. 산성비는 호수 및 하천 등은 물론이고 지하수의 pH도 감소시킬 수 있다.

이외에도 플라스틱, 폐비닐, 생활 쓰레기 매립, 화산재, 매연 등 다양한 토양 오염원이 우리 주위에 상존하고 있다.

이와 같이 다양한 토양 오염의 원인을 자세히 다루고자 한다.

농약

농약이란 농산물과 임산물을 해치는 균, 곤충 및 쥐 등의 동물과 잡초 등의 식물 방제에 이용되는 살균제, 살충제 및 그 외의 약제를 말하며 이와 같은 목적으로 이용되는 천적도 농약으로 간주될 수 있다. 넓은 의미로는 식물 호르몬 등의 식물 생장 조정제도 농약에 포함될 수 있다. 영어의 agricultural chemicals, 농업용 화학 약품은 이들 외에 비료도 포함하는 아주 넓은 뜻을 가지는 용어이다. 농약은 크게 살균제, 살충제, 살서제, 제초제, 식물 생장 조정제, 유인제, 기피제, 보조제 등으로 구분된다. 제2차 세계대전 전의 농약은 일부 천연 살충제(피레트린, 로테논, 니코틴 등)를 제외하면 보르도액, 석회황 합제,

3 **크실렌**: 자이렌(xylene)이라고도 하며 석유의 한 성분으로 방향족 물질이다.

비산납 등 거의 모든 것이 무기 화합물이었다. 제2차 세계대전 중에 DDT(Dichloro-Diphenyl-Trichloroethane)와 파라티온 등의 농약이 개발되었고 이를 계기로 다양한 합성 유기 농약이 널리 사용되게 되었다.

농약은 다음과 같은 장단점을 가진다.

- 농약의 장점: 농약은 병해충을 신속하게 방재할 수 있으므로 농작물을 잘 자라게 하고 살린다. 따라서 농작물의 생산을 증가시켜 수익성을 높인다. 그리고 적절히 사용하면 비교적 안전하다.
- 농약의 단점: 많은 농약은 야생동물과 사람에게 해로우므로 다양한 피해를 줄 수 있고, 그 피해 정도는 일반적으로 농약의 독성의 정도와 잔류성에 의해 좌우된다. 농약은 환경오염을 유발시킬 수 있고, 유전적 내성을 증가시킬 뿐만 아니라 이로운 천연의 천적마저도 제거할 수 있다. 농약을 계속 사용하면 농약에 대한 내성은 증가하고 농약의 효과는 감소하여 시간이 갈수록 사용 경비가 증가할 수 있다. 특히 농약에 의한 환경오염은 큰 위험이며 꿀벌이 사라지고 '농약 계란'(4장 참조)처럼 양계장에 사용하지 않은 살충제가 계란에서 검출되기도 한다. 양계 농민은 이러한 '농약 계란' 같은 현상은 토양 오염으로 인해 발생한 것이라고 주장하기도 하였다.

비료

비료란 식물에 영양을 주는 물질은 물론이고 식물의 재배를 돕기 위하여 흙에서 화학적 변화를 가져오게 하는 물질을 말한다. 국제공업개발기구(UNIDO)는 비료는 "식물이 정상적으로 생육하기 위하여 필요한 원소의 하나 혹은 그 이상을 공급하는 모든 물질"로 정의하고 있다. 비료는 유기질, 무기질, 천연산, 합성품 등으로 분류될 수 있고 질소, 인, 포타슘을 비료의 3요소라고 한다. 또한 비료의 3요소 이외에 사용량이 많고 식물의 반응이 나타나기 쉬운 원소로 칼슘, 마그네슘, 황 등이 있는데 이러한 원소를 2차 요소라고 한다. 반면, 탄소, 수소, 산소는 비록 식물의 생육에 아주 중요하고 필요한 원소이지만 대기와 물에서 무한히 공급되므로 비료의 성분으로는 고려하지 않는다.

한편, **그림 6.3**에서 보는 바와 같이 세계 인구 증가의 약 반은 합성 비료의 기여 때문이라고 한다(**참고문헌 3**). 즉, 질소와 수소로부터 암모니아를 얻고 이를 질소 비료로 만드는 기술 때문에 세계 인구가 비료가 없을 때 대비 약 2배가 되었다는 것이다. 그만큼 비료가 인류의 생명과 번영에 기여한 바가 큼을 알 수 있다.

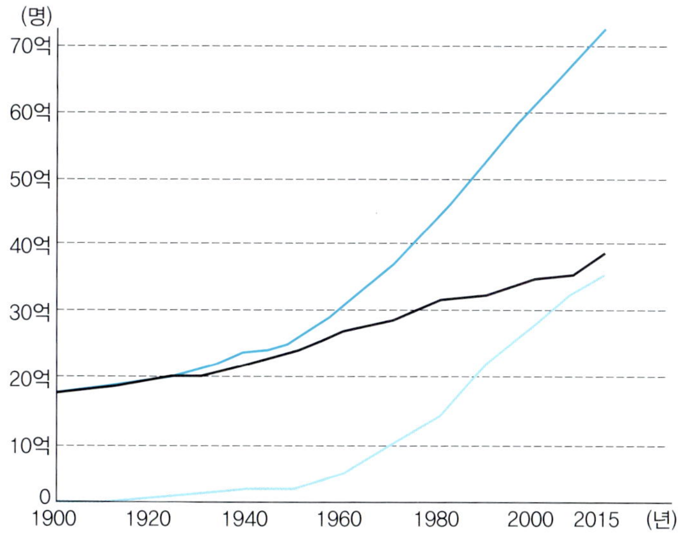

그림 6.3 시대에 따른 세계 인구의 변화(맨 위의 선은 전체 인구, 가운데 선은 비료가 없을 때 예측되는 인구, 맨 아래 선은 합성 비료의 기여로 늘어난 인구를 의미한다.)

식물의 생육을 위해 사용되고 인류의 생명에 기여한 비료는 한편으로 다음과 같이 다양한 토양 오염을 유발할 수 있다.

- 토양의 황폐화: 비료는 토양 산성화는 물론이고 흙의 입자를 응결시켜 토양의 호흡을 방해하고 미생물의 감소를 유도할 수 있다.
- 농작물 피해: 비료 특히 질소 비료의 사용은 질소를 과잉 공급하게 할 수 있고 불완전한 결실을 유도할 수 있다. 또한 과량의 질산염은 청색증[4]을 유발할 수 있다.
- 부영양화 유발: 비료는 사용 후 호수나 하천에 유입되어 질소와 인의 농도를 증가시키고 부영양화를 유발하여 녹조 및 적조 등의 조류나 수중생물의 과잉 증식을 유도할 수 있다(5장 참조).

주유소 및 기름

현대는 석유 혹은 화석연료 없이는 살 수 없는 시대이다. 주위에서 주유소, 저유소, 석유화학 공장을 쉽게 볼 수 있고 차량에도 자주 휘발유나 경유 등의 기름을 넣어 사용하고 있다. 석유제품은 정유공장이나 석유화학 공장에서 생산되어 저유소에 저장된 후 사용되기도 하고, 파이프라인이나 차량을 통해 다른 공장 혹은 주유소로 공급되기도 한다. 석유

4 **청색증**: 오염된 물속에 포함된 질산염(NO_3^-)이 혈액 속의 헤모글로빈과 결합해 산소 공급을 어렵게 해서 나타나는 질병으로 산소 부족으로 인해 온몸이 파랗게 변한다. 성인에게는 발생하지 않고 100일 이내의 갓난아기에게 주로 나타난다.

제품 중 환경에 위험한 것은 벤조피렌, 톨루엔, 에틸벤젠, 자일렌 등의 방향족 화합물이며 석유제품의 성분을 모두 분석하여 정량적으로 관리하기보다는 총석유계탄화수소(TPH, Total Petroleum Hydrocarbon)로 관리한다.

인간 활동으로 토양은 기름으로 오염되기 쉬우며, 예로 주유소 영업 후 제대로 환경복원을 하지 않은 주유소나 제대로 관리되지 않은 군부대 등은 기름으로 오염될 확률이 높다. 예를 들어 녹사평역 인근의 용산 미군 기지에서는 2013년 기준 12,000 m^2 이상의 토양이 유출된 기름으로 오염된 것으로 확인되었다. 즉, 매우 넓은 면적의 토양이 기름으로 오염될 수 있는 것이다.

참고

클린 주유소

주유소에 의한 환경오염 가능성을 고려하여 '클린 주유소'라는 개념을 도입하여 전국적으로 시행하고 있다. 클린 주유소란 유류 저장탱크, 배관 등의 주유시설을 이중벽 탱크, 이중배관, 흘림 및 넘침 방지시설 등을 일반 주유소보다 강화된 기준으로 설치하여 기름유출을 사전에 예방하고, 유류누출을 감지하는 경보장치를 설치하여 토양오염과 확산을 예방하는 친환경 주유소를 말한다(그림 6.4 참조).

그림 6.4 클린 주유소

토양 오염의 역사적 교훈: 미국의 '러버커널 사건'

미국과 캐나다 국경에 있는 나이아가라 폭포 주위에 1892년 윌리엄 T. 러브가 약 11 km의 운하를 건설하던 중 경제 불황과 교류 전류의 발명 등으로 인해 경제성이 낮아져 건설이 중단되었고 결국 러브 운하라고 부르는 웅덩이(1.6 km × 9.1 m × 3~12 m(깊이))만 남게 되었다. 그 후 수 십 년간 방치되어 있다가 1940년대에 들어와 후커 케미컬이라는 화학회사가 이를 인수하여 폐기물을 버리는 곳으로 사용하였다. 후커 케미컬은 1942년부터 1950년 사이에 총 21,800톤 정도의 린덴(benzene hexachloride), 염화 벤젠 및 벤질클로라이드 같은 염화 탄화수소 및 다양한 유독 화합물을 철제 드럼통에 넣어 이 웅덩이에 매립하였다. 그 후 1953년 이 화학회사는 이곳을 포함한 주변 지역을 교육위원회에 기증하였고 교육위원회는 이곳에 초등학교와 주택을 건설하였다. 그 후 이 지역 주민들은 피부병과 두통이 자주 발병하였으며 다른 지역에 비해 유산율도 높았다. 역학 조사 결과 이 지역의 오염이 확인되었고 문제의 심각성을 깨달은 미국 연방환경처는 1978년 미국 역사상 처음으로 이 지역을 환경재난지역으로 선포하였다. 문제의 학교는 폐쇄되었고 거주하던 주민들은 그 지역을 떠나게 되었다. 그 후 이 지역을 정화하기 위해 21년간 4억 달러를 소모하였고 최종적으로 총 950가구가 대피하였다.

이 사건을 러브커널 사건 혹은 러브커널 재앙(Love Canal Disaster)이라고 하며, 환경에 관한 무지와 무책임한 유해물의 폐기가 얼마나 큰 재해와 경제적 손실을 일으키는지 잘 보여 준 역사적 사건으로 꼽힌다. 이러한 해외의 사건들에 비하면 피해 규모가 작지만 우리나라에도 이와 같은 일들이 일어났으며 우려되는 경우들도 있다.

토양의 2차 오염

어떤 오염 물질은 자연에서 더 위험한 물질로 변화하는 경우가 있다. 예로 유기 비소 화합물[roxarsone(ROX) 및 p-arsanilic acid(ASA) 등]은 동물의 사료 첨가제로 많이 사용되고 있으며 사용 후 동물의 분뇨와 함께 비료로 사용된다. 유기 비소 화합물도 물과 토양을 오염시킬 수 있으나 더 큰 문제는 분해 후 얻어지는 매우 독성이 큰 무기 비소 화합물(arsenates and arsenites) 때문이다(**그림 6.5** 참조). 즉, 흔히 사료 등으로 사용되어 위험을 느끼지 못하는 물질도 비료로 사용되어 토양의 오염 물질이 될 수 있고 2차 반응을 거쳐 매우 위험한 물질이 될 수 있는 것이다. 마지막으로 토양 오염은 필연적으로 지표수 및 지하수를 오염시키고 곡식과 가축의 오염을 유발한다.

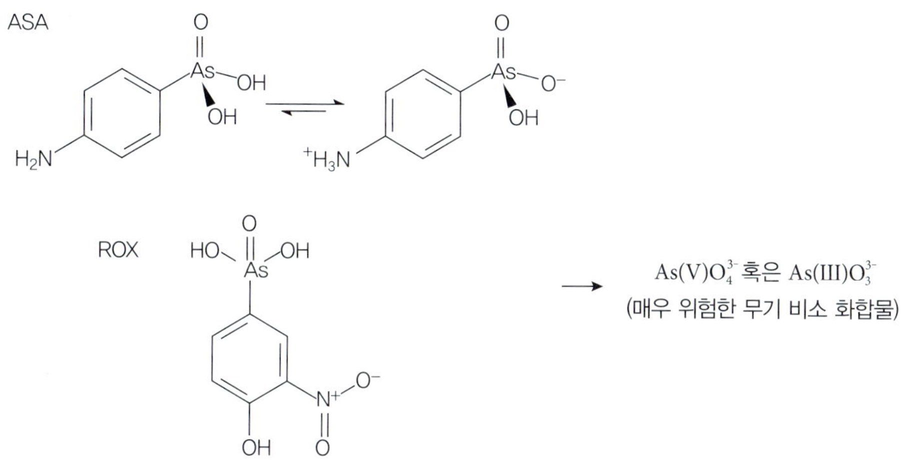

그림 6.5 유기 비소 화합물(roxarsone 및 p-arsanilic acid 등)이 분해되어 매우 독성이 큰 무기 비소 화합물(arsenates and arsenites)로 전환되는 개념도

6.4 토양 오염의 특징

토양은 대기나 물에 비해 자정 능력이 매우 약하기 때문에 일단 오염되면 자연적인 제거에 많은 시간이 걸리며 축적성 중독 현상을 일으켜 사람이나 가축에게 심각한 문제를 일으킨다. 토양 복원은 어려우며 특별한 기술이 요구된다. **그림 6.6**은 국내 토양 복원 시장규모를 보여 주고 있다. 즉, 2015년도에 3조 원 이상의 큰 시장을 형성하고 있고 토양의 오염이 심화되면 더욱 많은 비용을 지불해야 함을 알 수 있다.

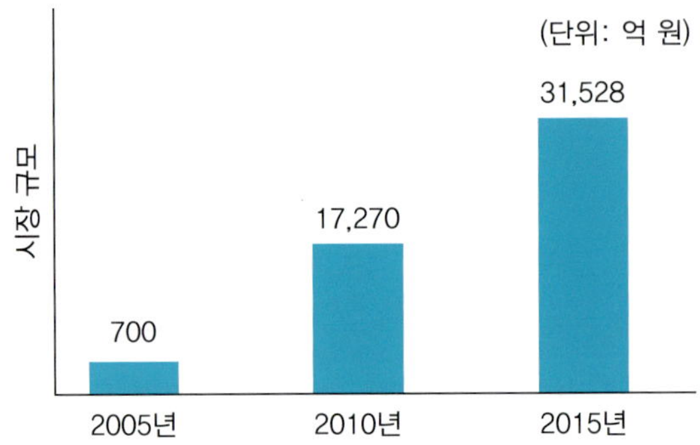

그림 6.6 국내 토양 복원 시장규모

표 6.1에 정리한 바와 같이 생활 쓰레기도 방치하면 자연적으로 분해하는 데 수백 년 이상이 걸리기도 한다. 그리고 토양 오염은 필연적으로 지표수 및 지하수를 오염시키고 곡식과 가축의 오염을 유발시킨다.

표 6.1 생활쓰레기의 자연적 분해에 필요한 시간

종류	분해 기간
종이	2~5개월
우유팩	5년
담배필터	10~12년
나무젓가락	20년
일회용 컵	20년 이상
가죽구두	25~40년
나일론천	30~40년
금속캔	100년
일회용 기저귀	100년 이상
칫솔	100년 이상
알루미늄캔	500년 이상
플라스틱병	500년 이상
플라스틱용기	500년 이상
플라스틱백	500년 이상
스티로폼	500년 이상

6.5 요약

우리가 살아가기 위한 행동들의 대부분이 토양을 오염시키는 원인이라는 사실을 인지

하고 토양 오염을 줄이기 위해 노력해야 한다. 토양이 오염되면 쉽게 복원하기 어렵고 물과 대기 등을 포함한 다양한 2차 피해를 유발하기 때문에 오염되지 않도록 주의해야 한다. 다른 환경 오염에도 사전에 주의를 기울여야 하겠지만 토양 오염은 그 피해의 크기도 크고 정화에 드는 시간과 노력 등을 무시하기 힘들다. 따라서 오염된 후 정화하기보다는 애초에 오염을 시키지 않도록 주의해야 한다.

하지만 일반 시민이 토양 오염 방지를 위해 할 수 있는 일은 그렇게 많지 않다. 생활쓰레기 배출 방지, 친환경 농산물 이용, 클린 주유소 이용 등의 작은 일부터 실천해야 할 것이다. 환경신문고(전화 128번)를 이용하여 토양 오염 사건을 신고하는 등 환경파수꾼의 역할을 하는 것도 좋은 일이다.

핵심어

농약, 비료, 비료의 3요소, 중금속, 클린 주유소, 토양, TPH, 2차 오염

7장

에너지와 환경

7.1 개요

이 장에서는 현대인들의 삶에 필수적인 에너지와 에너지가 환경에 미치는 영향 등을 다루고 있다. 다음과 같이 에너지와 관련된 사항을 간략히 정리하였다(원자력 에너지는 8장 참조).

- 에너지: 일을 하는 능력 또는 열을 이동하는 능력
- 일: 질량을 가진 물체를 움직이게 하는 에너지
- 열: 물체의 온도 상승을 일으키는 에너지
- 에너지 단위: J, cal, kJ, eV 등의 다양한 단위가 사용될 수 있으나 에너지의 SI 단위는 joule(J)이고 $1\ J = 1kg \cdot (m/s)^2$ 혹은 $1\ N \cdot m = 1\ kg \cdot m^2 \cdot s^{-2}$의 의미이다. 또한 1 cal = 4.184 J의 관계를 가진다. 에너지는 어떤 단위를 사용하든지 그 차원은 $kg \cdot m^2 \cdot s^{-2}$이다.

7.2 인류 역사와 에너지

인류 역사 약 5,000년 중 인간은 에너지를 얻기 위해 약 4,800년 동안은 나무와 풀 등을 이용하다가 이후 약 100년 동안은 석탄을 사용하였다. 그리고 최근 100년 동안은 석유에 의존하고 있다. 현재 인류는 석유, 석탄, 천연가스 등의 화석연료에 절대적으로 의존하고 있으나 미래에는 수소와 천연가스 같은 기체 연료에 의존할 것으로 예측되고 있다. 특히 미래의 에너지로는 수소가 가장 중요할 것으로 기대되나 현재는 다른 연료 혹은 에너지에 비해 수소는 너무 비싸다. 또한 현재의 수소는 대부분 화석연료에서 얻어지므로 지구 온난화 및 자원 고갈 문제는 여전히 남아 있다. 수소를 비교적 문제 없이 물로부터 얻기 위해서 검토할 수 있는 현재의 기술은 원자력 에너지를 활용하는 것이라고 한다. 즉, 원자력 에너지를 이용하여 물을 분해하여 수소를 얻는 원자력 수소가 유일한 대안이라고도 하나 원자력에 대한 저항이 늘 존재한다. 즉, 인류는 문명의 발전에 따라 고체 → 액체 → 기체 연료에 의존하여 삶을 살고 있다. **그림 7.1**은 1997년 기준으로 정리한 시대별 에너지 기여 및 예측을 보여 주고 있다.

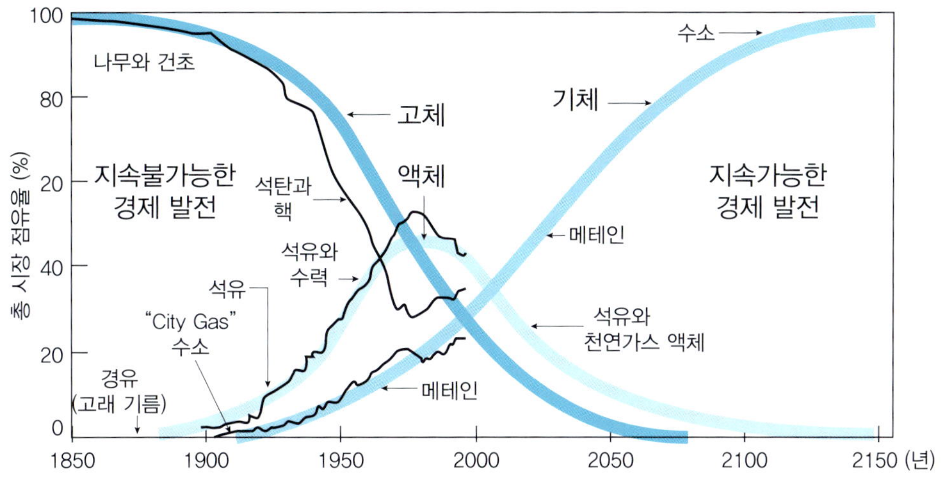

그림 7.1 시대별 에너지 기여 및 예측(1997년 기준)

7.3 화석연료

화석연료는 먼 옛날 지구상에 살았던 생물의 잔해에 의해 생성된 에너지 자원으로 주로 석탄 · 석유 · 천연가스 등을 포함한다. 화석연료는 현재의 연료 혹은 에너지로 주로 사용되나 이산화 탄소를 배출하는 문제점이 늘 존재한다. 인간이 사용해 온 순서대로 각각의 특성을 다음과 같이 기술한다.

석탄

육생식물이나 수생식물이 수중에 퇴적하여 매몰된 후 가열과 가압작용을 받아 변질하여 생성된 흑갈색의 가연성 암석이다. 석탄 성분 내에 중량으로 50% 이상의 탄소분이 함유되어 있어야 하고 용적으로는 70% 이상의 탄소분이 함유되어 있어야 석탄으로 규정한다. 석탄은 탄소분이 60%인 이탄(泥炭), 70%인 아탄(亞炭) 및 갈탄, 80~90%인 역청탄, 95%인 무연탄으로 나뉜다. 석유 대비, 탄소 접합 고리(fused ring)를 더 많이 포함하며 휠

참고

무연탄(無煙炭)

탄화가 잘 되어 연기를 내지 않고 연소하는 석탄으로 휘발분이 3~7%로 적다. 따라서 연소 시 불꽃이 짧고 연기가 나지 않는다. 점화점이 약 490 ℃이므로 불이 잘 붙지 않지만 화력이 강하고 일정한 온도를 유지하면서 계속적으로 탄다. 우리나라의 석탄 대부분이 여기에 속한다. 휘발분의 함량이 14% 이상이면 연기가 나기 때문에 유연탄이라고 한다.

씬 더 복잡한 구조를 가진다. 대개 소량의 황과 같은 불순물이 존재하며 석유 대비 불순물의 함유량도 높다.

석유

바다 식물과 동물로부터 생성된 땅속의 탄화수소를 주성분으로 하는 가연성 기름을 말한다. 특히 검은 갈색을 띤 액체인 가공하지 않은 천연 상태로의 석유를 원유라고 하며 원유를 증류/분리하여 휘발유, 등유, 경유, 중유, 석유 피치, 아스팔트 등을 얻는다. 일부 지역에 주로 분포하고 분포 지역에 따라 물성의 차이도 있다.

화석연료 중 가장 중요한 석유와 석탄의 차이점을 **표 7.1**과 같이 정리할 수 있다.

표 7.1 석유와 석탄의 차이점 비교

석탄	석유
주로 육생 식물	주로 바다 식물 및 동물
약한 환원성 조건에서 얻어짐	강한 환원성 조건에서 얻어짐
석탄층은 퇴적된 곳과 동일(이동 없음)	석유층은 퇴적된 곳에서부터 온도 및 압력 효과로 움직일 수도 있음
C(소량의 H)의 성분	CH_x의 성분
고리 구조(**그림 7.2** 참조)	사슬 구조(**그림 7.2** 참조)
고체	액체

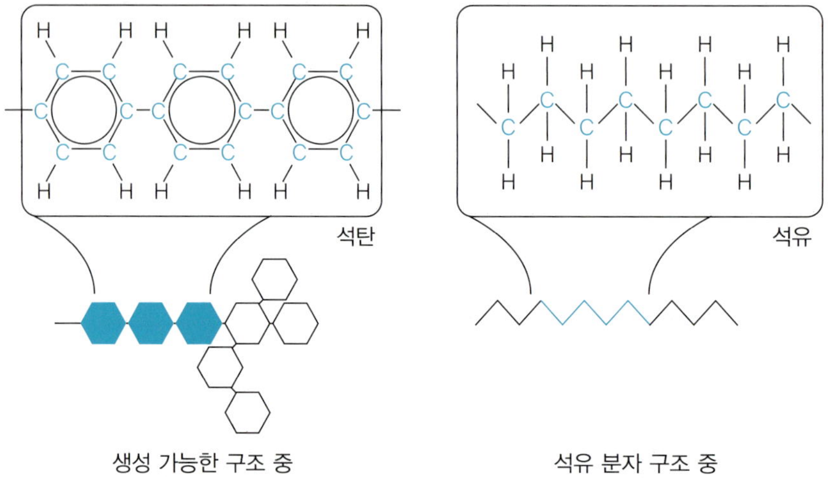

그림 7.2 석탄과 석유의 대표적 화학 구조 각각 주로 고리 구조와 사슬 구조를 가진다.

천연가스

천연가스는 석유 산출 지역에서 원유와 함께 분출되는 가스로, 유정 가스라고도 한다. 주로 탄소 1개 내지 4개의 (C1-C4) 혼합물이며 발열량이 높고 공해가 거의 없는 청정에너지로 각광받고 있다. 따라서 취사, 난방 등에 주로 활용되며 시내버스 등에도 사용되는 등 최근 사용량이 증가하고 있다.

셰일가스

셰일가스(shale gas)는 모래와 진흙 등이 단단하게 굳어진 퇴적암 지층인 셰일(shale, 이판암)층에 매장되어 있는 가스를 말하며 천연가스와 유사한 특성을 갖는 가스이다. 전형적인 천연가스는 일반적으로 쉽게 시추하여 활용할 수 있으나 셰일가스는 깊은 지층에 매장되어 있어 시추하여 활용하기 어렵다는 기술적 문제가 있었다. 그러나 이러한 기술적인 문제들은 1998년에 해결되었으며 현재 상업적으로 시추, 활용할 수 있게 되었다. 셰일가스는 확인된 매장량만으로도 매우 막대하다. 즉, 전 세계가 60년간 사용할 수 있는 막대한 양이 이미 확인되었다.

오일샌드

원래 오일샌드(oil sand)는 '원유를 함유한 모래'를 의미하였으나 요즘에는 '원유를 함유한 모든 암석'에 대해 쓰인다. 즉, 암석이 10% 정도 이상의 원유를 포함하고 있으면 오일샌드라 불린다. 오일샌드는 일반적인 원유와 달리 별도의 추출 및 정제 과정을 거쳐야 하기 때문에 생산단가가 비싸고 어려워 현재까지 실용화되지는 않았다. 한편, 원유 가격이 폭등하여 본격적으로 기술 개발의 필요성이 대두되면 미래의 에너지로 사용될 가능성이 있다.

그 외 3장에서 설명한 메테인 하이드레이트도 미래의 에너지원이 될 것으로 예상된다.

석유의 정제

석유는 **그림 7.3**과 같이 분별 증류(fractional distillation)에 의해 분리, 정제된다. 즉, 원유를 증류탑에 넣은 후 열을 가해 끓여 비등점에 따라 가스[1], 나프타, 휘발유, 등유, 제트유, 경유, 중유, 아스팔트 등으로 분리하고 이를 각 용도에 맞게 출하한다.

---

1 이 가스를 액화한 것이 LPG이며, LPG는 액화석유가스(liquid petroleum gas)를 의미한다.

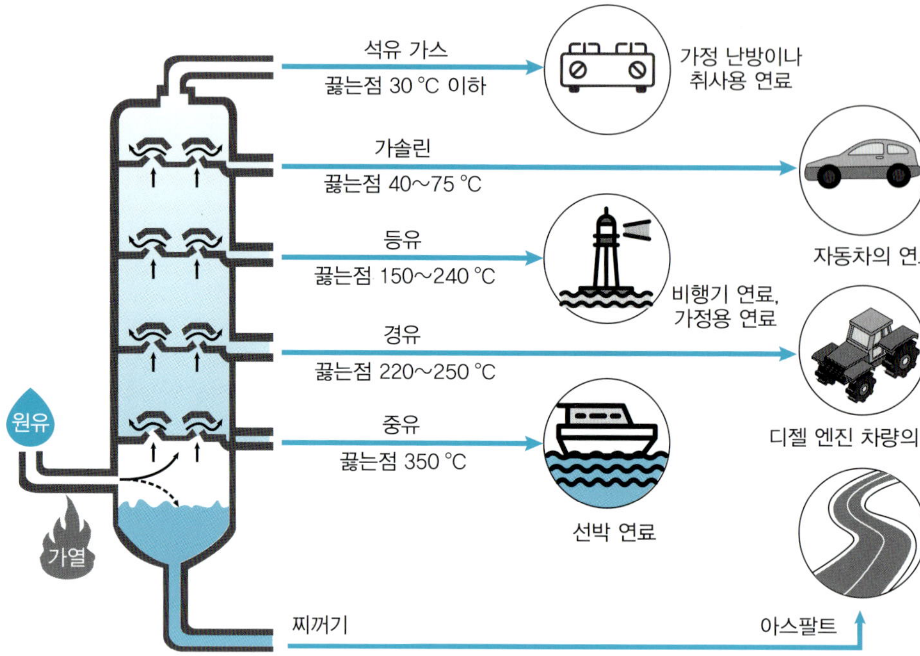

그림 7.3 석유의 분리 및 정제

납사(혹 나프타), 휘발유, 석유화학

납사(naphtha)는 원유를 수입해서 분별 증류하여 여러 종류의 석유제품을 만드는 공정에서 얻어지는 중요한 제품 중 하나이다. 원유를 증류할 때 대략 30~200 °C의 온도 구간에서 증류되어 증류탑 밖으로 나오는 유분을 납사라고 한다. 납사는 원유의 15~30% 정도이며 탄소 수가 5~12개인 탄화수소로 이루어져 있다. 납사는 다시 탄소 수에 따라 경납사와 중납사로 구분된다. 즉, 탄소 수가 5~6개 및 6~12개의 탄화수소로 구성된 납사를 각각 경납사와 중납사라고 한다. 경납사와 중납사는 각각 약 30~90 °C 및 90~200 °C의 높은 온도 구간에서 증류되어 나온다.

납사는 정유업계와 석유화학업계에서 매우 중요한 유분이며 그 활용 방법이 조금 다르다. 정유업계에서는 납사에 녹킹 방지제, 연소 촉매, 점도 조절제 등의 첨가제를 소량 첨가하여 휘발유를 제조하여 주유소에 판매한다. 즉, 납사는 휘발유의 가장 중요한 원료이다.

반면, 석유화학업계에서는 순수한 납사를 정유회사로부터 구입하여 850 °C 이상의 고온으로 열분해[2]하여 고분자의 원료를 만든다. 즉, 납사를 고온으로 열분해하여 에틸렌, 프로필렌, 뷰타다이엔 등의 중요한 석유화학 원료들을 생산하여 폴리에틸렌 및 폴리플로필렌 같은 고분자를 제조하거나 다른 고분자 제조업체에 판매한다.

석유화학 산업의 규모는 보통 납사를 열분해해서 얻는 에틸렌 생산 규모로 정한다. 즉, 납사를 얼마나 많이 소비하는가 혹은 원유를 얼마나 정제하여 고분자로 만드는가에 의해 규모를 정하지 않고 납사 분해 생성물 중의 하나인 에틸렌의 생산량에 의해 결정하는 것이다. 그 이유는 정유업계에서도 많이 사용되는 납사 소비량으로 정리하면 정유업체와 석유화학업체를 합친 규모로 나타낼 수 있기 때문이다. 또한 휘발유 생산 및 소비가 큰 경우에는 납사 소비는 많겠지만 석유화학 산업의 경쟁력이 높다고 말할 수 없기 때문이기도 하다. 우리나라는 2019년 현재 에틸렌 생산능력 기준 세계 4위(926만 톤)이며 생산량의 55%를 수출하고 있다.

옥테인값과 무연휘발유

옥테인값(RON, Research octane Number, 옥테인값 실험치)은 가솔린이 연소할 때 이상(異常) 폭발(녹킹, knocking)을 일으키지 않는 정도를 나타내는 수치를 말한다. 옥테인값이 높은 휘발유일수록 이상폭발을 일으키지 않고 안정적으로 잘 연소하기 때문에 고급 휘발유로 평가된다. 아이소옥테인의 옥테인값은 100이고 n-헵테인[3]의 옥테인값은 0으로 정의한 기준에 따라 연료의 옥테인값을 평가한다. **표 7.2**에는 여러 가지 연소성 화합물들의 옥테인값을 보여 주고 있다.

표 7.2 다양한 연소성 화합물들의 옥테인값[4]

화합물	RON	화합물	RON	화합물	RON
메테인	135	메탄올	133	에탄올	129
아이소프로판올	118	자일렌	117	톨루엔	111
n-프로페인	110	에테인	108	벤젠	101
n-뷰테인	91	n-펜테인	62	n-헥세인	25
n-헵테인	0	n-옥테인	−10	아이소옥테인	100

연료의 옥테인값을 높이기 위해 다양한 첨가제를 사용할 수 있다. 오래전에는 테트라에틸 납[$(CH_3CH_2)_4Pb$]이 옥테인값 향상제(앤티노크제)로 사용된 적이 있다. 한자 연(鉛)[5]이

2 납사를 고온으로 열분해하는 공장을 납사분해센터(Naphtha Cracking Center, NCC)라고 부른다.

3 n-옥테인이 아니고 n-헵테인임에 유의하라. n-옥테인의 옥테인값은 −10이다(즉, 노킹을 많이 일으키는 연료이다).

4 '아이소(iso)'는 화합물에 사슬 구조를 가짐을 의미하고 'n-'로 표기된 것은 직선형 혹은 normal 화합물을 의미한다.

5 앞에서 언급된 무연탄의 "연기가 없음"과 여기서 언급된 무연휘발유의 "납이 추가되지 않음" 등과 혼동하기 쉽다.

납(lead)을 의미하므로 휘발유를 무연휘발유와 유연휘발유로 분류하기도 하였다. 납은 중금속이고 환경오염을 심각하게 일으킬 수 있으며 실제 유연휘발유를 사용했을 때의 도로변의 식물들은 납으로 오염되었고 높은 납 농도를 보였다. 이러한 문제점 때문에 이제 테트라에틸납은 더 이상 연료첨가제 혹은 휘발유의 옥테인값을 높이기 위해 사용되지 않는다. 그 후 메틸 t-뷰틸 에텔(MTBE)이라는 산소 함유 화합물이 주로 사용되었으나 미국환경보호청(EPA)은 MTBE를 2급 발암성 위험물질로 지정하였고 토양과 지하수에 심각한 오염을 일으킬 수 있다는 주장이 있다. 이 때문에 미국 대부분의 주에서는 MTBE의 사용을 금지하고 있다. 따라서 옥테인값을 높이기 위한 새로운 산소 함유 화합물의 개발 및 적용이 필요한 상태이다.

다양한 연료의 비교

표 7.3은 우리가 흔히 접할 수 있는 다양한 연료의 주성분, 화학식, 물성, 연소열 및 이산화 탄소 배출량 등을 비교하여 보여 주고 있다(**참고문헌 1**). LNG, LPG, 휘발유 및 경유로 갈수록 부피당 발열량은 증가하나 이산화 탄소 배출량도 증가함을 알 수 있다.

표 7.3 흔히 접할 수 있는 다양한 연료의 주성분

연료	이름	LNG	LPG	휘발유	경유
	주성분	메테인	뷰테인	n-옥테인	n-헥사데케인
	화학식	CH_4	C_4H_{10}	n-C_8H_{18}	n-$C_{16}H_{34}$
물성	끓는 온도, ℃	−162	−0.5	126	287
	분자량, g/몰	16	58	114	226
	밀도, g/L, 20 ℃	415	602	703	770
연소열/L	kcal/L	5,966	7,428	8,407	9,058
	상대비	–	1.00	1.13	1.22
CO_2 배출량	g/L	1,141	1,826	2,171	2,399
	상대비	1.00	1.60	1.90	2.10

다음 **표 7.4**는 다양한 연료의 무게당 발열량을 보여 주고 있다. 수소는 부피당(1기압)의 발열량은 매우 낮으나 무게당 발열량은 가장 높고 휘발유나 경유의 2배가 넘는다. 따라서 수소의 부피당 발열량을 높이기 위해 수소의 저장 혹은 압축 등이 매우 중요함을 알 수 있다.

표 7.4 다양한 연료의 무게당 발열량

연료	발열량(kcal/kg)
휘발유	11,000
LPG(프로페인)	12,000
LPG(노멀뷰테인)	11,863
벤젠	9,600
알코올	600~6,400
경유	10,500
중유	10,000
목탄	8,000
석탄	5,000~8,000
코크스	7,000
장작	5,000
메테인(가스)	12,000
수소(가스)[6]	28,800
아세틸렌(가스)	11,800

7.4 신·재생 에너지

신 · 재생 에너지는 신 에너지와 재생 에너지를 합쳐 부르는 말이다. 신 에너지에는 예전에 알려지지 않았던 에너지인 연료전지와 수소 에너지 등이고(기존의 화석연료를 변환시켜 활용하는 것을 포함한다) 재생 에너지에는 햇빛, 물, 강수, 바이오매스(biomass, 생물 유기체) 등을 포함하여 재생이 가능한 에너지이다. 즉, 재생 에너지로 잘 알려진 에너지

표 7.5 신·재생 에너지를 얻는 대표적인 방법

풍력 에너지	바람의 힘을 이용하는 에너지로 날씨에 따라 이용할 수 있는 에너지의 양이 달라진다. 풍력 발전에는 풍력이 매우 강하고 연중 바람이 불어오는 해안이나 섬 또는 고원 지역이 유리하다.
태양열 에너지	햇볕을 이용하는 에너지로 일조 시간이 길고 맑은 날이 많은 지역일수록 이용에 유리하다.
바이오 에너지	동식물에서 얻는 에너지로 옥수수와 해바라기 등을 많이 이용한다(최근에는 비식용 작물을 이용).
지열 에너지	지하수나 지하의 열을 이용하여 전기를 생산하거나 냉난방에 이용하는 것으로 화산 지대에서 많이 활용한다.
조류 에너지	조류의 빠르기를 이용하여 에너지를 생산한다.

6 수소는 무게당 발열량은 매우 크나 부피당(1기압) 발열량은 매우 적음에 유의하라.

원으로는 태양광, 태양열, 수력, 바이오매스, 풍력, 지열, 해양 에너지 등이 있다. **표 7.5**는 신 · 재생 에너지를 얻는 대표적인 방법을 보여 주고 있다.

신·재생 에너지의 등장 배경

인구가 증가하고 산업이 발달하면서 화석연료에 대한 수요가 늘고 있으며, 이에 따라 자원의 고갈과 함께 국제 가격이 상승하는 등의 문제가 나타나고 있다. 무엇보다도 화석연료가 지구온난화를 일으키는 원인으로 인식되면서 화석연료 사용량이 많은 국가는 불이익을 받는 등 화석연료의 사용을 줄일 필요성이 커지고 있다. 따라서 범지구적으로 신 · 재생 에너지를 활용하고자 하는 관심과 노력을 기울이고 있다.

신·재생 에너지의 특징

신 · 재생 에너지는 화석연료 등과 달리 다음과 같은 특징 및 장단점을 가진다.

① 화석연료와 달리 재생이 가능하기 때문에 원칙적으로 고갈되지 않는다.

② 이산화 탄소와 오염 물질의 배출이 적어 환경친화적이다.

③ 화석연료에 비해 비교적 지구상에 고르게 분포한다.

④ 발전소를 건설할 때 자연환경의 영향을 많이 받는다. 즉, 태양, 수력, 바이오매스, 풍력, 지열, 해양 에너지 등 얼마나 쉽게 안정적으로 구할 수 있는가가 관건이다. 태양에너지를 이용하고자 할 때 햇빛이 강하고 비가 오지 않는 사막을 고려하는 것을 생각할 수 있다.

⑤ 개발 초기에 투자 비용이 많이 들고 아직까지는 경제성이 낮은 편이다. 따라서 연구개발과 정부 및 지자체 등의 지원이 매우 필요한 분야이다.

신·재생 에너지의 기여

신 · 재생 에너지의 개발 및 활용에 대한 관심은 매우 높으나 낮은 경제성으로 인해 그 기여는 아직 미미하다. **그림 7.4**에서 보는 바와 같이 세계의 총 에너지 소비량 중 신 · 재생 에너지 비중은 2010년 현재 1.3%에 머물고 있다. **그림 7.5**는 2010년 기준 총 발전량 중 신재생 에너지 공급 비중을 보여 주고 있으며, 노르웨이, 캐나다, 스웨덴, 스위스, 이탈리아, 독일 등이 높은 신재생 에너지 비중을 가지고 있다. 프랑스와 미국도 어느 정도 높은 비중을 가지는 등 선진국들이 신재생 에너지를 더 적극적으로 개발 활용함을 알 수 있다.

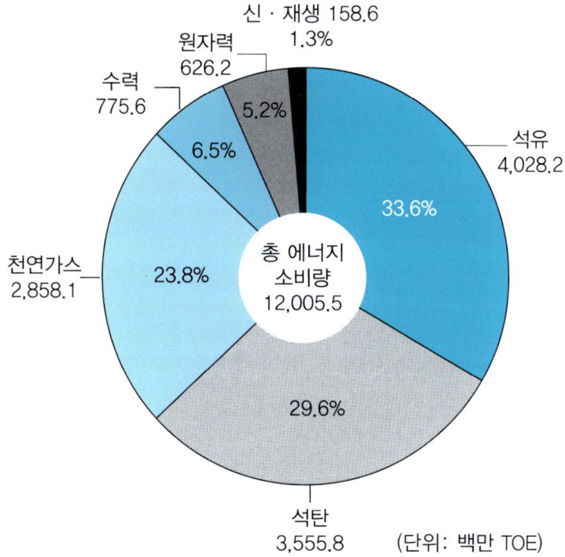

그림 7.4 세계의 총 에너지 소비량 및 에너지 소비 비중(2010년)[7]

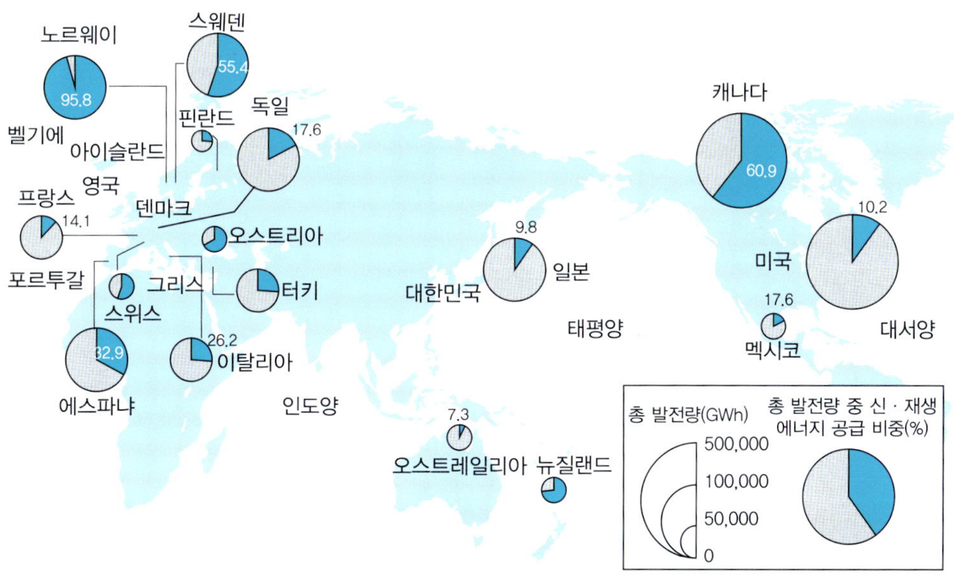

그림 7.5 OECD 국가의 신·재생 에너지 비중(우리나라는 2008년 기준으로 1.5%이다)

우리나라도 신재생 에너지에 높은 관심을 가지고 있으며 **그림 7.6**과 같이 정부에서는 신재생 에너지를 공공미래, 환경친화형, 비고갈성 에너지이며, 특히 기술개발이 필요한 에너지로 고려하고 있다.

---

7 TOE(Ton of oil equivalent, 석유환산톤): 모든 에너지에 공통적으로 적용될 수 있는 에너지 단위로 석유 1미터릭톤(1,000 kg)을 연소할 때 발생하는 에너지로 석유 1톤의 발열량 10^7 Kcal을 1 TOE로 정의한다.

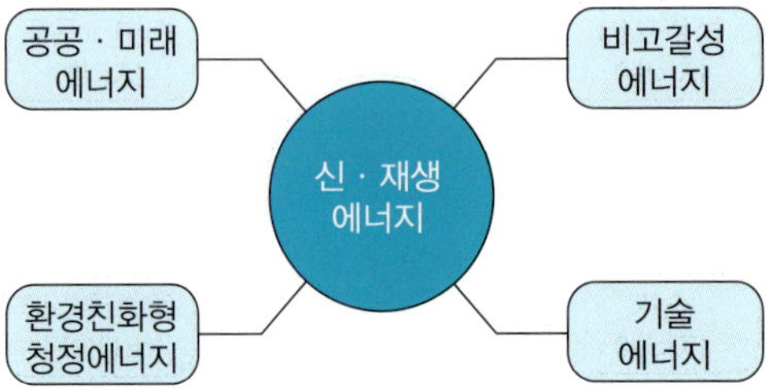

그림 7.6 정부에서 생각하는 신재생 에너지의 개념

그러나 **그림 7.7**과 같이 우리나라는 다른 나라에 비해 2008년 기준으로 매우 낮은 신 · 재생 에너지 공급 비중을 가진다. 그나마도 **그림 7.8**과 같이 대부분이 수력 발전이 차지하고 있어 기술 개발 및 신 · 재생 에너지의 활용이 시급한 상황이다.

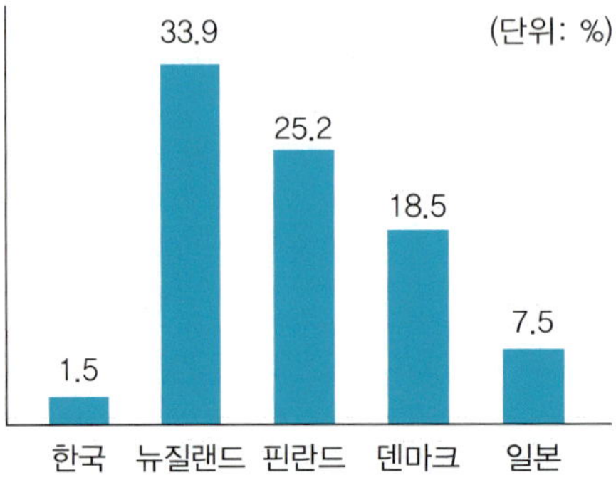

그림 7.7 5개국의 신·재생 에너지 공급 비중(2008년)

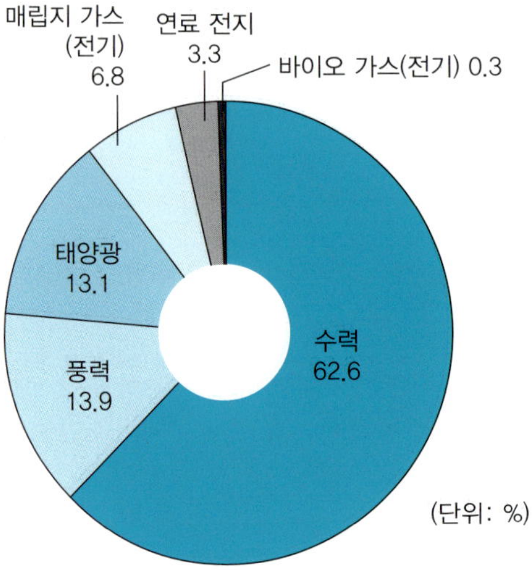

그림 7.8 우리나라의 신·재생 에너지원별 공급 비중(발전 부문, 2010년)

7.5 연료전지

신 에너지의 대표적 개념의 하나로 연료전지는 수소, 메탄올 같은 통상적 연료를 이용하여 화학 에너지로부터 전기 에너지를 직접 생산하는 볼타 전지로 연료만 공급되면 계속 전기를 생산하는 3차 전지이다(1차 전지는 한 번 사용하고 버리는 건전지를 의미하고 2차 전지는 충전하여 계속 쓸 수 있는 리튬이온 전지 및 납축전지 등을 의미한다). 연료전지는 중간에 발전기와 같은 장치를 사용하지 않고 화학 반응에 의해 전기를 직접 생산하기 때문에 발전 효율이 일반적인 발전에 비해 매우 높다.

수소를 연료로 활용한 연료전지는 산성 및 염기성 조건에서 운전할 수 있으며, 각각 아래의 전기화학 반응이 진행되어 결국 수소를 공기 중의 산소와 반응시켜 물로 전환하면서 1.23 V만큼의 전위차를 갖는 전기 에너지를 얻을 수 있다.

수소 연료전지(산성 조건):
(proton exchange membrane fuel cell)

Anode: $2H_2 \rightarrow 4H^+ + 4e^-$ $\quad -E^0 = 0V$

Cathode: $O_2 + 4H^+ + 4e^- \rightarrow 2H_2O$ $\quad E^0 = 1.23V$

$$2H_2 + O_2 \rightarrow 2H_2O \qquad E^0_{cell} = 1.23V$$

수소 연료전지(염기성 조건):

Anode: $2H_2 + 4OH^- \rightarrow 4H_2O + 4e^-$ $\quad -E^0 = 0.83V$

Cathode: $O_2 + 2H_2O + 4e^- \rightarrow 4OH^-$ $\quad E^0 = 0.40V$

$$2H_2 + O_2 \rightarrow 2H_2O \rightarrow E^0_{cell} = 1.23V$$

그림 7.9의 왼쪽과 오른쪽은 각각 산성 조건 및 염기성 조건에서 작동하는 연료전지의 개념도를 보여 주고 있다. 두 경우 모두 수소와 산소가 만나 물로 변환되면서 전기 에너지를 얻을 수 있다. 연료전지는 화학 에너지(수소)로부터 전기 에너지를 바로 얻기 때문에 모터나 보일러 등이 필요 없고 에너지 효율이 높은 장점이 있다.

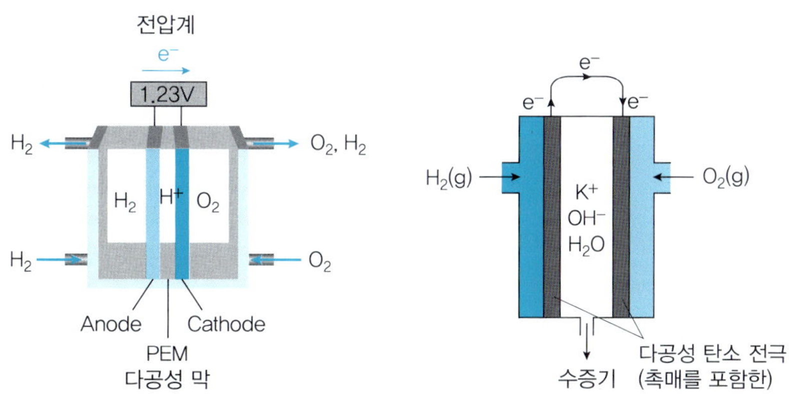

그림 7.9 연료전지(왼쪽: 산성 조건, 오른쪽: 염기성 조건)

7.6 바이오 정유

정유공장에서 원유를 이용하여 납사, 휘발유, 경유 등의 다양한 제품을 얻는 것과 유사하게 바이오 정유(biorefinery)**(참고문헌 2)**는 바이오매스를 원료로 사용하고 생물공학적 · 화학적 기술을 이용하여 바이오 기반의 화학제품 · 바이오연료 등의 물질을 생산하는 기술을 일컫는다. 바이오 정유는 **그림 7.10**에서와 같이 이산화 탄소의 재순환이 가능하고 자원 고갈의 문제를 대비할 가능성이 있는 개념이다. 그러나 바이오매스와 원유에서 얻어지는 제품의 차이[8]도 크고 특히 유용한 화학제품이나 연료를 얻기 위해서는 보다 깊은 연구가 필요하다.

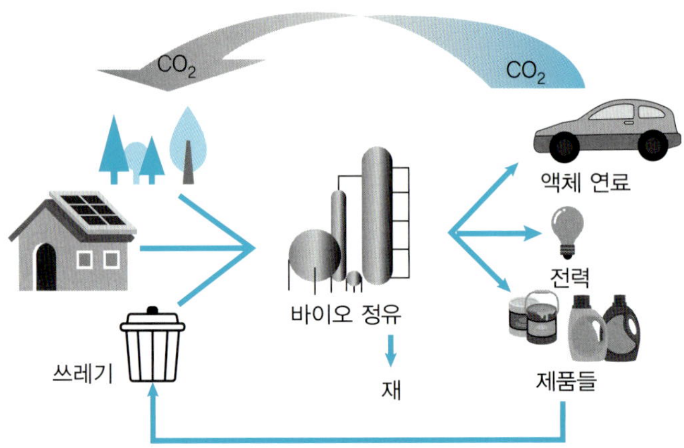

그림 7.10 바이오 정유 개념도

7.7 요약

지구의 에너지(특히 화석연료)는 유한하며 에너지를 사용하면 환경오염과 온실가스 배출이 수반될 가능성이 매우 높다. 인류 문명의 발달과 인구의 증가는 필연적으로 증가된 에너지 수요를 유발한다. 지구에는 석유 외에 석탄은 물론이고 셰일가스, 오일샌드, 메테인 하이드레이트 같은 화석연료가 다량 매장되어 있으나 그 매장량은 유한하고 채굴하여 활용 시 환경오염 측면에서 다양한 문제점이 있다.

에너지 소비 및 생산에 환경을 고려해야 하며 가능한 환경에 부담이 적은 에너지 자원

8 가장 큰 차이는 원유에서 나오는 제품에는 거의 산소가 포함되지 않으나 바이오매스는 대부분 산소 혹은 물을 다량 함유하여 바이오매스로부터 얻어지는 제품에는 산소 함량이 높을 수 있다.

을 개발하고 활용해야 한다. 하나의 방법으로 신 · 재생 에너지를 개발 · 활용하고 에너지 효율이 높은 제품을 활용하는 것이다.

핵심어

바이오 정유, 석유, 석탄, 셰일가스, 신·재생 에너지, 연료전지, 오일샌드, 옥테인값, 천연가스, 화석연료

8장

원자력 발전과 핵폐기물

이 장에서는 에너지 공급원으로 매우 중요하나 심각한 사고의 가능성 및 핵폐기물 등의 위험 때문에 논란이 그치지 않는 원자력 발전(원전)의 개요, 장단점 및 순기능과 역기능에 대하여 정리하였다.

8.1 개요

다음에 원자력 발전의 개요 및 전기 생산 현황 및 원자력 발전 현황을 간략히 정리하였다.

원자력 발전의 간단한 정의

원자력 발전은 주로 우라늄의 핵분열 연쇄 반응을 통해서 발생시킨 막대한 에너지를 이용하여 만든 수증기로 발전기를 돌려 전기를 생산하는 발전 방식을 의미하며 핵연료의 연쇄 반응 속도를 잘 제어하여 유용한 에너지로 이용할 수 있다.

참고

우라늄

우라늄은 대부분 질량수가 238이며(U-238) 원자력 발전에 사용되는 우라늄은 질량수가 235인 것(U-235)으로 우라늄의 약 0.7%로 존재한다. U-238과 U-235은 반감기가 대략 44.7억 년 및 7억 년일 정도로 자연에서는 매우 안정하다.

원자력 발전의 기여

그림 8.1은 2015년도 전 세계 에너지 생산에 기여하는 원료의 비중을 보여 주고 있으며, 원자력은 석탄, 천연가스, 수력에 이어 4번째로 큰 기여를 하고 있으며 약 10.6%의 비중을 차지한다.

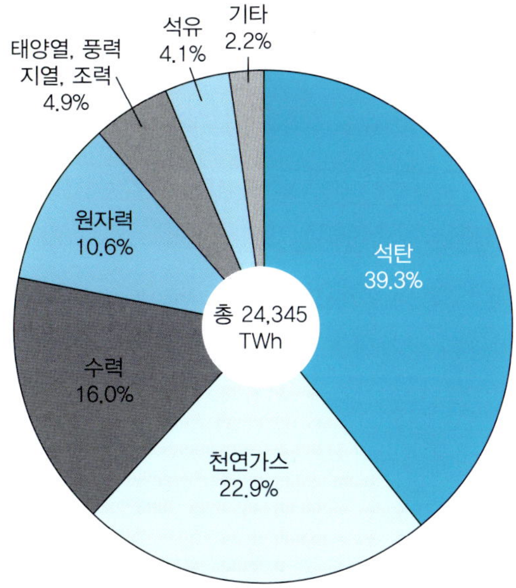

그림 8.1 전 세계 에너지 생산에 기여하는 원료의 비중(2015년)

그림 8.2는 2009년까지 전 세계의 전기 생산 현황, 특히 원료별 기여를 정리한 자료인데 핵연료와 액화천연가스(LNG)의 기여는 꾸준히 늘고 있는 반면, 석유의 기여는 크게 줄고 있다. 석탄 기여도 꾸준히 늘었으나 최근에는 정체되어 있고 새로운 에너지원은 매우 중요하나 1% 수준으로 아주 미미한 기여를 보이고 있다.

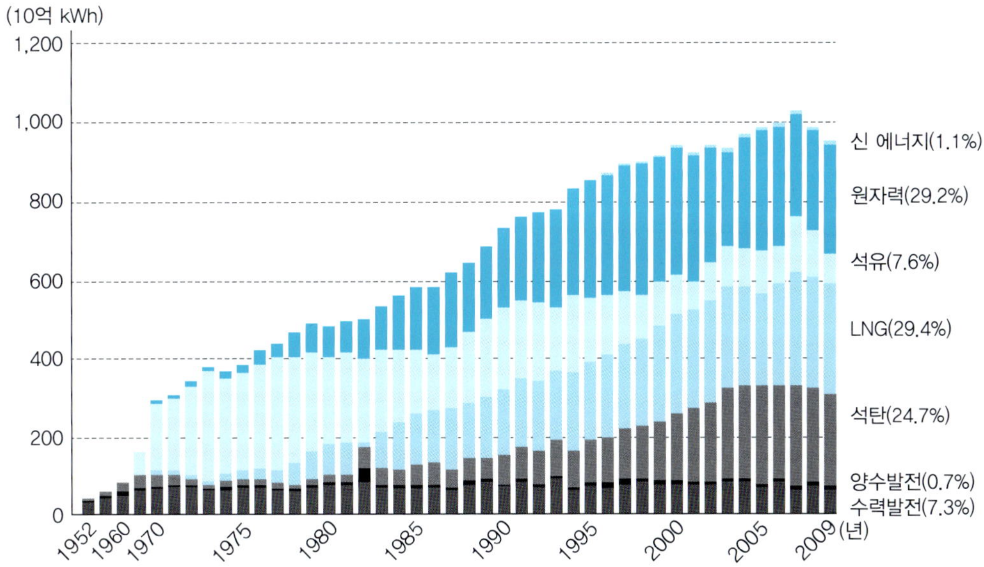

그림 8.2 전 세계의 전기 생산 현황

안전성 논란이 있지만 원전의 기여는 앞으로 더욱 늘 것으로 예측되고 있다. 예로 국제에너지기구(IEA)는 "전 세계 원전 발전량이 2017년에 2,503 TWh였는데 2040년에는 원전 발전량이 3,654 TWh에 달할 것(46% 증가)"으로 예측하였다. 또 그 증가량 중 중국과 인도가 90% 이상을 차지할 것으로 예상하였다. 이와 같이 전 세계적으로 원전의 기여가 증가하는 배경에는 온실가스를 감축하려는 노력도 어느 정도 차지하고 있다. 원전의 기여 없이 온실가스의 증가를 막을 대책이 거의 없기 때문이다.

그림 8.3은 2017년 기준의 국가별로 가동 중인 원자로 숫자를 보여 주고 있다. 그림에서 보는 바와 같이 미국, 프랑스, 중국, 일본, 러시아, 한국, 인도 등의 순으로 원자력 발전소 개수가 감소하며 한국은 6위에 위치해 있다.

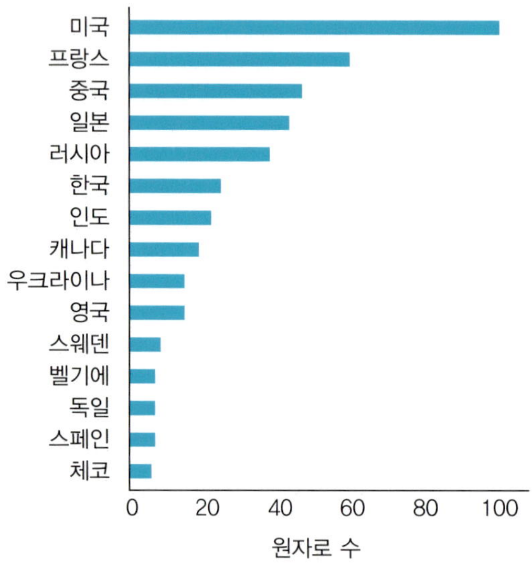

그림 8.3 국가별로 가동 중인 원자로 수(2017년)

그림 8.4는 2017년 기준의 국가별 전력에 원전이 차지하는 기여를 보여 주고 있다. 프랑스는 약 70% 정도의 전력을 원전에 의존하고 있고, 우크라이나, 슬로바키아, 헝가리, 벨기에, 스웨덴, 슬로베니아, 불가리아, 스위스, 핀란드, 체코, 아르메니아, 한국, 스페인, 미국, 영국, 러시아 순이다. 원전에 크게 전력을 의존하던 벨기에는 2025년까지 탈원전을 추구하며 7기 중 6기를 중단하였는데, 이로 인해 전기요금이 6배 이상 폭등하였고 2018년에는 겨울의 전력난 · 블랙아웃을 걱정하기도 하였고 2019년까지도 만성적인 전력난을 겪고 있다.

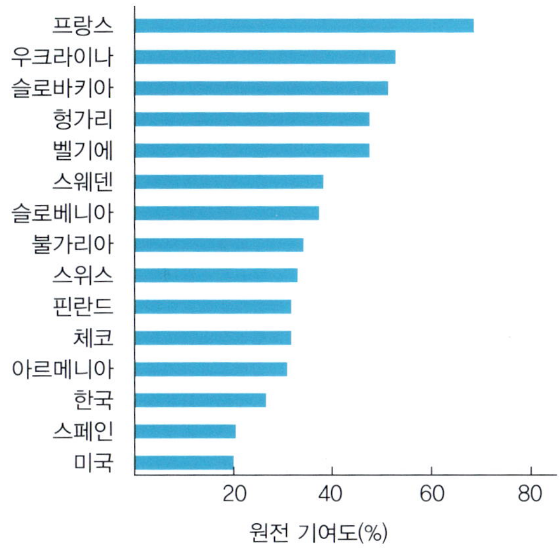

그림 8.4 국가별 전력에 원전이 차지하는 기여(2017년)

다음 **그림 8.5**와 **8.6**은 지역별로 원자력 발전에 의해 생산되는 전력량을 보여 준다. **그림 8.5**는 전 세계 경향을 보여 주고 있고, **그림 8.6**은 아시아의 현황을 보여 주고 있다. **그림 8.5**에서 보면 서유럽/중유럽과 북미에서 각각 1위 및 2위의 높은 원자력 발전량을 얻고 있다. **그림 8.6**을 보면 일본의 후쿠시마 원전 사고(2011. 3. 11) 후 일본 및 아시아의 원자력 발전량은 2012년에 급격히 감소하였다가 다시 서서히 증가하고 있다. 특히 중국의 성장 속도가 매우 높다.

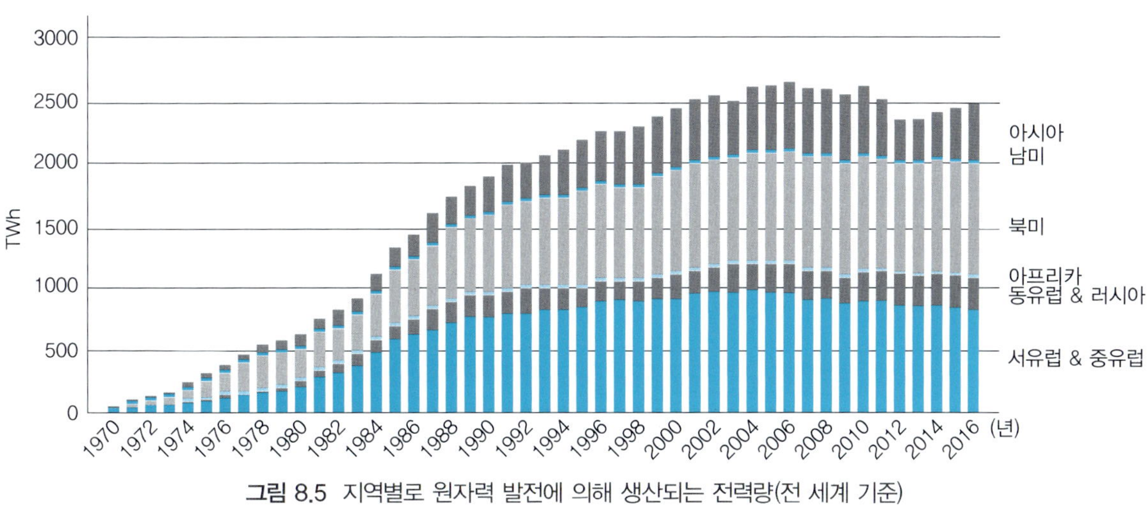

그림 8.5 지역별로 원자력 발전에 의해 생산되는 전력량(전 세계 기준)

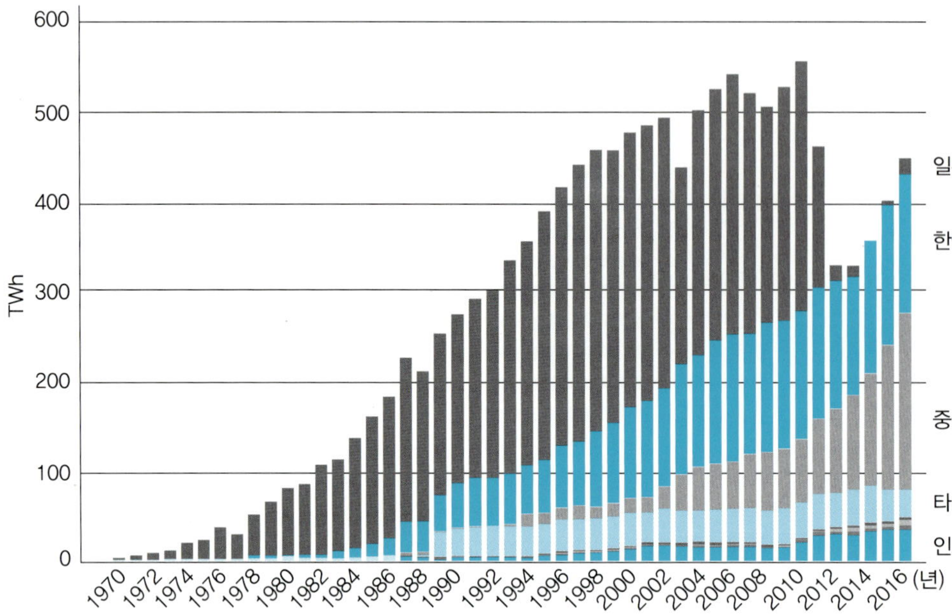

그림 8.6 지역별로 원자력 발전에 의해 생산되는 전력량(아시아 기준)

8.2 원자력 발전의 장단점

표 8.1은 원자력 발전의 장점과 단점을 비교하여 보여 주고 있다. 원자력 발전은 매우 많은 장점을 가지고 있으나 큰 사고를 배제하지 못하는 문제와 폐기물 처리의 문제점 또한 명확하다. 원자력 발전의 장단점이 극명하므로 논란이 지속되고 있고, 원전의 찬반을 묻는 경우도 "누구에게 언제 묻는가에 따라 답이 바뀐다"는 이야기가 있을 정도이다.

표 8.1 원자력 발전의 장점과 단점의 비교

장점	단점
이산화 탄소 방출량이 매우 낮음	폐기물이 매우 위험하고 수천 년 이상 관리해야 함(현재 해결책이 거의 없음)
완성도 높은 기술	치명적인 재난 사고의 가능성
단일 발전소로부터 많은 전기 에너지 생산 가능	원료인 우라늄은 한정적(30~60년간 사용 분량)이고 재생 불가하고 흔하지 않음
단위 무게당 매우 높은 에너지 발생[1]	발전소 계획/건설에 20~30년의 기간과 큰 자본이 필요함

1 순수한(100%) U-235은 동일 무게의 석탄에 비해 300만 배의 에너지 발생함. 자연에 존재하는 우라늄광에서 U-235의 비율이 0.7%일 때, 석탄에 비해 2.1만 배의 에너지를 발생함.(300만 배 × 0.7/100 = 2.1만 배)

표 8.1에서 기술된 일부의 내용에 대해 좀 더 자세히 살펴보면 다음과 같다. 무엇보다도 우라늄의 에너지 밀도가 매우 높은 장점이 있다. 우라늄 1 g이 완전히 핵분열하였을 때 나오는 에너지는 석탄 3톤(혹은 석유 9드럼)이 탈 때 나오는 에너지와 같으므로 우라늄은 석탄 대비 단위 무게당 약 300만 배의 높은 에너지 밀도를 가진다. 또한 1 g의 U-235가 핵분열하여 발생하는 전력량은 23,260 kWh 정도로 단위 무게당 에너지 발생량이 매우 크다는 장점이 있다. 즉, 100만 kW급 발전소를 1년 간 운전하려면 석유는 150만 톤이 필요하지만 우라늄은 20톤이면 가능하다. 소량의 연료로 발전소를 운전할 수 있기 때문에 원자력 발전소에서는 우라늄을 한 번 장전하면 보통 12~18개월간 연료 교체가 필요 없으며 그만큼 연료 비축 효과도 크다.

지구온난화 등으로 큰 문제가 되는 이산화 탄소 발생도 매우 적다. **표 8.2**는 연료당 동일 전력을 생산할 때 배출되는 이산화 탄소의 양을 비교한 것이다. 자료에서 보는 바와 같이 원자력 발전은 석탄 발전에 비해 약 1/99배 혹은 1% 수준의 이산화 탄소를 배출한다.

표 8.2 발전에 사용하는 원료에 따른 이산화 탄소 배출량(단위: g/kWh)**(참고문헌 1)**

석탄	석유	천연가스	원자력
991 g/kWh	782 g/kWh	549 g/kWh	10 g/kWh

그 외에도 원자력 발전에는 다양한 장점이 있다. 석탄 연소 시에는 SO_2와 NOx가 필연적으로 배출되고 재 및 수은도 방출되며 심지어 우라늄과 토륨의 방출 가능성도 있다. 예를 들어 미국에서 매년 11억 톤의 석탄 연소 시 우라늄(U) 1,300톤 및 토륨(Th) 2,600톤이 방출될 수 있다고 한다. 따라서 석탄 발전이 원자력 발전에 비해 더 많은 방사선 누출이 가능하다는 주장도 있다. 또한 발전에 워낙 대량의 석탄을 사용하므로 단순한 채굴로도 인명피해가 클 수 있다. 일례로 미국의 경우 1900~1950년 사이에 석탄 채굴에 10만 명 이상이 희생되는 등 인명피해가 컸다고 한다.

이렇듯 원전은 많은 장점이 있지만 심각한 재난 사고 가능성 및 폐기물 처리에 큰 단점을 가지고 있다. 또한 우라늄 자체도 쓸 수 있는 기한이 정해져 있는 재생 불가한 자원이다.

따라서 장단점을 고려하여 원자력 발전을 늘리거나 탈원전을 해야 하는데, 이는 매우 어려운 문제이다. 이 문제에 대한 답은 "어떻게 질문하는가"에 달려 있다고 할 정도로 찬반이 첨예하게 대립하고 있다. 또한 개인이 처한 환경에 따라 생각이 바뀌기도 한다.

8.3 원자력 발전의 기술적 배경

핵분열

핵분열은 커다란 핵이 더 작은 핵들로 분리되는 것을 의미하며 소량의 질량 감소 및 에너지 방출이 수반된다. 핵분열 시 양성자 수와 중성자 수(혹은 질량 수)는 **그림 8.7**의 박스 안에 보인 것처럼 보존된다. 즉, 양성자 수를 의미하는 아래 첨자는 반응 전에 92이었고 반응 후에도 92이다. 양성자와 중성자 수를 합친 질량수는 위 첨자로 표시하며 박스에서 보인 것처럼 반응 전의 질량수는 236이었고 반응 후에도 236으로 질량수가 변하지 않는다. 박스 안의 반응의 의미는 중성자(n)가 우라늄 235를 공격하여 우라늄 236이 되었다가 바륨과 크립톤 및 3개의 중성자로 변화되는 것을 나타낸다.

$$^{1}_{0}n + {}^{235}_{92}U \rightarrow [\,^{236}_{92}U\,] \rightarrow {}^{141}_{56}Ba + {}^{92}_{36}Kr + 3\,^{1}_{0}n$$

왼쪽:	오른쪽:
위 첨자: 1 + 235 = 236	위 첨자: 141 + 92 + 3 × 1 = 236
아래 첨자: 0 + 92 = 92	아래 첨자: 56 + 36 + 3 × 0 = 92

그림 8.7 U-235에 중성자를 충돌시켜 일으키는 핵분열의 화학식

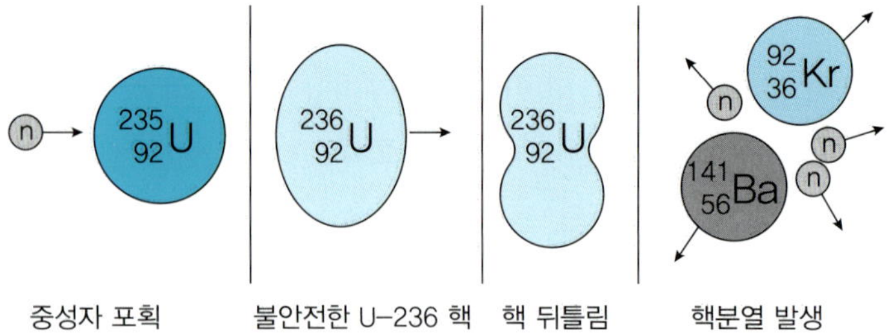

그림 8.8 핵분열의 개념도 핵분열 중간 단계에 2가지의 U 상태가 있고 최종적으로 3개의 중성자와 Ba과 Kr이 얻어진다.

그림 8.8은 **그림 8.7**의 박스 안의 반응을 그림으로 표현한 것이다. 하나의 중성자로부터 3개의 중성자가 얻어지므로 중성자 주위에 U-235가 충분히 존재한다면 위의 반응은 빠르게 연쇄적으로 발생(연쇄 반응)한다.

그림 8.9는 중성자 한 개를 U-235에 충돌시켜 핵분열이 일어나는 개념도를 보여 준다. 1개의 중성자에서 3개씩의 중성자가 얻어질 수 있으므로 매우 급격히 중성자가 늘어난다. 이렇듯 핵분열은 빠르게 연쇄 반응하며 이로 인하여 다양한 원소들이 얻어진다.

참고

연쇄 반응

생성물 중의 하나가 다시 반응물이 되고, 따라서 반응이 자기 지속적(self-sustaining)으로 되는 반응을 의미한다.

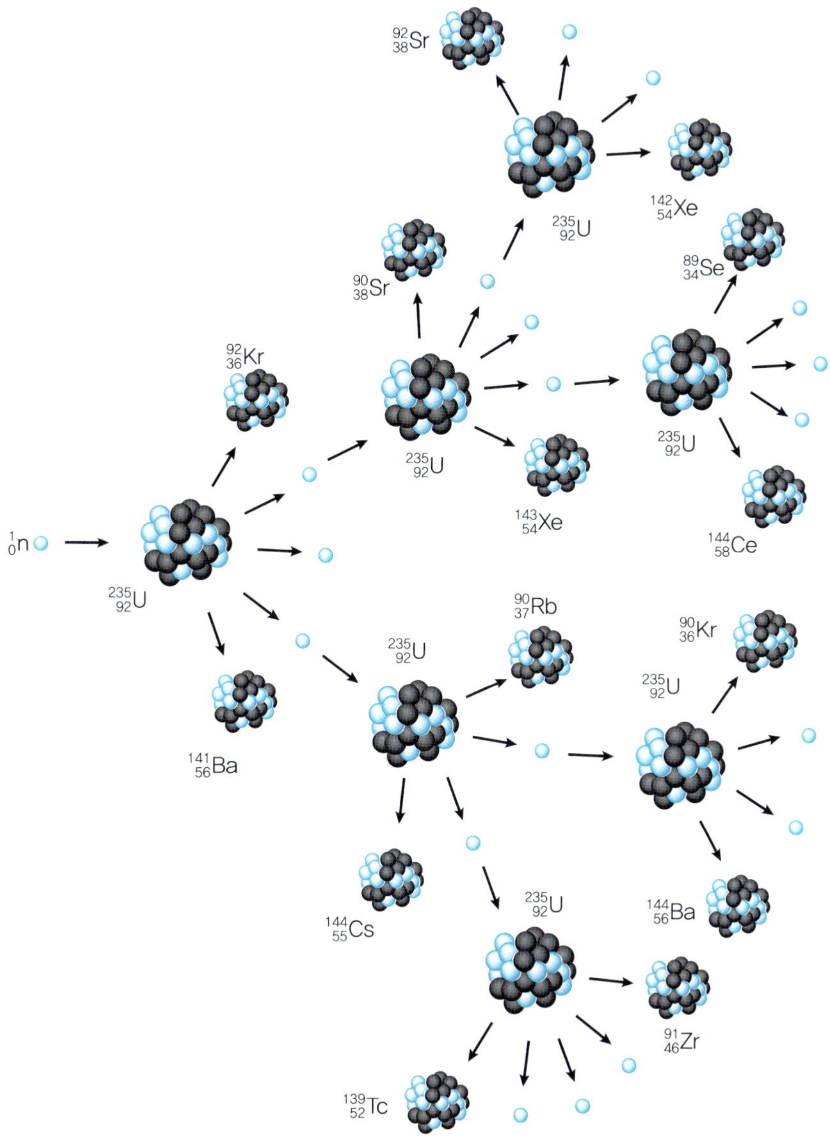

그림 8.9 핵분열의 연쇄 반응

거의 동시에 발생하는 연쇄적인 핵분열 반응의 에너지는 상상 이상으로 크며, 이로 인해 큰 열에너지로 폭발할 수 있다. 따라서 원자력의 평화적인 이용을 위해서는 핵분열의 속도를 잘 조절하여 적당한 속도로 열을 방출시키는 기술이 필요하다. 원자력 발전 시에는 핵분열 속도를 조절하기 위해 중성자를 잘 흡수하는 물질로 구성된 제어봉을 이용한다.

참고

(1) 질량 감소 시의 방출 에너지는 $\triangle E = \triangle mc^2$($\triangle m$는 질량 손실, c는 광속을 의미함)에 의해 계산된다.
예를 들어 1 kg의 순수한 U-235이 모두 핵분열하고 질량 손실이 0.1%일 때 얻어지는 에너지는 $\triangle E = \triangle mc^2 = 1\ \text{kg}/1000 \times (3.0 \times 10^8\ \text{m/s})^2 = 9 \times 10^{10}\ \text{kJ}$이며 이는 대략 22 kt의 TNT가 폭발할 때 나오는 에너지에 해당하는 크기이다. 원자폭탄은 이러한 핵분열의 원리에 기초한 것이다.

(2) 중성자 발생 방법

무거운 원소 Pu와 Be의 조합으로 다음의 반응으로 발생한다.

$$^{238}_{94}\text{Pu} \longrightarrow {}^{234}_{92}\text{U} + {}^{4}_{2}\text{He} \text{ (알파입자)}$$

$$^{4}_{2}\text{He} + {}^{9}_{4}\text{Be} \longrightarrow {}^{12}_{6}\text{C} + {}^{1}_{0}\text{n} + {}^{0}_{0}\gamma \text{ (감마선)}$$

(3) 제어봉(중성자 흡수)

카드뮴 혹은 붕소와 같이 중성자를 잘 흡수하는 물질로 구성된 봉 모양이며, 핵연료 내의 제어봉의 위치 조절로 핵분열 반응 속도를 조절할 수 있다.
(참고) 중성자는 아래와 같이 양성자와 전자의 합으로 볼 수 있다.

$$^{1}_{0}\text{n} = {}^{1}_{1}\text{p} + {}^{0}_{-1}\text{e} \text{ (전자)}$$

8.4 원자력 발전소의 구조

그림 8.10은 가압수형 원자력 발전소[2]의 주요 구성을 보여 주고 있다. 즉, 원자력 발전소는 핵분열 반응이 진행되는 원자로와 증기를 발생시키는 열교환기 및 전기를 생산하는 발전기 등으로 구성되어 있다. 물은 냉각제로도 사용되고 증기로 순환되어 열교환 및 터빈을 돌리는 등의 중요한 역할을 한다. **그림 8.10**에서 알 수 있듯이 원자력 발전 시설과 얻어진 전기는 완전히 분리되므로 전기는 방사능을 포함할 수 없다.

2 가압수형 원자로를 이용하는 발전소. 가압수형 원자로(pressure water reactor) 외에 비등수형 원자로(boiling water reactor)가 있다.

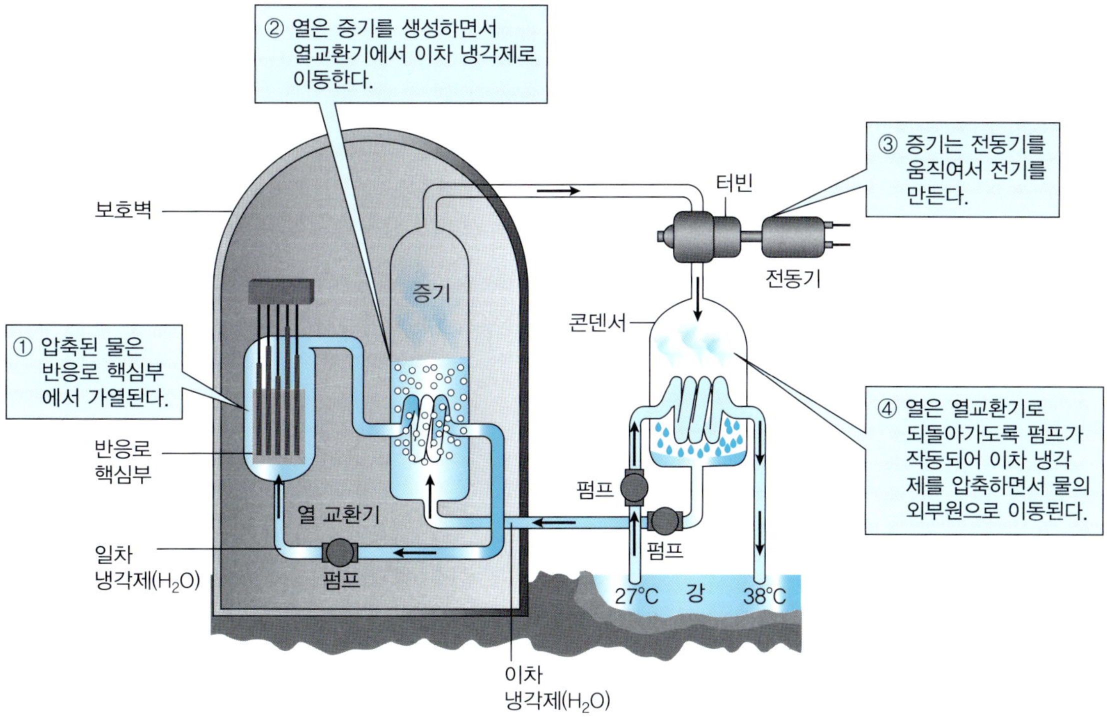

그림 8.10 가압수형 원자력 발전소의 구성도

원자로의 주요 구성

핵분열 반응이 일어나는 원자력 발전소의 핵심 시설인 원자로는 **그림 8.11**과 같이 우라늄(U) 핵연료(발전소에서는 UO_2 상태, 즉 산화물 상태로 주로 장착/사용된다), 제어봉, 물 등으로 이루어져 있다. 제어봉의 높이를 조절함으로써 핵분열 속도를 조절할 수 있다. 예를 들어 핵분열을 빠르게 진행시키고자 하면 제어봉을 위로 올리면 된다. 그러면 중성자가 제어봉에 흡수되지 않고 핵분열에 모두 참여하여 우라늄의 핵분열 반응이 빠르게 진행되고 발전량이 커진다.

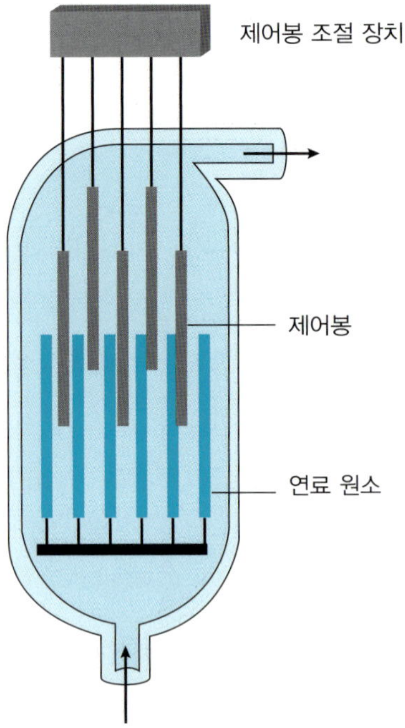

그림 8.11 원자로의 주요 구성

8.5 방사능

원자력 혹은 원전을 생각하면 떠올리게 되는 방사능(radioactivity)은 특정 원소가 자발적으로 방사선을 방출하는 현상을 말한다. 방사선들은 **표 8.3**과 같이 분류되어 있으며 기호, 조성, 전하, 방사선을 방출한 핵의 변화 및 방사선의 특징을 알아볼 수 있다.

표 8.3 핵 방사선의 분류

이름	기호	조성	전하	방출한 핵에서의 변화	특징
알파	α 혹은 ${}^{4}_{2}\mathrm{He}$	양성자 2개 중성자 2개 (전자 2개가 없는 He 원자핵)	+2	질량수는 4 감소, 원자 번호는 2 감소	종이 투과 못함
베타	β 혹은 ${}^{0}_{-1}\mathrm{e}$	전자	−1	질량수는 불변, 원자 번호는 1 증가	¼인치의 나무 투과 못함
감마	γ 혹은 ${}^{0}_{0}\gamma$	광자	0	질량수와 원자 번호 불변	수 인치의 납 혹은 수 피트의 콘크리트 투과, 고에너지/단파장

그림 8.12는 방사선의 투과력을 보여 주고 있으며 알파선은 종이도 투과하지 못하나 물과 두터운 콘크리트는 알파선, 베타선, 감마선 및 중성자까지 막을 수 있다.

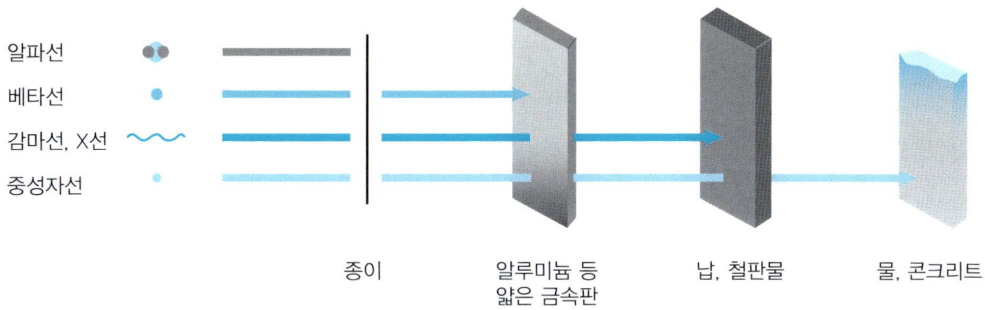

그림 8.12 방사선의 투과력 비교

방사성 원소

방사성 원소는 방사능을 지닌 원소를 말하며 원자 번호 84(Po, 폴로늄) 이상의 모든 원소의 모든 동위 원소는 방사성 원소이다. 우라늄(92), 플로토늄(94), 라듐(88), 라돈(86) 등이 대표적이다. 가벼운 원소의 경우 일부 동위 원소는 자연적인 방사능을 가진 (예, C-14, H-3(삼중 수소), K-40 등) 방사성 원소이다.

그림 8.13은 핵의 중성자 수와 양성자 수의 함수로서 안정한 원소는 물론이고 방사성인 동위 원소를 표기한 것이다(**참고문헌 2**). 우선 실선은 양성자 수와 중성자 수가 같은 원자핵을 의미한다. 점들은 안정한 핵들을 나타내며 이들이 속한 부분이 안정도띠라고 알려진 영역들이다. 반면, 안정도띠 위의 핵들, 즉 중성자가 많은 핵들은 양성자가 상대적으로 부족하다. 따라서 베타 방출(원자 번호 1이 증가됨)을 통해 주로 붕괴가 일어난다. 반면, 안정도띠 아래의 원자핵들은 양전자 방출[3] 혹은 전자 포획(양성자가 하나 증가함)의 주붕괴 방식을 보인다. 그리고 84번 이상의 원자핵들은 알파선을 방출하여 양성자와 중성자가 2개씩 감소하는 붕괴 방식을 주로 따른다.

3 양전자: positron, e^+. 반전자(antielectron)라고도 하며 전기량, 질량, 스핀 등 소립자로서의 속성은 전자와 같지만 양의 전하를 가지는 입자이다.

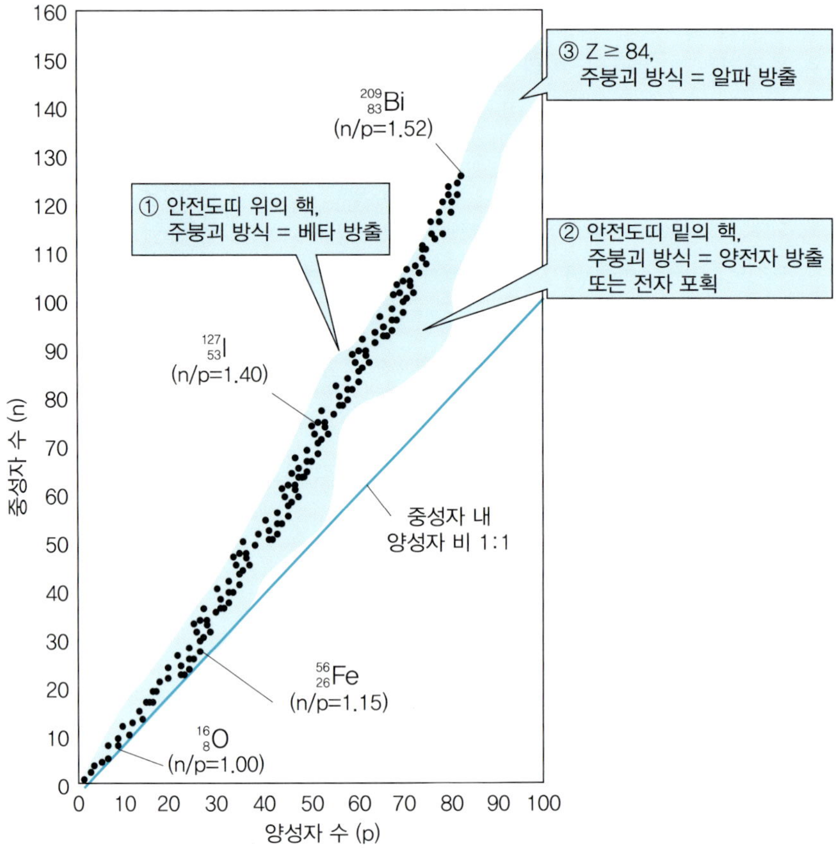

그림 8.13 중성자 수와 양성자 수의 함수로 분류한 안정한 원소 및 방사성 동위 원소들

방사능 붕괴 계열

방사능 붕괴 계열은 방사성 동위 원소에서 시작하여 궁극적으로 안정한 동위 원소를 생성하기 위해 일련의 단계를 통해 진행하는 방사성 붕괴의 특징적인 경로를 의미한다. **그림 8.14**는 U-238에서 출발하여 Pb-206이 얻어지는 붕괴 계열을 보여 주고 있다. 그림에서 보인 바와 같이 주로 알파 방출과 베타 방출에 의해 질량수 혹은 원자수가 변화한다.

그림 8.14에서 볼 수 있듯이 단 한 번의 핵변환 혹은 붕괴로 큰 방사성 핵을 안정화시킬 수는 없다. 즉, 일련의 연속적인 몇 단계의 붕괴를 거쳐야 안정한 핵종(종종 납)이 된다. 그리고 **그림 8.14**에서와 같이 우라늄과 토륨이 존재하는 곳에는 라돈 가스도 존재한다. 라돈도 결국 납으로 붕괴되겠지만 우리의 건강에 나쁜 영향을 준다(4장 참조).

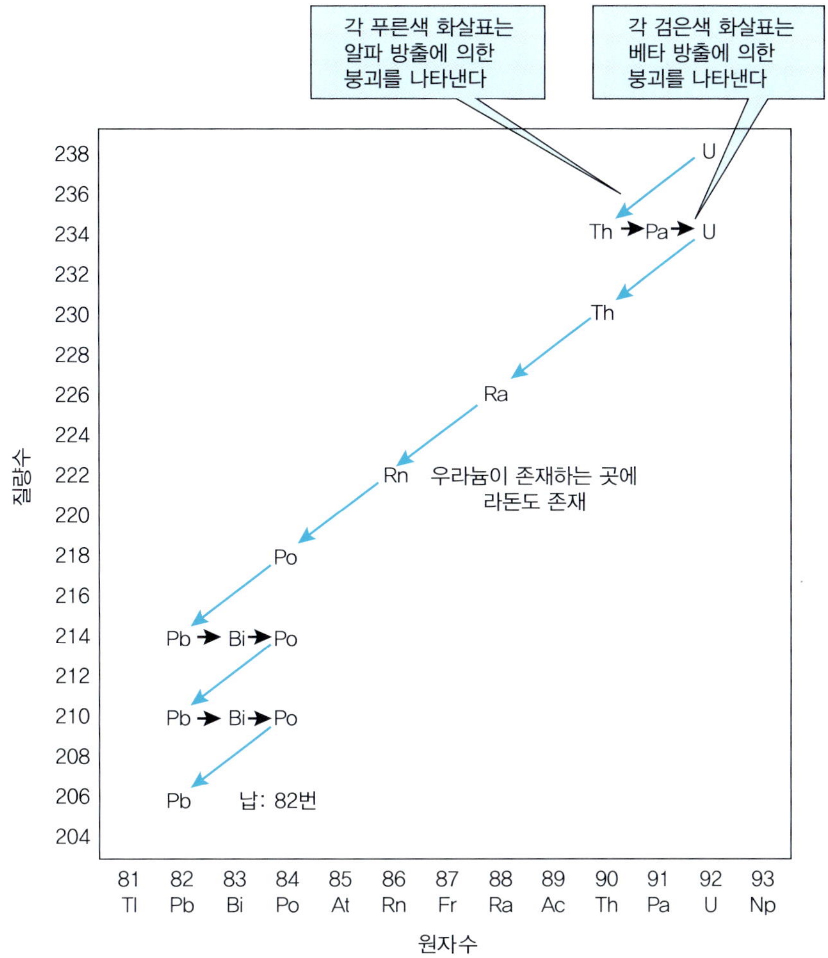

그림 8.14 U-238에서 출발하여 Pb-206이 얻어지는 방사능 붕괴 계열

방사능의 측정 단위

방사능을 측정하는 하나의 단위는 퀴리(Ci)로, 퀴리 부부가 발견한 라듐 1 g으로부터 1초 동안 나오는 방사능 양을 의미한다. 이 단위는 붕괴가 얼마나 많이 일어나는가를 나타내며, 실제로 사람들에게 또는 환경에 얼마나 영향을 끼치는가를 직접적으로 알려주지는 못한다.

그리고 $1\ \text{Ci} = 3.7 \times 10^{10}\ \text{Bq}$(베크렐, 방사능을 처음 발견한 사람을 기념하여 정한 단위)의 관계식을 가진다.

방사능의 정량적 표기

앞에서 언급한 Ci를 포함하여 다음과 같이 방사능의 양을 여러 가지로 표기할 수 있다.

- 1 Ci = 3.7×10^{10} Bq (베크렐) = 3.7×10^{10} 붕괴/초
- 라드(rad, radiation absorbed dose, 방사 흡수 조사량): 생체 조직 1 kg 당 방사 에너지 0.01 J이 흡수될 때의 조사량으로 조직에 흡수된 에너지의 척도로 사용된다.
- 렘(rem, Roentgen equivalent man): 인체 조직의 손상을 고려한 방사 조사량의 척도이다.
- 시버트(Sievert, Sv) = 100 rem(즉, 1 Sv는 100 rem에 해당한다)의 관계가 있으며 반대로 rem = Sv/100이다. 미국인의 평균 방사선 조사량은 매년 3.6 mSv로 알려져 있다.

또한 렘 = rad*Q(RBE, relative biological effectiveness, 상대적인 생물학적 유효성)의 관계를 가진다.

즉, 라드가 증가하거나 상대적인 생물학적 유효성이 증가하면 렘이 증가하고 인체의 손상도 커질 수 있다. 따라서 일반인들은 시버트 혹은 렘에 대해 특히 관심을 가질 필요가 있다. **표 8.4**에 정리된 바와 같이 알파선이 다른 방사선의 20배의 Q 혹은 RBE를 가져 신체에 더 큰 영향을 줄 수 있고 그 이유는 알파 입자가 다른 방사선과 달리 신체 조직에 더 많은 에너지를 축적할 수 있기 때문이다.

표 8.4 방사선에 따른 상대적인 생물학적 유효성 비교

방사선	Q 혹은 RBE	비고
알파	20	알파 입자: 크고 조직에 더 많은 에너지를 축적할 수 있기 때문에 다른 방사선에 비해 20배의 Q 혹은 RBE를 가진다.
베타	1	
감마	1	
엑스	1	

방사능 조사량과 건강

방사능은 건강에 해로울 수 있기 때문에 가능한 피하는 것이 좋지만 병원 진료와 같이 피치 못하게 방사능에 노출될 수도 있다. **표 8.5**는 방사능 조사량이 우리 건강에 미치는 영향을 정리하였다(**참고문헌 3**). 조사량이 증가하면 매우 위험하며 사망에 이를 수도 있다. 그러나 미국인이 일반적으로 1년간 받는 조사량 3.6 mSv은 **표 8.5**에 '효과 없는 최대 조사량' 0.25 Sv의 1.4% 수준이므로 너무 염려할 필요는 없다.

표 8.5 방사능 조사량이 우리 건강에 미치는 영향

조사량(Sv)	조사량(rem)[4]	가능성 있는 효과(한 번 조사할 때)
0~0.25	0~25	효과 없음
0.25~0.50	25~50	백혈구 수가 약간 감소
0.50~1.00	50~100	백혈구 수가 상당히 많이 감소, 장애
1.00~2.00	100~200	메스꺼움, 구토, 모발의 감소
2.00~5.00	200~500	출혈, 궤양, 사망의 가능성
>5.00	>500	사망

그림 8.15는 일반적인 미국인이 받는 방사선의 분포도를 보여 주고 있다. 라돈이 55%로 가장 큰 영향을 미친다. 따라서 지하실이나 신축 건물 등 라돈의 농도가 높은 실내의 라돈 농도를 확인하고 관리할 필요가 있다. 두 번째 및 세 번째로는 X-선 촬영 및 체내(자연 상태의)로, 각각 11% 및 10%이다. 그 외 우주 및 지구에서의 영향이 각각 8%이고 핵의학 및 공산품 등이 4%와 3% 정도를 차지한다. 라돈의 영향이 가장 큰 것으로 볼 때 라돈 외에 우리 인간이 방사선에 관심을 가지고 대처해야 할 필요성이 있는 방사선은 거의 없다고 볼 수 있다.

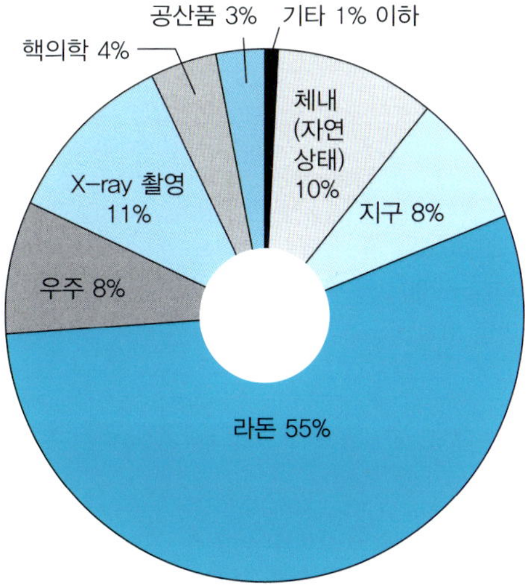

그림 8.15 일반적인 미국인이 받는 방사선의 분포도

다음 표 8.6는 X-선 촬영, 일상생활 및 자연적 생활환경 등으로 우리가 받을 수 있는 연간 방사능 조사량(단위: μSv/년)을 정리한 것이다(참고문헌 3). 역시 식품, 공기와 물 등

4 조사량을 Sv 대신에 rem으로 나타낸 경우이다.

이 가장 큰 영향을 미치며 그 이유는 이들이 Rn과 K 같은 방사능이 있는 성분을 포함할 수 있기 때문이다. 바위와 토양도 비슷하다. 원자력 발전소와 석탄 발전소로부터 50마일 떨어진 곳에 살 경우 0.09 및 0.3 μSv/년 만큼 조사량이 증가하며 석탄 발전소가 핵 발전소보다 오히려 3.3배 더 많은 조사량을 줄 수 있다는 점이 흥미롭다.

표 8.6 X-선 촬영, 일상생활 및 자연적 생활환경 등으로 받을 수 있는 연간 방사능 조사량

(단위: μSv/년)

방사의 원천	μSv/년
1. 우주 방사	
a. 해수면(미국 평균)	
b. 해수면보다 높은 곳에 살 경우 추가적인 조사량	260
1,000 m(3,300 ft)까지 20 μSv 추가	20
1,000~2,000 m(6,600 ft)까지 50 μSv 추가	
2,000~3,000 m(9,900 ft)까지 90 μSv 추가	
3,000~4,000 m(13,200 ft)까지 15 μSv 추가	
4,000~5,000 m(16,500 ft)까지 21 μSv 추가	
2. 주거에 사용하는 건축자재	
돌, 블록 또는 콘크리트 70 μSv 추가	
나무 또는 다른 재료 20 μSv 추가	20
3. 바위와 토양	460
4. 식품, 물과 공기(K와 Rn)	2,400
5. 핵무기 시험에 의한 낙진	10
6. 의학 및 치의학 X-선	
a. 흉부 X-선, 각 횟수마다 100 μSv 추가	0
b. 위장계 X-선, 각 횟수마다 5000 μSv 추가	0
c. 치의학 X-선, 각 횟수마다 100 μSv 추가	100
7. 비행기 여행	
30,000 ft에서 5시간 비행, 비행당 30 μSv 추가	300
8. 기타	
a. 원자력 발전소 50마일 이내에서 거주, 0.09 μSv 추가	0.09
b. 석탄을 태우는 발전소 50마일 이내에서 거주, 0.3 μSv 추가	0.3
c. 컴퓨터 단말기 사용, 1 μSv 추가	1
d. TV 시청, 10 μSv 추가	10
총 연간 방사 조사량	3,581
미국 평균 = 3,600 μSv/년	

* 표본 계산은 미국 중서부에 거주하는 성인 비흡연자에 대하여 시행함. 만약 하루에 담배 1갑을 피우면 10,000 μSv를 추가

8.6 원자력 발전과 안전

우리는 원자력 발전을 생각하면 원전의 폭발 혹은 방사능 누출 등의 사고를 늘 우려하며 지낸다. 그러나 원자력 발전소의 가동 후 현재까지 원자력 발전소에서 일어난 큰 사고는 **표 8.7**의 3대 사고로 요약될 정도로 꽤 낮은 확률로 사고가 발생하였다(**참고문헌 4**).

표 8.7 원자력 발전소 3대 사고의 비교

항목	쓰리마일 아일랜드	체르노빌	후쿠시마
일자	1979년 3월 29일	1986년 4월 26일	2011년 3월 11일
사고 등급 (0~7등급)	5	7	7
사고 원인 및 사고 특징	기계 결함 및 인적 과오에 의한 반응기 냉각 유체가 샘. 발전소 노심의 45%가 용융. 냉각제 펌프가 다시 가동되어 상황 안정화됨. 1990년에 연료 제거함. 1993년에 방사능 물질 제거 및 발전소 shut down	노심으로 들어가는 냉각수 흐름을 차단하는 테스트 중 실수로 거의 정지 상태까지 내려간 반응기의 출력을 높이려 무리하게 제어봉을 올림. 그에 따른 원자로의 폭주 및 화재와 폭발. 다량의 방사능 물질이 누출됨	지진 및 쓰나미에 의한 냉각 기능 손실
대피 인력	약 20만 명(24 km 이내)	약 11.6만 명(30 km 이내)	88,700명
사고 당일 사망자	0	33	0
수 년 후 사망자	0	4,000~9,000(WHO 자료)	0

쓰리마일 아일랜드 사고는 역사상 첫 원전 사고였고 미국에서 원자력 관련 연구, 투자, 원전 가동 등이 줄어들게 한 원인이 되었다. 체르노빌 사고는 실제로 인명 피해가 발생한 유일한 사고로 순수한 인재였다. 이 사고로 현재까지 체르노빌 지역은 사람이 살 수 없는 지역으로 남아 있다. 후쿠시마 원전 사고는 지진 및 쓰나미에 이은 사고로 가장 최근에 발생한 사고이다. 일본에서 일어난 사고로 일본의 원전 가동률을 크게 떨어뜨렸으며 아직까지도 휴유증이 심각하다.

원전은 위에서 언급한 3대 사고 같은 노심의 용융 혹은 폭발 등의 사고 외에 다양한 안전상의 문제점을 가진다. 다음과 같이 안전상의 문제점을 기술할 수 있다.

참고

원자력 발전소가 화재/폭발하는 이유

중성자 감속용 등으로 사용되는 흑연이 물과 반응하여 수소를 발생시키고

[흑연(C) + $2H_2O$ ⟶ $2H_2$ + CO_2 (g)]

이 수소가 산소와 만나 화재가 발생하거나 폭발할 수 있다

[$2H_2$ (g) + O_2 (g) ⟶ $2H_2O$ (g)]

방사선 피폭

핵분열로 생성되는 다양한 핵분열 파편들은 아주 높은 방사능을 가지고 있다. 원자력 발전소가 정상 상태일 때는 이들 핵분열 파편들은 핵연료에서 빠져 나올 수도 없고 철저하게 방호 및 차폐되므로 피폭에 대한 염려가 전혀 없다. 그러나 후쿠시마 원자력 발전소의 중대 사고와 같이 핵연료가 용융되고 방어 및 차폐 수단이 상실될 경우에는 엄청난 양의 방사성 물질과 강력한 방사선이 환경으로 방출될 수 있다. 즉, 방사선 피폭문제가 발생할 수 있고 그 확률은 0이 될 수 없다. 핵분열에서 나오는 원자력 에너지를 이용하려면 방사선 피폭 문제가 발생하지 않도록 철저하고 안전한 조치가 이루어져야 한다. 이와 같이 과할 정도의 안전조치는 원자력을 이용하는 데 있어 단점으로 인식되고 있다. 그러나 에너지가 낮은 방사선은 의학적 진단·치료, 비파괴 검사 등 공업적 이용, 품종개량이나 멸균과 같은 농·생명학적으로 이용되며 우리가 많은 혜택을 보고 있다.

붕괴열

핵분열로 생성된 핵분열 생성물들은 높은 방사능을 가진 방사성 물질들로 방사붕괴를 하면서 많은 방사선(α, β, γ선 등)을 방출한다. 이 방사선들의 운동 에너지는 핵연료 내부에서 운동 마찰로 열에너지로 전환된다. 원자로를 더 운전할 필요가 없거나 운전할 수 없어 원자로를 정지시켜 더 이상의 핵분열이 일어나지 않는 상태가 되어도 운전정지 전에 이미 생성된 핵분열 파편들은 안정된 원소로 변환될 때까지 붕괴를 하므로 계속해서 열이 발생한다. 이를 붕괴열이라고 하는데 붕괴열은 최대 원자로 정격출력의 대략 7%에 이르고 시간에 따라 급격하게 줄어든다.

만일 붕괴열을 냉각을 통해 노심에서 적절하게 제거하지 않으면 엄청난 열이 누적되어 핵연료 피복재를 녹이고 궁극적으로 핵연료 자체를 녹이는 용융 상태로 만들 수 있다. 바로 후쿠시마 원자력 발전소의 사고와 같은 상황이 되는 것이다. 따라서 원자로 운전이 정

지되어도 붕괴열을 지속적으로 제거하여 원자로를 일정 온도 이하로 유지시켜야 한다.

방사선 폐기물

원자력 에너지를 이용하는 과정(연료 물질 취급, 발전, 진단 · 치료, 산업적 이용 및 연구 등)에서 발생하는 방사성 폐기물은 여전히 위험하며, 이들을 관리하는 문제가 원전의 가장 큰 단점으로 언급될 정도이다. 그 이유는 방사성 폐기물도 인체 및 환경에 심각한 위해를 끼칠 수 있는 방사선을 방출하기 때문이다. 특히 고준위 방사성 폐기물로 구분되는 '사용 후 핵연료(SNF, Spent Nuclear Fuel)'의 관리가 가장 중요한데 SNF의 방사능이 자연의 천연 우라늄 수준으로 감소하는 데 약 10만 년 이상이 걸릴 정도로 높은 방사선을 방출하기 때문이다. 위에서 언급한 붕괴열을 제거하는 공정은 처분장 크기를 결정하는 핵심 인자이다. 현재 사용 후 핵연료를 안전하게 처리 · 저장 · 처분하기 위한 관리기술 개발과 관련 부지 확보에 국가적 노력이 진행되고 있다. 고준위 방사성 폐기물과 달리 중 · 저준위 방사성 폐기물은 원자력 에너지 이용과정에서 많은 양이 발생한다. 이들은 고화, 압축 등의 특별한 공정을 거쳐 용기에 담아 경주의 중 · 저준위 방사성 폐기물 처분장에 저장 · 처분된다. 경주의 중 · 저준위 방사성 폐기물 처분장은 200리터 규모 용기 10만 드럼의 저장 · 처분에 58,000 m^2의 면적이 소요되었으며 향후 70만 드럼까지 저장 · 처분하는 데 총 0.41 km^2 면적이 필요한 것으로 분석되고 있다.

계속 원전을 가동하면 원전 핵폐기물이 계속 발생할 것이고 사용한 핵연료를 포함한 다양한 핵폐기물을 처분 · 저장하는 데도 매우 큰 비용이 발생하며, 그 보다 더 큰 사회적 문제가 발생할 가능성도 있다.

참고

핵폐기물의 분류. 방사능 세기에 따라 아래와 같이 3가지로 분류된다.

- 저준위 폐기물(low-level radioactive waste, LLW): 방사능 세기가 낮은 방사성 폐기물을 말한다. 원자력 발전소의 폐 필터, 이온교환수지, 작업자들이 사용한 작업복이나 공구 같은 것을 포함하며 대부분의 경우 얕은 땅에 묻는다.
- 중준위 폐기물(intermediate-level radioactive waste, ILW): 중준위 폐기물은 저준위 폐기물보다 더 높은 양의 방사능을 가지고 있으며 일부는 차폐되어야 한다. 중준위 폐기물에는 합성수지, 화학적 오니, 방사능에 오염된 물질들과 폐로 등이 있는데 이들은 콘크리트나 아스팔트로 굳혀서 처리한다. 일반적으로 수명이 짧은 폐기물(연료와 관련 없는 물질들)들은 깊지 않은 저장소에 묻지만 수명이 긴 폐기물(연료와 재처리에서 나오는 물질들)들은 깊은 지하 시설에 묻는다. 그림 8.16은 중·저준위 방사성 폐기물의 종류 및 처리하는 개념을 보여 주고 있다.

• 고준위 폐기물(high-level radioactive waste, HLW): 이 폐기물은 원자로로부터 직접 발생된다. 이들은 원자로 노심에서 발생되는 핵분열 생성물들과 초우라늄 원소[5]들을 포함하는데 대부분 강한 방사능을 가지고 있고 매우 뜨겁다. 고준위 폐기물은 원자력 발전소에서 나오는 총 방사능의 95%를 차지하며, 전 세계적으로 그 양이 매년 약 12,000톤씩 증가하고 있다. 1,000 MWe급의 원자력 발전소 하나는 매년 약 27톤의 사용 후 연료를 배출한다.

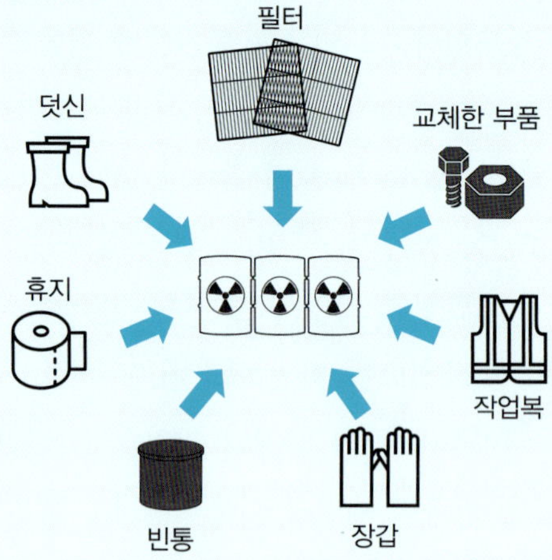

그림 8.16 중·저준위 방사성 폐기물의 종류 및 처리하는 개념

8.7 원자력 발전과 폐기물: 반감기

반감기는 어떤 값이 처음 수치의 반으로 떨어지는 시간을 의미하며 **그림 8.17**은 반감기가 24,110년인 PU-239의 방사선 강도(혹은 농도)가 100에서 출발하여 시간에 따라 감소해 가는 모습을 보여 주고 있다. 24,110년 후면 초기의 반이 되고 또 24,110년 후가 되면 반의 반으로(25%로) 되며 24,110년이 n회 지나가면 방사선 강도는 $1/2^n$으로 감소하나 긴 시간이 지나도 0이 될 수는 없다. 이와 같이 방사성을 가진 물질은 누출된 후 없애기가 매우 어려우므로 누출을 미연에 방지하는 것이 중요하다. 특히 반감기가 긴 물질의 경우 농도를 어느 이하의 농도로 감소시키기 위해서는 매우 긴 시간이 필요하다.

방사성 동위 원소가 반으로 줄어드는 시간은 **표 8.8**에서와 같이 1초 미만부터 수억 년이 넘는 기간까지 매우 다양하다. 반감기가 길면 아주 오랫동안 방사선이 발생하고 환경에 계속 영향을 끼치게 되어 더욱 나쁜 영향을 줄 수도 있다.

5 초우라늄 원소: 우라늄(92)보다 원자 번호가 큰 원소로 넵튜늄(93), 플루토늄(94), 아메리슘(95), 큐리움(96) 등을 말한다.

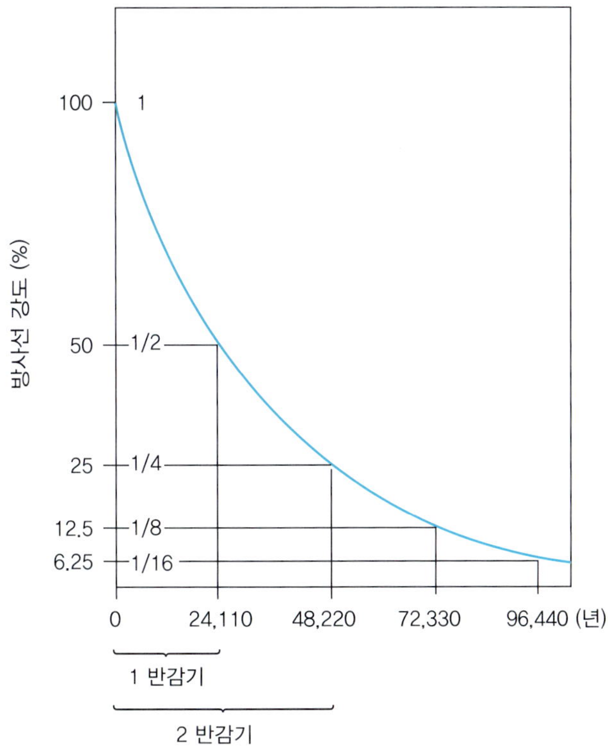

그림 8.17 Pu-239의 시간에 따른 방사선 강도의 변화

표 8.8 방사성 동위 원소들의 반감기

방사성 동위 원소	반감기
우라늄-238	4.5×10^9년
포타늄-40	1.3×10^9년
플루토늄-239	24,110년
탄소-14	5,715년
세슘-137	30.2년
스트론튬-90	29.1년
토륨-234	24.1일
라돈-222	3.82일
아이오딘-131	8.04일
플루토늄-231	8.5분
폴로늄-214	0.00016초

8.8 원자력 발전과 핵무기

우라늄 등 핵분열을 할 수 있는 원료는 앞에서 언급한 바와 같이 핵분열 속도를 적당히 느리게 제어하여 발전에 활용할 수 있으나 한 번에 분열이 일어나면 원자폭탄 혹은 핵무기가 될 수 있다. 핵무기에 대해 아래와 같이 정리하였다.

핵분열을 쉽게 할 수 있는 우라늄(U−235)은 자연 상태의 우라늄의 경우 0.7%의 함량으로 존재하며(나머지 대부분은 U−238이다) 핵 발전소에서는 3~5%로 농축하여 사용하고 원자폭탄에서는 약 90%로 농축된 것을 사용한다. 농축은 질량수가 다른 가스의 서로 다른 확산 속도 차이를 이용하거나 기체 원심분리기를 이용하여 수행한다.

또한 사용한 우라늄 혹은 고갈된 우라늄(depleted uranium, DU, U−238이 약 99.8%)의 재처리를 통해 **그림 8.18**의 박스 안의 반응에 의해 Pu−239(플루토늄) 생산도 가능하다. 이 플루토늄은 원전의 연료는 물론이고 원자폭탄의 원료로 사용될 수 있으므로 재처리는 국제적으로 큰 관심사이며 감시 및 사찰을 수행한다. 현재 프랑스, 영국, 독일, 일본 등 일부 국가만 사용한 우라늄을 재처리하고 있으며, 미국은 1977년에 카터 대통령이 재처리를 금지하였다.

참고

재처리

사용 후 핵연료의 재처리 공정으로, 사용 후 핵연료의 부피를 감축하거나 내부에 들어 있는 재사용 가능한 물질을 추출하기 위해 수행한다. **그림 8.18**의 박스 속의 반응과 같이 U−238로부터 Pu−239를 생성시킬 수 있고 최종적으로 분리할 수 있다.

$$ {}^{1}_{0}n + {}^{238}_{92}U \rightarrow [\,{}^{239}_{92}U\,] \rightarrow {}^{239}_{93}Np + {}^{0}_{-1}e $$

$$ {}^{239}_{93}Np \rightarrow {}^{239}_{94}Pu + {}^{0}_{-1}e $$

Pu와 U은 다른 원소로 분리가 쉬움

그림 8.18 고갈된 우라늄의 재처리 공정

다음 **그림 8.19**는 원자로를 종류별로 비교한 그림이며, 특히 원자로로부터 원자폭탄을 만들 수 있는 경로를 보여 주고 있다. 우라늄을 이용한 원자폭탄은 U−235를 농축하여 만드나 플루토늄 원자폭탄은 주로 흑연감속로의 원자로에서 우라늄을 사용 후 재처리를 통해 93% 이상 농축하여 만든다. 반면, 경수로 혹은 중수로에서 사용한 우라늄은 재처리를 통해 60~70%로 농축된 Pu을 얻고 이를 다시 전기를 얻는 데 주로 활용한다.

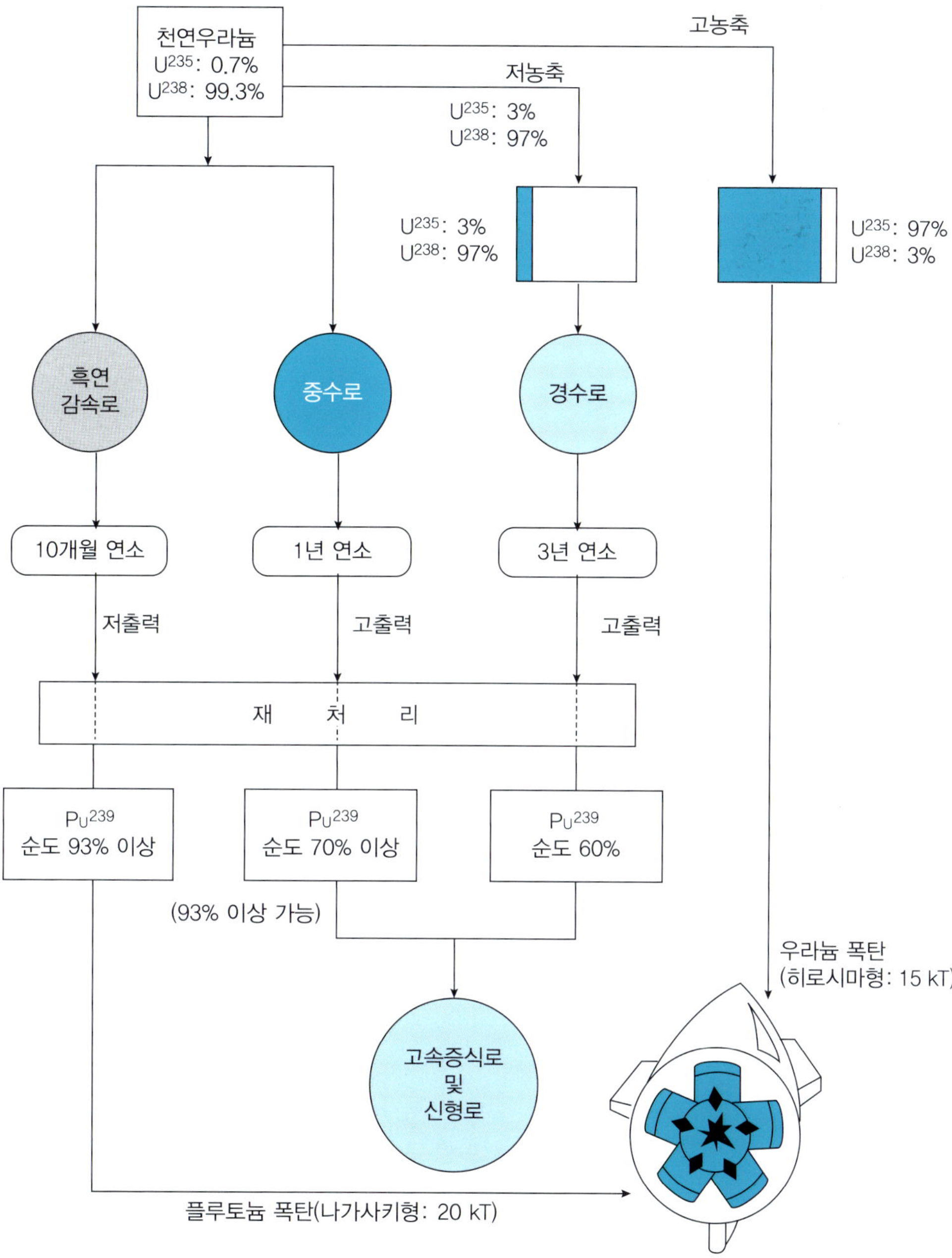

그림 8.19 원자로와 원자폭탄

참고

원자로의 종류별 특성

- 흑연감속로: 감속재로 흑연을 사용하는 원자로로, 가동이 불안정하고 전력 발전 생산량도 적으나 원자폭탄의 원료인 플루토늄을 쉽게 채취할 수 있는 특징이 있다. 북한의 영변원자로가 흑연감속로이다.
- 중수로/경수로: 감속재로 중수(D_2O)와 경수(H_2O)를 각각 쓰는 원자로이며 전 세계 발전용 원자로의 80%가 경수로이다. 우리나라도 월성발전소만이 중수로이다. 중수는 경수에 비해 중성자를 감속하는 작용이 뛰어나면서도 중성자를 잘 흡수하지 않는 장점이 있다. 따라서 중수로 원자로는 천연 우라늄을 그대로 연료로 쓰더라도 연쇄 반응을 유지할 수 있다. 천연 우라늄(U-235를 0.7% 함유한)을 농축 없이 연료로 사용할 수 있어 경제적이지만 냉각수인 중수의 비용이 많이 든다.

8.9 핵융합 발전

핵융합은 1억 ℃ 이상의 고온에서 가벼운 원자핵이 융합하여 더 무거운 원자핵이 되는 과정 및 그에 따라 에너지를 창출해 내는 방법을 의미한다. 핵분열의 반대 개념으로 태양이 불타면서 큰 에너지를 내는 원리이다. 태양에서는 실제 수소 원자 4개가 합쳐져 1개의 헬륨을 만드는데 이러한 핵융합을 통해 무한히 큰 에너지를 방출한다. 수소 4개의 무게(4×1.0797 g)와 헬륨 1개의 무게(4.0026 g)를 비교하면 핵융합으로 매우 큰 질량 감소(0.3162 g, 약 7.3% 감소)가 일어나며, 따라서 매우 큰 에너지가 발생하는 것이다.

우리 인류가 추진하는 핵융합은 일반 수소를 사용하는 대신에 중수소와 삼중수소를 사용하는 방법으로 다음의 반응식을 따른다. **그림 8.20**에서는 중수소와 삼중수소가 만나 헬륨과 중성자를 발생시키면서 큰 에너지를 얻는 개념도이다.

$$ {}^{2}_{1}\mathrm{H} + {}^{3}_{1}\mathrm{H} \longrightarrow {}^{4}_{2}\mathrm{He} + {}^{1}_{0}\mathrm{n} $$

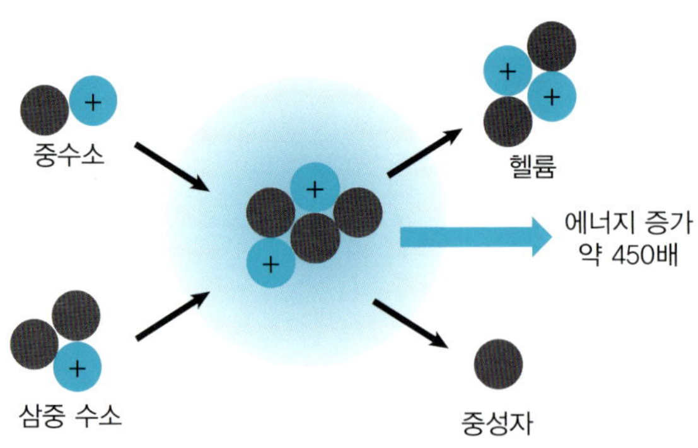

그림 8.20 핵융합 에너지의 발생 원리

중수소와 삼중수소를 사용하는 이유는 이들 사이의 핵융합 반응은 수소 사이의 핵융합 반응에 비해 좀 더 낮은 온도에서도 일어나고 중수소와 삼중수소 같은 원료는 지구에 충분히 많거나 쉽게 얻을 수 있다고 보기 때문이다. 즉, 중수소는 바닷물에서 얻을 수 있고 삼중수소는 리튬에 중성자를 충돌시켜 얻을 수 있다.

특히 핵융합은 핵분열에 비해 에너지를 얻는 보다 뛰어나고 안전한 방법이다. 그 이유는 핵융합 반응은 방사성 물질을 생성하지 않기 때문이다. 즉, 우리가 그간 원자력 발전을 고려하였을 때 늘 우려하는 방사성 물질이 생성되지 않는 아주 안전한 공정이다. 반면, 핵융합 에너지를 얻기 위해서는 지구상에 존재하지 않는 1억 도 이상의 초고온 플라스마를 만들어야 하고 이 플라스마를 가두는 반응기를 포함한 핵융합 장치와 연료인 중수소와 삼중수소가 필요하다. 현재 우리나라의 국가핵융합연구소가 세계적인 연구 그룹들과 공동으로 핵융합 연구에 박차를 가하고 있으며 2030~2040년에 핵융합 기술의 상업화를 기대하고 있다(**참고문헌 5**).

8.10 요약

원자력 발전은 장점(경제성, 온실가스 발생이 아주 소량)이 크지만 그만큼 단점(심각한 재난 발생 가능성 및 핵폐기물)도 크다. 이 장의 서두에서 언급한 원자력 발전소를 더 많이 지어야 하는가에 대한 답은 여전히 쉽게 결론을 내릴 수 없는 문제이다. 그 답은 사람들의 처한 환경에 따라, 즉 지역과 환경에 따라서도 분명 다를 것이다. 원전은 대표적인 NIMBY 시설이기 때문이다. 또한 시간이 흐름에 따라 전문가들의 대답마저도 바뀌고 있다. 예로 과거에 원전 폐쇄를 주장한 미국 과학단체 참여 과학자 모임(UCS, The Union of Concerned Scientists)이 오늘날에는 "이산화 탄소를 줄이려면 원전 유지 불가피하다"라고 주장하며 그들의 생각을 바꾼 사실을 들 수 있다(**참고문헌 6**).

우리는 원자력의 장단점을 이해하고 그 문제점을 해결하고, 필요하면 원자력의 대체 방안을 찾도록 노력해야 한다. 또한 원자력을 활용하려면 반드시 안전과 환경을 고려해야 한다. 원자력 발전소 사고는 단 한 번 일어나는 것만으로도 인간의 삶과 자연에 심각한 악영향을 미치는 사태임을 명심해야 한다. 그러한 사태를 방지하기 위해서는 원자력에 너무 의존하지 않도록 에너지를 절약하고 효율적으로 사용해야 한다. 한편, 방사성 물질을 발생시키지 않는 핵융합 기술에 투자하여 안전하면서도 안정적으로 에너지를 얻을 수 있는 연구를 계속해야 할 것이다.

핵심어

반감기, 방사능, 붕괴열, 우라늄, 원자력 발전, 중성자, 핵무기, 핵분열, 핵융합, 핵폐기물

9장

녹색화학과 지속가능성

이 장에서는 우리뿐만 아니라 미래 세대의 삶까지 고려한 지속가능성 및 이를 위한 녹색화학(green chemistry)의 개념 및 현황에 대하여 정리하였다.

9.1 개요

현재와 같은 속도로 기술개발이 이루어지고 대량소비를 지속하여 자연과 환경을 오염시키면 지구는 언제까지 지탱할 수 있을까? 혹은 우리의 다음 세대들은 어떻게 살아갈 수 있을까? 현대 문명을 살아가다 보면 이와 같은 의문을 가질 수 있다. 현대 과학기술 발전의 첨단에 있는 화학이라는 학문은 기술개발과 대량생산 및 대량소비로 인한 환경오염의 원인을 제공하기도 하지만 오염된 환경을 되돌리는 일에도 큰 역할을 할 것으로 기대되고 있다. 이러한 화학의 관점에서 위의 질문에 답하고, 특히 미래 세대의 삶까지 생각하는 개념으로 녹색화학이 도입되었다.

IUPAC(국제순수 · 응용화학연합)는 녹색화학을 "인간, 동물, 식물 및 환경에 유해한 물질의 사용 혹은 생성을 감소 혹은 없앨 수 있도록 화학제품 및 공정을 설계하는 것"이라고 정의하였다. 비슷하게 화학산업 및 화학제품의 부작용에 대응하여 화학 폐기물의 양을 줄이고 에너지를 절약하며 유해한 물질의 사용 및 배출을 최소화하는 새로운 화학제품 및 공정 개발을 위한 다양한 노력을 녹색화학이라고 한다. 그리고 녹색화학은 환경에 미치는 악영향이 적은 화학기술이나 화학산업을 총칭한다.

또한 녹색화학은 화학물질과 화학제품의 원료 · 생산 · 사용 · 폐기 · 재활용의 전 과정에서 이들이 사람의 건강과 환경에 미칠 수 있는 부담을 최대한 줄이기 위한 기술이다. 녹색화학은 생체촉매(효소 · 세포 · 미생물 등)에 의한 물질합성과 자원절약, 에너지 절약형의 생산 공정, 미생물 분해성의 계면활성제, 플라스틱의 개발 등 그 적용 범위가 아주 넓다. 녹색화학의 과제들 가운데 현재 특히 활발히 추진되고 있는 것으로는 폐기된 뒤에 분해되는 분해성 플라스틱의 개발 및 생산, 유해 물질로 오염된 토양이나 대기를 식물에 의해서 정화하려는 파이토레메디에이션(phytoremediation) 그리고 프레온 가스를 대체할 수 있는 물질의 개발 등이 있다.

미국에서는 1995년 무렵에 대통령 클린턴의 제창으로 'Green Chemistry Challenge Program'이 마련되었다. 이 프로그램에는 미국환경보호청(EPA), 미국화학제조업자협회(CMA)와 미국화학학회(ACS) 등이 참가하고 있다. 같은 취지의 기획으로는 OECD가 주최하는 'sustainable chemistry(지속가능한 화학)'가 있다. 또한 일본에서도 2000년에 화학산업계가 중심이 되어 'Green Sustainable Chemistry Network(GSCN)'가 발족하여 2003년 3월에는 국제회의를 주최하는 등 전 세계적으로 녹색화학 및 지속가능성을 위한 일들이 진행되고 있다.

9.2 녹색화학의 12가지 원칙

P. T. Anastas 등은 여러 경로를 통해 **표 9.1**과 같은 녹색화학의 12가지 원칙(**참고문헌 1**)을 제시하였고, 이것은 녹색화학을 연구하거나 지속가능성을 고려할 때 자주 활용되는 개념이 되었다. **표 9.1**처럼 녹색화학의 12원칙은 합성 방법, 공정조건, 사고가능성, 독성, 폐기물 등을 포함하여 '우리뿐만 아니라 미래를 위한 개념'으로 볼 수 있다.

표 9.1 녹색화학의 12가지 원칙

1	폐기물은 만들어지고 나서 처리하는 것보다 발생을 미리 막는 것이 더 좋다.
2	사용하는 모든 원료가 전부 최종 생성물에 들어가도록 합성 방법을 개발해야 한다.
3	건강과 환경에 덜 해로운 물질을 사용하거나 제조하도록 합성 방법을 개발해야 한다.
4	물질의 기능은 유지하면서 독성이 적은 물질을 개발해야 한다.
5	용매 등 보조 물질은 가능하면 사용하지 않아야 하며 사용 시는 무해한 것이어야 한다.
6	가능하다면 물질 합성은 실온과 대기압에서 실시하여 에너지 소비를 줄여야 한다.
7	기술적, 경제적으로 허용된다면 항상 재생 가능한 원료를 사용해야 한다.
8	합성 과정에서 불필요한 유도체는 피하거나 최소화되어야 한다.
9	화학양론적 시약보다는 가능한 한 촉매(될 수 있으면 선택적인 촉매)를 사용하는 것이 바람직하다.
10	화학 물질은 기능을 다한 후에는 해가 없고 분해되는 것으로 고안되어야 한다.
11	실시간으로 화학공정을 감시하고 유해 물질의 생성을 통제할 수 있는 분석법의 개발이 필요하다.
12	화학공정에 사용되는 물질은 여러 사고 가능성이 최소화되도록 선택해야 한다.

9.3 오염 방지의 우선순위

우리는 환경을 보호하고 자원의 효율성을 높이기 위해 많은 노력을 한다. **그림 9.1**은 그러한 노력 중 어디에 더 주안점을 두어야 하는지 잘 보여 주는 개념도이다. 위해물을 폐기 처리할 수는 있지만 이는 가장 바람직하지 못한 방법이다. 자원의 활용도도 매우 낮고 환경오염이 필히 수반될 수 있기 때문이다. 다음으로는 위해물을 덜 위험하게 처리하는 것인데 이 방법도 바람직하지 않다. 비록 위험성은 감소할지라도 자원의 재활용도가 낮기 때문이다. 그 다음이 재순환 및 재사용하는 것인데 그 공정에 필히 에너지와 자원이 소모되고 또 다른 위험물이 발생할 수 있기 때문이다. 가장 바람직하며 '녹색도'가 높은 방법은 오염 물질의 발생을 미연에 방지하고 가능한 발생량을 최소화하는 것이다. 이러한 노력을 통해 환경에 위험한 물질로의 오염을 방지할 수 있을 뿐만 아니라 자원의 활용도도 높일 수 있다.

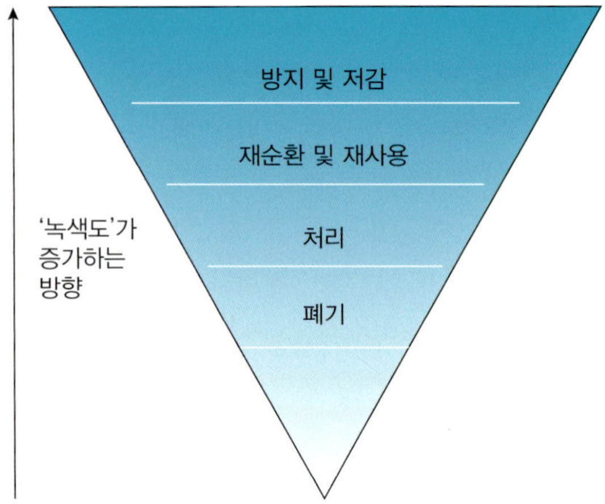

그림 9.1 오염 방지 우선순위

9.4 화학 반응의 표현

녹색화학의 이해를 위해 화학 반응을 녹색화학 관점에서 어떻게 표현하는가를 정리하였다.

화학 반응의 표현: 수율

수율(yield)은 다음의 식과 같이 표현된다. 즉, 수율은 이론적으로 최대로 얻을 수 있는 양(몰이나 무게)의 몇 %를 실제 화학 반응 후 얻었는가를 보여 주는 수치이다.

$$\text{수율}(\%) = \frac{\text{분리된 생성물의 몰(혹은 g)}}{\text{이론적으로 얻을 수 있는 생성물의 최대의 몰(혹은 g)}} \times 100\%$$

이 식에서 알 수 있는 바와 같이 수율은 0~100%의 값을 가질 수 있고[1] 일반적으로 수율이 높을수록 바람직하다. 화학 실험에서 수율은 중요하게 사용되는 지표이다. 그러나 녹색화학의 개념이 도입되면서 다른 지표들과 같이 표기되고 있다.

예를 들어 다음 반응에서 78 g의 원료 벤젠으로부터 최대로 얻을 수 있는 제품(무수말레익산, maleic anhydride)의 무게는 98 g이다. 제품을 최대로 얻기 위해서는 또 다른 반응물인 산소가 충분히 공급되어야 한다. 즉, 최소 32 g의 산소가 필요하다. 아래에서 보이는 78, 32, 98과 같은 숫자는 각 화합물, 즉 벤젠, 산소, 무수말레익산의 화학식량(formula weight, g/mol)이다. 또한 각 화합물 앞의 숫자는 각 반응물 혹은 생성물의 반응계수이며 그만큼 많이 사용되거나 생산된다는 뜻이다.

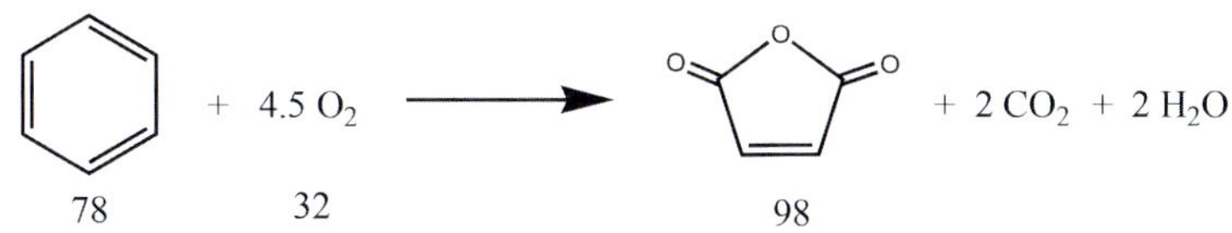

만약 위 반응에 따른 실험에서 생성물 무수말레익산 88 g을 얻었다면 수득 백분율은 88 g/98 g × 100 = 90%로 표기된다. 개략적으로 보면 반응은 꽤 잘 진행되었지만 좀 더 조건을 잘 잡고 실험하면 수율을 100%까지 올릴 가능성이 있다는 점을 알 수 있다.

수득 백분율은 가장 널리 그리고 가장 일반적으로 사용되지만 환경 혹은 비용을 고려한 경우에는 적용하는 데 한계가 있기 때문에 다른 지표와 함께 사용된다.

화학 반응의 표현: E-인자

E-인자(E-factor)는 다음 식으로 계산되는 인자이다(**참고문헌 2**). 즉, 폐기물의 생성량이 높아질수록 E-인자는 일반적으로 증가한다.

$$\text{E-factor} = \frac{\text{생성된 폐기물량(kg)}}{\text{얻어진 바람직한 생성물(kg)}}$$

일반적으로 화학 공장에서 생산량이 증가할수록 생산 기술은 고도화되고 부산물도 거의 재활용되거나 다른 제품으로 변환되어 폐기물 생성량이 원료 사용량 혹은 얻고자 하

1 실험결과 100% 초과한 수율이 나왔다면 용매가 남아 있거나 분석이 잘못되어 오류가 있는 실험이므로 제대로 확인해야 한다.

는 생성물의 양에 비해 상대적으로 매우 적다. **표 9.2**에서 보는 바와 같이 일반적으로 정유공장이나 석유화학공장의 E-인자가 매우 낮다. 반면, 생산 규모가 벌크케미컬, 정밀화학, 제약으로 갈수록 적어지고 반대로 폐기물 생성량은 생성물의 양에 대비하여 상당히 크게 증가한다. 따라서 제약 산업으로 갈수록 E-인자가 매우 높게 얻어진다. E-인자를 고려하면, 작은 규모의 생산 시설에서도 부산물 및 폐기물의 관리 및 저감을 위한 노력이 필요함을 알 수 있다.

표 9.2 산업 분야에 따른 생산량, 폐기물 총량 및 E-인자

산업 분야	생산량(톤/년)	폐기물 총량(톤)	E-인자
정유	10^6~10^8	10^6	<0.1
벌크케미컬	10^4~10^6	10^5	<1~5
정밀화학	10^2~10^4	10^4	5~50
제약	10~10^3	10^3	25~100

화학 반응의 표현: 원자경제

원자경제(Atom Economy, AE)는 다음 식에 의해 얻어지는 지표이며 100 g의 전체 반응물로부터 몇 g의 바람직한 생성물이 얻어지는가를 보여 주는 개념이다.

$$\text{원자경제} = \frac{\text{바람직한 생성물(들)의 화학식량(g/mol)}}{\text{반응물들의 화학식량의 합(g/mol)}} \times 100\%$$

다음의 2가지 화학 반응식들은 무수말레익산을 제조하는 경우를 보여 주고 있다. 즉, 반응물로, 각각 벤젠 및 1-뷰테인을 사용하고 있으며 바람직한 생성물은 무수말레익산이다. 각각의 반응식과 각 원료의 화학식량(formula weight, g/mol)을 보여 주고 있다. 무수말레익산을 벤젠의 산화로 얻을 때에는 원자경제가 44%이지만 1-뷰테인을 산화하여 얻을 시에 원자경제는 64%이다. 상대적으로 1-뷰테인을 사용하는 경우가 벤젠을 산화하는 경우보다 유리함을 알 수 있으며, 이러한 사실은 벤젠을 사용하는 반응에서는 이산화 탄소로 소모되는 반응물이 있다는 점을 고려하면 쉽게 이해할 수 있다.

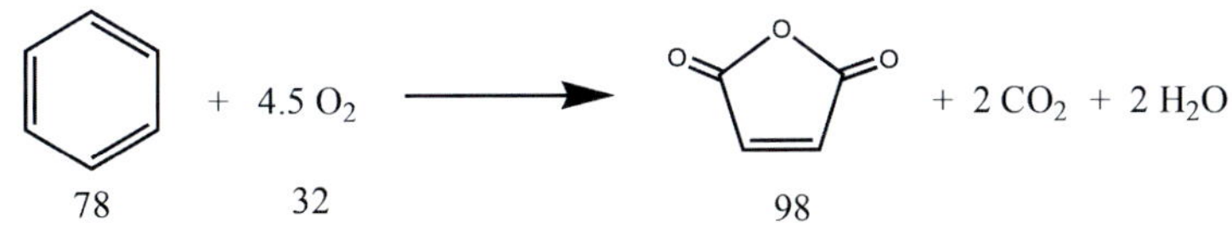

AE = 98/(78+4.5*32)*100 = 44%

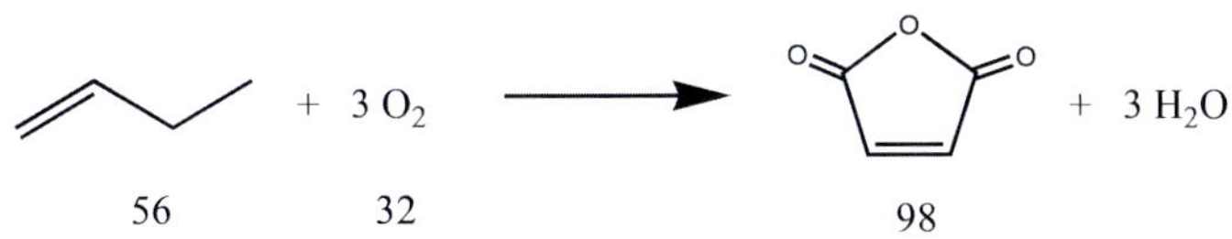

AE = 98/(56+3*32)*100 = 64%

화학 반응의 표현: 원자효율과 탄소효율

원자효율(atom efficiency)과 탄소효율(carbon efficiency)의 두 가지 지표는 각각 다음과 같이 정의된다(**참고문헌 2**). 원자효율은 원자경제와 수율을 고려한 지표로 원자경제는 이론적인 개념이고 수율은 실제 실험에서 혹은 생산에서 얻는 측정되는 개념으로 두 가지 개념을 모두 포함하는 개념으로 볼 수 있다. 즉, 원자경제와 수율이 모두 높아야만 원자효율이 높아질 수 있다. 탄소효율은 현재 화학공업 또는 많은 반응에서 탄소를 함유한 반응물을 많이 다루는 데 배경을 두고 있다. 여기서 생성물에 얼마나 탄소가 남느냐가 매우 중요하다. 왜냐하면 탄소가 부산물로 사라지는 경우 대부분의 부산물들은 이산화 탄소, 일산화 탄소 혹은 메테인 등 환경에 문제가 있거나 상대적으로 경제성이 낮은 물질들이기 때문이다. 즉, 탄소효율이 100%라면 어떤 반응에서 반응물 속의 탄소가 적어도 무의미한 이산화 탄소나 일산화 탄소 등으로 전환되는 일은 없다고 볼 수 있는 것이다.

$$\text{원자효율} = \text{원자경제} \times \text{수율}$$

$$\text{탄소효율} = \frac{\text{생성물에 들어가는 탄소 몰}}{\text{반응물들에 들어있는 탄소 몰}} \times 100\%$$

화학 반응의 표현: 유효 질량수율

유효 질량수율(Effective Mass Yield, EMY)은 다음 식과 같이 계산되는 지표이다(**참고문헌 3**). 식에서 보는 바와 같이 바람직하지 않은 원료를 적게 사용할수록 그리고 바람직한 생성물이 많이 얻어질수록 유효 질량수율은 증가하고 경우에 따라서는 유효 질량수율은 100%를 초과할 수도 있다.

$$\text{EMY} = \frac{\text{바람직한 생성물의 무게(g)}}{\text{환경친화적이지 않은 반응물들의 무게(g)}} \times 100\%$$

다음 화학 반응식은 n–뷰테인올과 초산 사이의 에스테르화 반응식을 보여 주고 있으며 각 물질의 화학식량과 사용된 반응물과 얻어진 생성물의 무게 등을 보여 주고 있다. 생성물은 에스테르이고 n–뷰테인올이 환경친화적이지 않은 반응물이라면 유효 질량수율은 다음과 같이 108%이다. 유효 질량수율은 얼마나 환경친화적이지 못한 반응물을 이용하여 바람직한 생성물을 얻었는가의 좋은 척도가 될 수 있으나 반응물이 환경친화적인지 아닌지를 어떻게 판단하는가가 문제가 될 수 있다. 관점에 따라서 다르게 해석될 소지가 있기 때문이다.

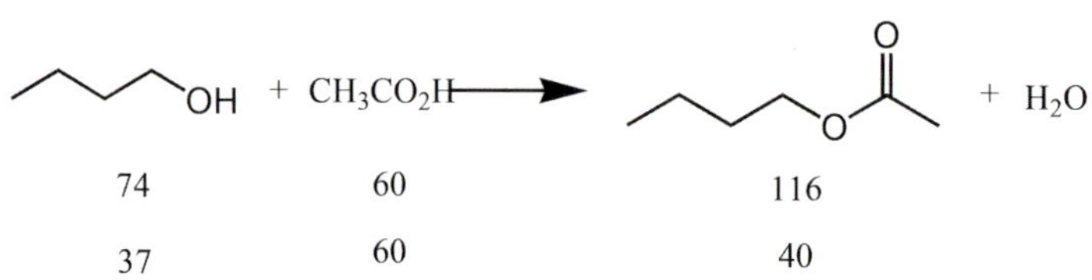

EMY = (40/37)*100% = 108%

원자경제와 E–인자의 비교

메틸페닐케톤이라고 하는 생성물은 메틸페닐메탄올이라는 알코올을 산화하여 얻을 수 있으며 반응식에 보인 바와 같이 2가지 경로를 통해 얻을 수 있다.[2] 촉매적 산화 반응에서는 산화제로 산소를 활용하고 촉매를 적용한다. 부산물로는 물만 얻어지고 따라서 원자경제는 87%이고 E–인자는 약 0.1로 낮다. 반면, 촉매를 사용하지 않고 산화제로 삼산화크로뮴을 사용하는 당량적 산화 반응의 경우 물 이외에 부산물 황산 크로뮴(III)이 매우 다량 얻어진다(실제 황산 크로뮴(III)의 화학식량이 매우 크기 때문이다). 따라서 원자경제는 42%로 낮은데 E–인자는 약 1.5로 매우 높다.

2 반응식 아래의 숫자는 각 화학물질의 화학식량(g/mol)을 나타낸다.

1. 촉매적 산화 반응

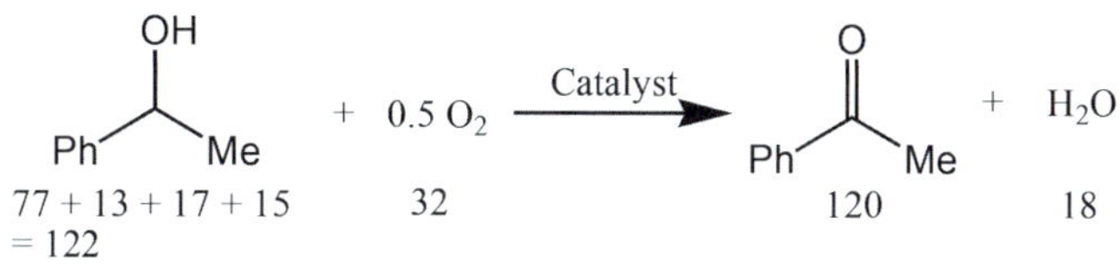

2. 당량적 산화 반응

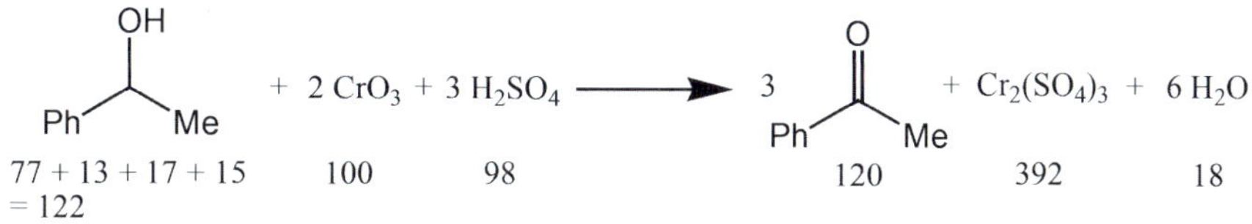

* Ph: phenyl or $C_6H_5^-$

즉, 촉매적 산화 반응은 당량적 산화 반응에 비해 원자경제는 물론이고 E-인자 측면에서도 바람직한 반응임을 알 수 있다. 이는 녹색화학의 12원칙의 9번 "화학양론적 시약보다는 가능한 한 촉매(될 수 있으면 선택적인 촉매)를 사용하는 것이 바람직하다"라는 원칙과도 잘 일치함을 알 수 있다.

참고

화학 반응의 표현 중 헷갈리기 쉬운 점

- 수율, 원자경제, 원자효율 및 탄소효율은 높으면 높을수록 바람직하나 100%를 초과할 수는 없다.
- E-인자는 유일하게 낮으면 낮을수록 바람직한 지표이다.
- E-인자와 '유효 질량수율'은 지표 중 유일하게 '100%' 혹은 '1'을 넘을 수 있는 지표들이다.

9.5 신화학 혹은 이상적 합성

그림 9.2는 이상적 합성을 위해 요구되는 8가지 조건이다. 우선 반응은 1단계 반응으로 진행되고 안전해야 하며 원자효율은 높고 단순해야 한다. 그리고 수율은 100%여야 하고 주위에서 쉽게 구할 수 있는 재료나 원료를 활용할 수 있어야 하며 환경적으로 허용 가능한 반응이어야 하고 반응물의 손실은 없어야 하는 등의 특징이 있다. 물론 어느 것 하나 쉬운 조건은 없지만 미래의 화학 기술 개발은 이러한 관점에서 이루어져야 할 것이다. 이러한 관점에서 이러한 개념들에 바탕을 둔 화학을 '신화학'이라고도 한다(**참고문헌 4**).

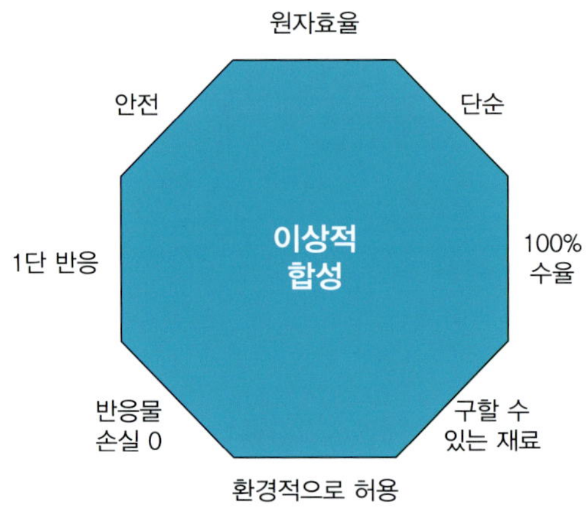

그림 9.2 이상적 합성의 8가지 조건

비슷한 개념으로 미래에는 1단계 반응을 추구하고 녹색화학에 기반한 반응을 추구하되 촉매를 이용하며 생물 모방, 소형화, 고속 스크리닝 등을 통해 보다 이상적인 화학 및 반응이 가능할 것으로 기대된다. 특히 미국 버클리 대학의 Somorjai 교수는 녹색화학, 신화학 혹은 미래의 화학을 위해 "촉매가 아주 중요한 역할을 할 것이다"라고 강조하였다. 이러한 개념은 녹색화학의 12가지 원칙에서 9번과 잘 일치한다.

9.6 청정 기술

신화학 혹은 이상적 합성과 유사하게 영국 요크 대학의 J. Clark 교수는 청정기술(clean technology)을 위한 중요 항목으로 **그림 9.3**에서와 같이 6가지를 제시하였다. 이 항목들이

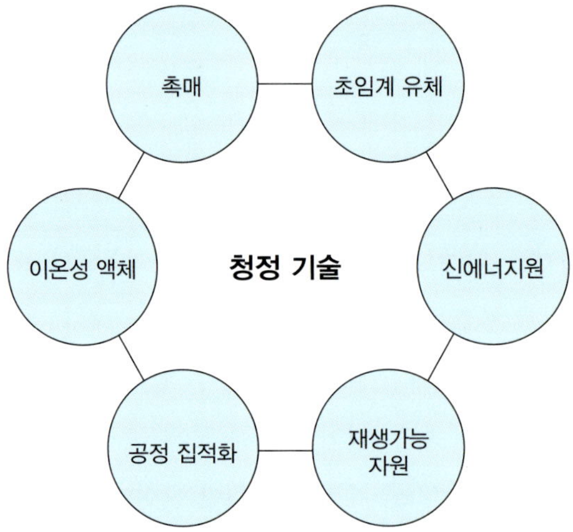

그림 9.3 청정 기술을 위한 6가지 항목

다음과 같이 서로 연계되어 청정 기술로 이어진다.

- 재생 가능한 자원을 이용하여 초임계 유체나 이온성 액체를 용매나 공정에 활용
- 전기 이외의 마이크로파나 초음파 및 플라스마 같은 새로운 에너지를 이용
- 공정을 집적화하여 가능한 작은 단계의 반응으로 생성물을 획득

한편, 이러한 과정에서 촉매가 아주 중요한 역할을 한다고 강조하였다.

9.7 녹색화학의 예시

카프로락탐

나일론과 플라스틱의 원료로 주로 사용되는 카프로락탐(**참고문헌 5**)은 전통적으로 매우 많은 양의 폐기물을 발생하는 공정으로 악명이 높았다. **그림 9.4**에서 보인 바와 같이 전통적 공정에서는 1톤의 카프로락탐을 만들 때 폐기물(주로 염이다)이 약 2.5~8톤 얻어졌다.

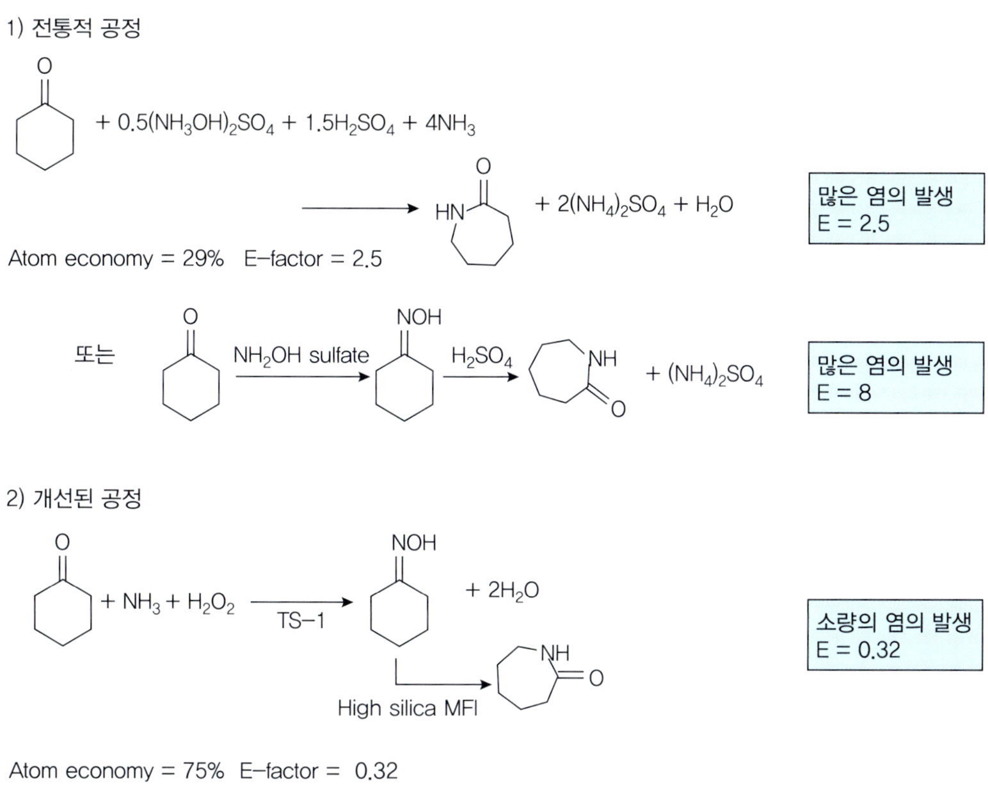

그림 9.4 카프로락탐 제조 공정 및 E-인자 비교

대량 생산되는 카프로락탐의 특성을 고려하면 폐기물 처리가 생산공정의 가장 큰 애로사항이 될 정도였다. 개선된 공정의 하나의 예는 **그림 9.4**의 "2) 개선된 공정"으로 표기된 기술이며 황산 등의 강산 대신에 과산화 수소를 산화제로 활용하고 TS-1과 고실리카 MFI라고 하는 산성의 고체를 촉매로 사용하여 폐기물 발생을 크게 줄일 수 있었다.

카프로락탐을 생산하는 더욱 개선된 신공정도 소개되었는데 **그림 9.5**의 신공정 (1)로 표기된 공정은 듀폰 사와 로디아 사가 공동으로 개발한 것이다(**참고문헌 5**). 염의 발생도 무시할 만하고 벤젠을 사용하지 않고 E=0.13으로 폐기물 발생도 아주 적다. 그러나 듀폰 공정에서는 매우 위험한 사이안화 수소(HCN)를 사용하는 문제점이 있다. 신공정 (2)로 표기된 새로운 방법은 J. M. Thomas 등이 제안한 공정으로 역시 염의 발생은 무시할 만하고 (CoSi)-AlPO-5라고 하는 코발트와 실리콘이 들어간 알루미노포스페이트-5라는 다공성 고체촉매를 사용한 새로운 기술이다(**참고문헌 6**). 이러한 기술은 녹색화학의 촉매 반응으로 분류될 수 있으나 상업화를 위해서는 해결해야 할 숙제가 남아 있다.

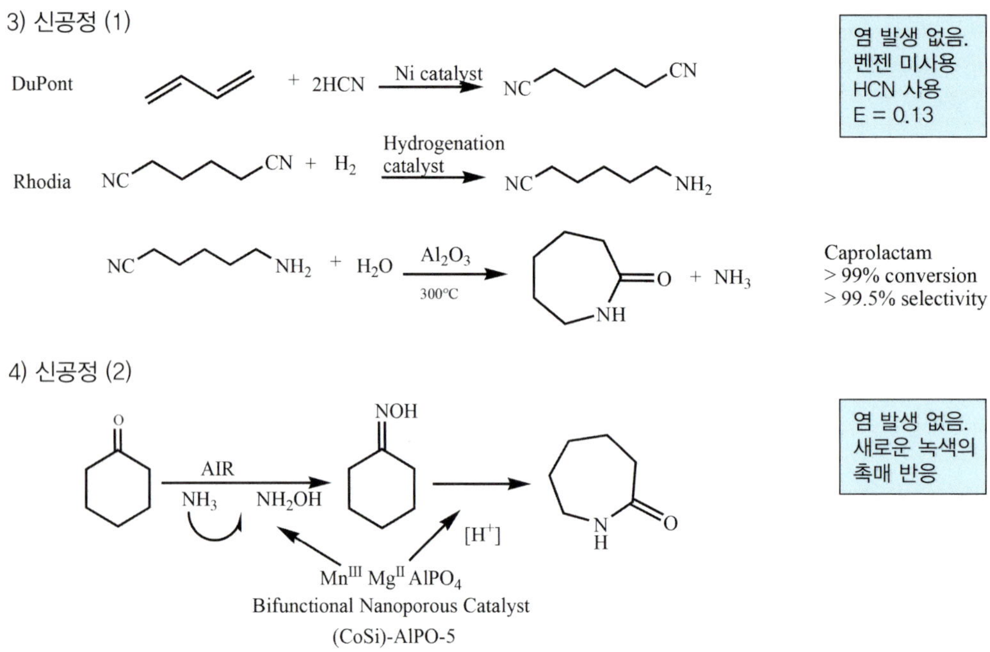

그림 9.5 카프로락탐의 새로운 제조 공정 및 특징

아디프산

나일론의 원료로 주로 사용되는 아디프산(**참고문헌 7**)은 사이클로헥세인의 산화로 얻어지나 공정 조건이 고온 및 고압이고 2단계로 진행될 뿐만 아니라 질산을 사용하는 등 상

당히 환경친화적이지 못하였다. **그림 9.6**과 같이 오존과 자외선을 이용하여 상온 및 1기압에서 아디프산과 같은 다이카복실산을 얻는 공정이 보고되었으며, 새로운 공정개발을 위한 노력이 계속되고 있다. 상업화를 위해서는 많은 기술개발이 필요하지만 온화한 반응조건 및 질산을 사용하지 않는 점 등이 녹색화학의 개념과 잘 맞는다.

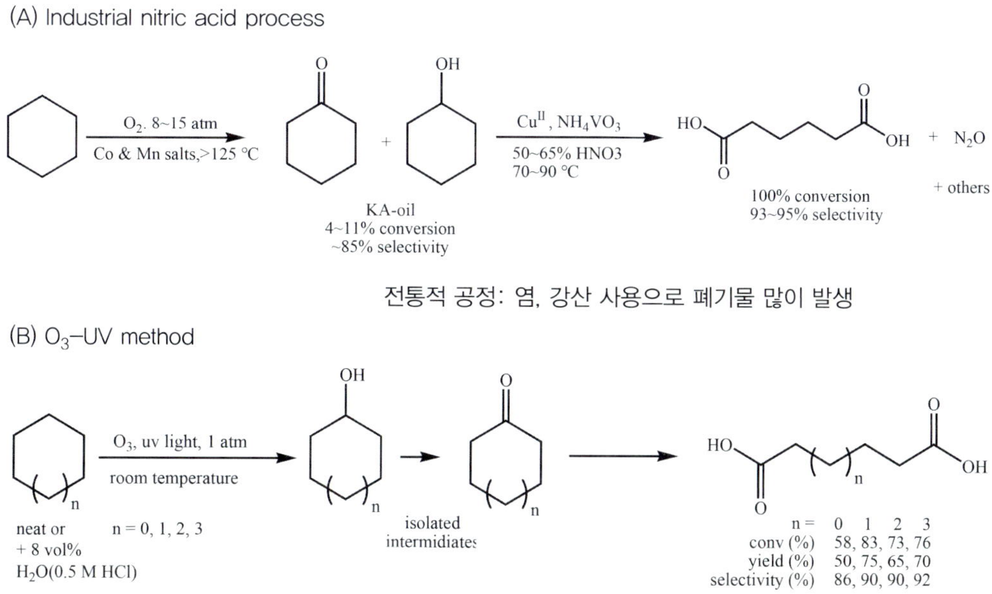

신공정으로 폐기물 소량 발생

그림 9.6 아디프산을 제조하는 전통적 공정 및 신공정 대비

폴리카보네이트

폴리카보네이트(**참고문헌 8**)는 유연성 및 가공성이 우수한 고분자로 아크릴이나 유리의 대체품 혹은 보완재로 많이 쓰인다. **그림 9.7**은 폴리카보네이트를 얻는 2가지의 공정을 보여 주고 있다. 지금까지 폴리카보네이트는 전통적으로 매우 위험한 반응물인 포스겐을 사용하여 제조되었다. 그 외에도 전통적 공정에서는 위험한 일산화 탄소, 비스페놀-A 및 다이클로로메테인 등도 사용되었다. 그러나 **그림 9.7**의 아랫부분과 같이 위험한 포스젠과 일산화탄소를 사용하지 않고 산화에틸렌과 이산화 탄소로부터 폴리카보네이트를 얻는 공정이 2003년에 소개되었다. 이 공정에서는 중간체들이 생성물까지 사이클을 그리면서 변환되는 특징을 가진다. 이 공정은 비록 비스페놀-A를 사용하지만 상업화된다면 이산화 탄소를 유용한 화합물로 바꾸어 지구온난화 가스를 줄이는 또 다른 효과도 기대된다.

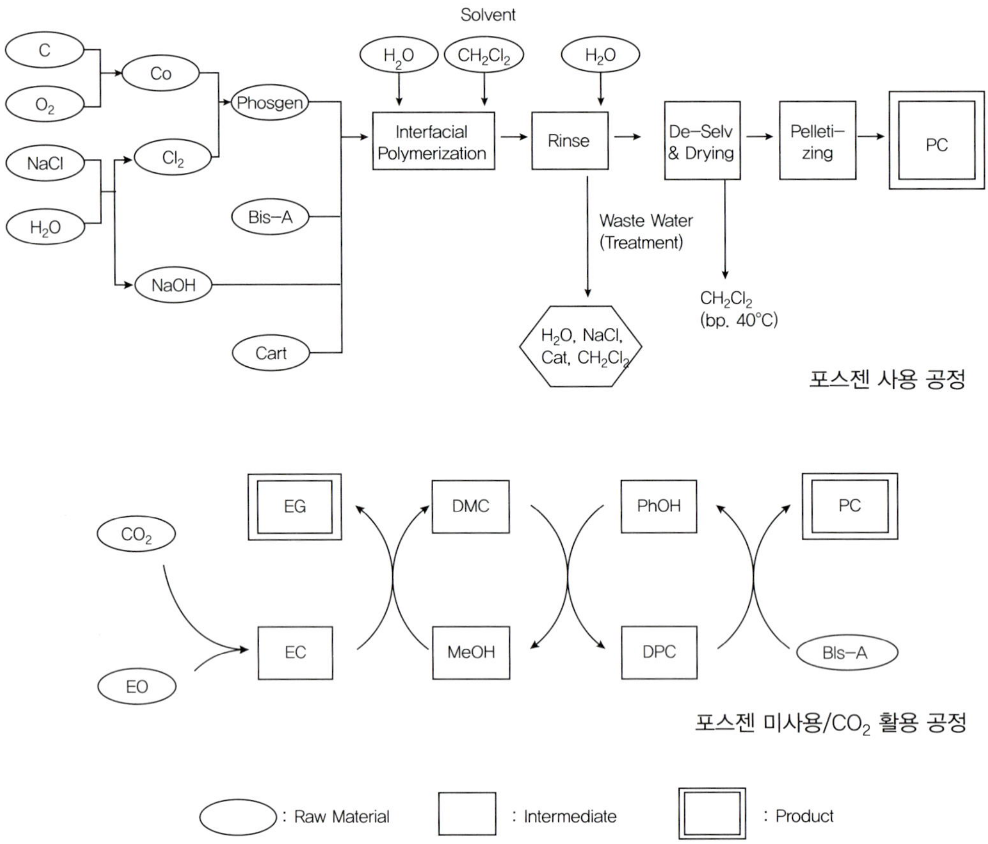

약어 설명

Bis-A: 비스페놀-A	DMC: 다이메틸카보네이트
EG: 에틸렌글라이콜	DPC: 다이페닐카보네이트
EC: 에틸렌카보네이트	PC: 폴리카보네이트
EO: 산화에틸렌	

그림 9.7 폴리카보네이트를 얻는 두 가지의 공정

용매

많은 화학 반응은 용매(**참고문헌 9**)를 사용하여 진행되며, 용매는 다른 원료에 비해 그 사용량이 일반적으로 매우 크다. 따라서 용매를 잘 선택하는 것은 다양한 측면에서 중요하다. 아래는 환경, 안전 등의 측면에서 용매의 선택에 대한 설명이다.

다양한 용매 중 별 문제 없이 편하게 사용할 수 있는 것으로는 물, 아세톤, 에탄올, 2-프로판올, 1-프로판올, 에틸아세테이트, 아이소프로필아세테이트, 메탄올, 메틸에틸케톤, 1-뷰테인올, t-뷰테인올 등이 있다. 반면, 사용하지 말라고 권고되는 용매로는 펜테인, 헥세인류, 다이아이소프로필에터, 다이에틸에터, 다이클로로메테인, 다이클로로에테인, 클로로폼, 다이메틸폼아마이드, N-메틸필롤리돈, 피리딘, 다이메틸아세테이트, 다이옥세인, 다이메톡시에테인, 벤젠, 그리고 사염화 탄소 등이다. 사용하지 말라고 하는 이유는 펜테인, 헥세인류 및 다이에틸에터는 너무 쉽게 불이 붙기 때문이고 다이아이소프로필에터는 쉽게 과산화물을 형성하기 때문이다. 또한 다이클로로메테인은 유해 물질이며 다이클로로에테인과 클로로폼은 발암 물질이고 다이메틸폼아마이드와 N-메틸필롤리돈은 독성 물질이다. 피리딘, 다이옥세인, 다이메톡시에탄, 벤젠과 사염화 탄소는 각각 3, 3, 2, 1 및 3급 발암 물질[3]이다.

표 9.3은 바람직하지 못한 용매와 그들의 가능한 대체 용매를 보여 주고 있다. 위험하거나 건강에 해로운 용매보다는 대체 가능한 덜 위험하고 건강에 덜 해로운 용매를 사용해야 한다.

표 9.3 바람직하지 못한 용매와 대체 가능한 용매

바람직하지 못한 용매	대체 용매
펜테인	헵테인
헥세인류	헵테인
다이아이소프로필에터 혹 다이에틸에터	2-메틸테트라하이드로퓨란 혹 메틸 t-뷰틸에터
다이옥세인 혹 다이메톡시에테인	2-메틸테트라하이드로퓨란 혹 메틸 t-뷰틸에터
클로로폼, 다이클로로에테인, 사염화 탄소	다이클로로메테인
다이메틸폼아마이드, 다이메틸아세트아마이드 혹 N-메틸피롤리돈	아세토나이트릴
피리딘	트라이에틸아민 (피리딘이 염기로 사용될 때)
다이클로로메테인(추출용)	에틸아세테이트, 메틸 t-뷰틸에터, 톨루엔, 2-메틸테트라하이드로퓨란
다이클로로메테인(크로마토그래피용)	에틸아세테이트/헵테인
벤젠	톨루엔

9.8 녹색화학과 환경화학의 비교

환경을 고려한 전통적인 화학인 환경화학은 녹색화학과 서로 비슷하면서도 대비되는 개념이다. **그림 9.8**은 두 화학의 개념을 간단히 비교한 것이다. 전통적인 환경화학은 환경적 규제가 있고 감시를 통해 관리하는 개념을 포함하여 연구를 통해 나쁜 환경을 정화하

3 국제암연구소가 분류한 바에 따르면 대표적 1급 발암물질로는 벤젠, 흡연, 간접흡연, 카드뮴, 자외선, X-선, 감마선 등이 있다.

는 개념이다. 일부의 오염을 미연에 방지하는 개념도 포함하는데 이러한 '미연에 방지하는' 개념이 녹색화학에 해당된다. 따라서 녹색화학은 환경화학의 일부분으로 특히 오염을 미연에 방지하고 유해한 물질을 발생시키지 않는 쪽에 큰 관심을 두기보다 진보된 화학의 한 분야이다.

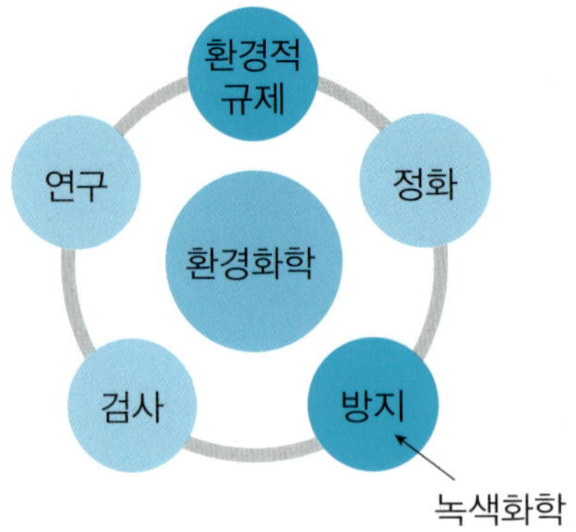

그림 9.8 녹색화학과 환경화학의 비교

표 9.4는 녹색화학과 환경화학을 좀 더 자세히 서로 비교하여 분석한 것이다. 다양한 차이가 있지만 녹색화학은 근원에서부터 오염을 줄이려고 하고 환경화학은 그러하지 못한 큰 차이가 있다.

표 9.4 녹색화학과 환경화학의 자세한 비교

	녹색화학	환경화학
정의	화학공정으로부터 생산되는 폐기물을 어떻게 다루는가에 관련된 화학적 기술	화학공정을 연구하고 분석하는 화학의 한 분야
주요 대상	화학의 환경적 효과(environmental impact of chemistry)	환경오염에 대한 화학의 효과(effects of chemistry on environmental pollution)
법칙/규정	12가지의 규정 혹은 원칙이 있음	규정 혹은 원칙 대신에 수질, 대기 및 토양의 품질을 측정하는 인자가 있음
잠재적 오염의 제거	근원에서 오염을 줄이려고 함	근원에서 오염을 줄이려고 하지는 않음

9.9 지속가능성

지속가능성(sustainability)이란 우리의 미래 세대가 그들의 수요를 충족시킬 능력을 훼손하지 않으면서 현재 세대의 수요를 충족하는 것으로 정의된다(**참고문헌 10**). 또한 자원의 개발, 투자, 기술개발, 제도적 변화 등을 할 때 인간의 필요와 염원을 만족시키기 위해 현재는 물론이고 미래까지 고려하여 변화를 균형 잡히게 하는 과정(process)이다. 그리고 생태계가 "미래에도 유지할 수 있는 제반 환경"이란 의미로 한마디로 '미래 유지 가능성'으로 요약된다. 지속가능성은 인간과 자원의 공생, 개발과 보전의 조화, 현 세대와 미래 세대 간의 형평성 등을 추구한다. 지속가능성을 위해 생물 다양성과 생태계를 보존하는 등 미래의 사람과 환경 모두를 위해 최선을 다해 노력하는 것이 필요하다.

그림 9.9는 지속가능성의 3가지 주요한 구성요소, 즉 건강한 사회, 자연환경, 경제적 활력 등을 보여 주고 있다. 즉, 지속가능성은 건강한 사회, 경제적 활력, 그리고 건강한 자연환경에 의해 얻어질 수 있다고 요약할 수 있다.

지속가능성이라는 용어는 인간활동, 경제나 경영, 기후와 환경, 국가정책 등에 광범위하게 사용되고 있다. 또한 지속가능성은 기업 경영에도 화두가 되고 있다. 기업의 사회적 책임 경영이 확산되고 사회책임투자펀드가 늘어나는 것은 이러한 지속가능성 때문이다.

한편, 예전에 흔히 사용된 용어인 '지속가능한 발전'은 표현에 있어 '끊임없는 발전'의 의미를 연상시킨다는 일부의 비판을 받았다. '발전'을 위해 자원의 무분별한 낭비가 발생할 수 있고 모든 사람이 '발전'을 염두에 두는 스트레스 등을 고려하여 최근에는 '지속가능한 발전'은 잘 사용되지 않고 '지속가능성'을 주로 사용한다.

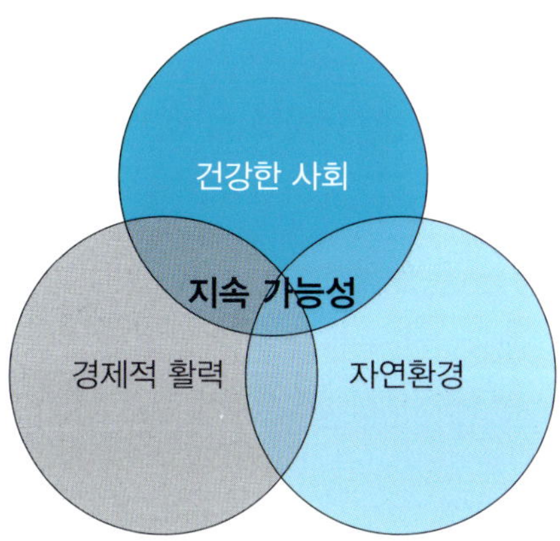

그림 9.9 지속가능성의 3가지 주요 구성 요소

9.10 요약

환경은 오염된 후 정제하는 것보다 오염을 미연에 방지하는 것이 매우 바람직하며 이를 위하여 화학 반응 및 공정에서 화학 폐기물의 양을 줄이고 에너지를 절약하며 유해

물질의 사용 및 배출을 최소화하는 새로운 화학제품 및 공정 개발을 위한 다양한 노력이 요구되며, 이를 녹색화학이라고 한다.

어떤 반응, 공정 및 제품 등이 녹색화학에 부합한지 여부는 E-인자, 원자경제 및 유효 질량수율(effective mass yield, EMY), 원자(혹 탄소)효율 등으로 검토할 수 있으며 전통적이며 단순한 수율(yield) 혹은 수득 백분율(yield %)은 적합하지 못한 척도이다.

우리 세대뿐만 아니라 미래를 위해서도 지속가능성을 항상 고려해야 하며 녹색화학은 지속가능성의 가장 우수한 척도 중 하나이다. 그러나 녹색화학은 환경화학과 많은 차이가 있다는 점을 알고 녹색화학을 실천하도록 해야 한다.

핵심어

녹색화학, 신화학, 지속가능성, 원자경제, 원자효율, 유효 질량수율, 이상적합성, 탄소효율, 환경화학, E-인자

부록

A1 "과학기술, 자연과 환경" 관련 기초 및 과학 용어

이 책과 관련하여 자주 사용되는, 그리고 기초적이며 과학적인 용어들을 정리하였다. 또한 이 책의 내용을 이해하는 데 도움이 될 과학적 기초도 정리하였다. 여기에 소개된 과학 용어 외에 중요한 용어는 "A2. 과학기술, 자연과 환경" 관련에 정리되어 있다.

- **A1.1 원자** 물질을 구성하는 기본 입자를 원자라고 하며, 화학 원소로서의 특성을 잃지 않는 범위에서 도달할 수 있는 물질의 기본적인 최소 입자를 말한다. 원자는 원자핵과 전자로 이루어져 있고 또한 원자핵은 양성자와 중성자로 구성된다. 원자는 지름이 10^{-10} m 정도로 매우 작아서 맨 눈으로 볼 수 없다.

- **A1.2 분자** 두 개 이상의 원자들이 결합하여 특정한 모양을 이룬 것을 분자라고 하며, 주로 화학의 대상 물질이며 자연 상태로 존재할 수 있는 순수한 물체(예를 들어 물, 산소, 오존 등)의 최소 단위를 이룬다. 보통 고체, 액체, 기체 상태로 존재할 수 있으며 분자 간의 거리가 변화하면서 고체, 액체, 기체의 3가지 상태로 변한다. 분자는 쪼개져서 다시 원자가 될 수 있으며 원자의 종류 및 결합 형태에 따라 수많은 종류의 분자가 얻어질 수 있다.

- **A1.3 이온** 원자나 분자가 전자를 얻거나 잃게 되면 각각 음의 전하 및 양의 전하를 띈 입자가 만들어지며, 양전하를 띈 이온은 양이온(cation), 음전하를 띈 이온은 음이온(anion)이라고 한다.

- **A1.4 원소** 예로, 이산화 탄소를 분해하면 산소와 탄소로 나누어지나, 산소와 탄소는 더 이상 다른 물질로 분해되지 않는다. 이처럼 다른 물질로 분해되지 않는, 물질을 이루는 기본 성분을 원소라고 한다. 지금까지 알려진 원소는 약 110개이고 일부는 인공으로 만들어진 것이다. 몇 가지 원소를 예로 들면, 1번 수소(H)는 가장 작고 가벼운 원소이자 우주에 가장 풍부한 원소이다. 6번 탄소(C)는 유기물의 근간이 되는 생명의 원소로, 결합력이 좋아 다른 원소는 물론이고 자신과도 결합하여 수많은 분자가 될 수 있다. 플라스틱과 같은 고분자 물질, 석유와 석탄 같은 에너지 물질, DNA와 같은 복잡한 유전물질도 탄소를 기초로 만들어지거나 구성되어 있다. 화학, 특히 유기화학이라는 학문은 탄소 기반의 분자를 주로 연구하고 다루므로 화학 관련된 분야에 탄소란 말이 자주 등장하기도 한다. 일례로 대한화학회 산하에 탄소문화원이라는 기관이 있고 탄소문화상을 수상하기도 하였다. 산소(O)는 8번 원소이며 지구 표면에 있는 원소

중 무게로 양이 가장 많은 원소이고 우주에서도 수소와 헬륨 다음으로 많은 원소이다. 철(Fe), 금(Au) 및 우라늄(U)은 각각 26, 79 및 92번 원소이며 금속이다.

• **A1.5 원자 기호** 물질은 원자로 구성되며 각각의 원자는 원자 기호로 표기할 수 있다. 위에서 본 것처럼 수소는 H, 산소는 O, 철은 Fe로 표기하는데 H, O, Fe가 각각 원자 기호이다. 그림 A1.1은 원자 번호 19번인 포타슘(혹은 칼륨)의 원자 기호이다. 그림 A1.1에서 보는 바와 같이 K는 원자 기호이고 K의 왼쪽 아래와 위의 숫자 19와 39는 각각 원자 번호 및 질량수(양성자와 중성자 숫자를 합친 숫자)를 의미한다. 39는 다음에서 설명하는 것처럼 39 g/mol을 의미한다.

그림 A1.1 원자 번호 19인 포타슘(K)의 원자 기호. 양성자 수 및 질량수 등의 다양한 정보를 보여 주고 있다.

또한 **그림 A1.2**와 같이 3가지의 수소를 볼 수 있다.

$$^{1}_{1}\text{H} = \text{수소}$$

$$^{2}_{1}\text{H} = \text{중수소}$$

$$^{3}_{1}\text{H} = \text{삼중수소}$$

그림 A1.2 1번 원소인 수소(H)의 3가지 원자 기호

마지막으로 염소 원소도 질량수 35 혹은 37을 가질 수 있는 두 종류의 동위 원소가 있으며(**그림 A1.3** 참조), 자연계에 존재하는 비율을 고려하면 염소는 $35 \times 0.75 + 37 \times 0.25 = 35.5$의 원자량을 가짐을 알 수 있다. 또한 원자로 이루어진 분자도 원자처럼 원자 기호를 이용하여 표기할 수 있고 화학 반응을 간편하게 나타낼 수 있다. 예로 물과 소금은 각각 H_2O 및 NaCl로 표기되고 물이 분해되어 수소와 산소로 되는 것은 $2H_2O \rightarrow 2H_2 + O_2$로 표기된다.

$$^{35}_{17}\text{Cl} \quad ^{37}_{17}\text{Cl}$$

(75 %) (25 %)

그림 A1.3 원자 번호 17번인 염소(Cl)의 2가지 원자 기호 및 자연계의 존재 비율

• **A1.6 주기율표** 원소들을 원자 번호순으로 배열하여 비슷한 성질의 원소들이 수직으

주기율표 Periodic Table of the Elements

원소 기호 → C 6 ← 원자 번호
영어명 → Carbon
한글명 → 탄소
원자량 → 12.011

금속 (Metal)
준금속 (Semimetal)
비금속 (Nonmetal)

주기 \ 족	1	2	3	4	5	6	7	8	9	10	11	12	13	14	15	16	17	18
1	H 1 Hydrogen 수소 1.007																	He 2 Helium 헬륨 4.0026
2	Li 3 Lithium 리튬 6.941	Be 4 Beryllium 베릴륨 9.0122											B 5 Boron 붕소 10.811	C 6 Carbon 탄소 12.011	N 7 Nitrogen 질소 14.0067	O 8 Oxygen 산소 15.9994	F 9 Fluorine 플루오린 18.9984	Ne 10 Neon 네온 20.1797
3	Na 11 Sodium 소듐(나트륨) 22.9898	Mg 12 Magnesium 마그네슘 24.305											Al 13 Aluminium 알루미늄 26.9815	Si 14 Silicon 규소 28.0855	P 15 Phosphorus 인 30.9738	S 16 Sulfur 황 32.0650	Cl 17 Chlorine 염소 35.4533	Ar 18 Argon 아르곤 39.948
4	K 19 Potassium 포타슘(칼륨) 39.0983	Ca 20 Calcium 칼슘 40.078	Sc 21 Scandium 스칸듐 44.9559	Ti 22 Titanium 타이타늄 47.867	V 23 Vanadium 바나듐 50.9415	Cr 24 Chromium 크로뮴 51.9961	Mn 25 Manganese 망가니즈 54.938	Fe 26 Iron 철 55.845	Co 27 Cobalt 코발트 58.9332	Ni 28 Nickel 니켈 58.6934	Cu 29 Copper 구리 63.546	Zn 30 Zinc 아연 65.409	Ga 31 Gallium 갈륨 69.723	Ge 32 Germanium 저마늄 72.64	As 33 Arsenic 비소 74.9216	Se 34 Selenium 셀레늄 78.96	Br 35 Bromine 브로민 79.904	Kr 36 Krypton 크립톤 83.798
5	Rb 37 Rubidium 루비듐 85.4678	Sr 38 Strontium 스트론튬 87.62	Y 39 Yttrium 이트륨 88.9059	Zr 40 Zirconium 지르코늄 91.224	Nb 41 Niobium 나이오븀 92.9064	Mo 42 Molybdenum 몰리브데넘 95.94	Tc 43 Technetium 테크네튬 98.9063	Ru 44 Ruthenium 루테늄 101.07	Rh 45 Rhodium 로듐 102.9055	Pd 46 Palladium 팔라듐 06.421	Ag 47 Silver 은 107.8682	Cd 48 Cadmium 카드뮴 112.411	In 49 Indium 인듐 114.818	Sn 50 Tin 주석 118.71	Sb 51 Antimony 안티모니 121.76	Te 52 Tellurium 텔루륨 127.6	I 53 Iodine 아이오딘 126.9045	Xe 54 Xenon 제논 131.293
6	Cs 55 Cesium 세슘 132.9055	Ba 56 Barium 바륨 137.327		Hf 72 Hafnium 하프늄 178.49	Ta 73 Tantalum 탄탈럼 180.9479	W 74 Tungsten 텅스텐 183.84	Re 75 Rhenium 레늄 186.207	Os 76 Osmium 오스뮴 190.23	Ir 77 Iridium 이리듐 192.217	Pt 78 Platinum 백금 95.078	Au 79 Gold 금 196.9666	Hg 80 Mercury 수은 200.59	Tl 81 Thallium 탈륨 204.3833	Pb 82 Lead 납 207.2	Bi 83 Bismuth 비스무트 208.9804	Po 84 Polonium 폴로늄 208.9824	At 85 Astatine 아스타틴 209.9871	Rn 86 Radon 라돈 222.0176
7	Fr 87 Francium 프랑슘 223.0197	Ra 88 Radium 라듐 226.0254		Rf 104 Rutherfordium 러더포듐 261.1088	Db 105 Dubnium 더브늄 262.1142	Sg 106 Seaborgium 시보귬 266.1219	Bh 107 Bohrium 보륨 264.1247	Hs 108 Hassium 하슘 269.13	Mt 109 Meitnerium 마이트너륨 268.1388	Ds 110 Darmstadtium 다름스타튬 271.15	Rg 111 Roentgenium 뢴트게늄 272.1535	Cn 112 Copernicium 코페르니슘 (277)	Nh 113 Nihonium 니호늄 (284.18)	Fl 114 Flerovium 플레로븀 (289.19)	Mc 115 Moscovium 모스코븀 (288.19)	Lv 116 Livermorium 리버모륨 (293)	Ts 117 Tennessine 테네신 (294)	Og 118 Oganesson 오가네손 (294)

	주기															
란타넘족 (Lanthanides)	6	La 57 Lanthanum 란타넘 138.9055	Ce 58 Cerium 세륨 140.116	Pr 59 Praseodymium 프라세오디뮴 140.9077	Nd 60 Neodymium 네오디뮴 144.24	Pm 61 Promethium 프로메튬 146.9151	Sm 62 Samarium 사마륨 150.36	Eu 63 Europium 유로퓸 51.964	Gd 64 Gadolinium 가돌리늄 157.25	Tb 65 Terbium 터븀 22.9898	Dy 66 Dysprosium 디스프로슘 162.5	Ho 67 Holmium 홀뮴 164.93	Er 68 Erbium 어븀 167.259	Tm 69 Thulium 툴륨 168.9342	Yb 70 Ytterbium 이터븀 173.04	Lu 71 Lutetium 루테튬 174.967
악티늄족 (Actinides)	7	Ac 89 Actinium 악티늄 227.0278	Th 90 Thorium 토륨 232.0381	Pa 91 Protactinium 프로트악티늄 231.0359	U 92 Uranium 우라늄 238.0289	Np 93 Neptunium 넵투늄 237.0482	Pu 94 Plutonium 플루토늄 244.0642	Am 95 Americium 아메리슘 243.0614	Cm 96 Curium 퀴륨 247.0703	Bk 97 Berkelium 버클륨 247.0703	Cf 98 Californium 캘리포늄 251.0796	Es 99 Einsteinium 아인슈타이늄 252.083	Fm 100 Fermium 페르뮴 257.0951	Md 101 Mendelevium 멘델레븀 258.0984	No 102 Nobelium 노벨륨 259.101	Lr 103 Lawrencium 로렌슘 262.1097

그림 A1.4 현대의 주기율표

로 배열되게 만든 것을 말하며, 주기율표는 러시아 화학자인 멘델레예프가 1869년 처음 만든 것으로 인정되고 있다. 물질을 다루는 실험실이나 교수연구실에는 거의 모두 주기율표를 게시해 둔 것을 볼 수 있는데, 그 이유는 어떤 원소의 성질을 주기율표에 있는 그 원소의 위치로부터 거의 정확하게 알 수 있기 때문이다. 2019년 현재, 주기율표에는 최대 118개 원소가 번호별로 특성에 맞춰 정리되어 있다. **그림 A1.4**는 현대의 주기율표를 보여 주고 있다.

- A1.7 몰(mole 혹은 mol) 원자나 분자 같은 물질은 너무나 작고 우리가 보통 보거나 다루는 물질은 엄청나게 많은 수의 원자, 이온 혹은 분자를 포함한다. 따라서 원자, 이온과 분자들을 다루는 사람들의 편리성을 위해서 사용되는, 그러한 물질들의 양을 나타내기 위해 사용하는 단위의 하나가 몰이다. 연필 한 다스는 12자리를 의미하고 계란 한 판은 30개를 의미하는 것처럼 분자와 원자 등이 6.02×10^{23}개로 구성된 것을 몰(mole 혹은 mol)이라고 부른다. 즉, 어떤 물질 1 mole은 그 물질 6.02×10^{23} 단위로 구성되어 있다. 보다 정확한 의미로는 몰은 정확히 12 g의 순수한 ^{12}C 중에 들어 있는 탄소 원자의 수와 같은 수를 뜻하며, 그 값은 아보가드로수[1]라고 하며 대략 6.02×10^{23}이다.

보통 사람은 실제 원자나 분자의 숫자를 헤아려 본 적이 없고 쉽게 셀 수도 없으므로 물 1몰을 약 18 g이라고 생각하고 18 g의 물속에는 물 분자가 6.02×10^{23}개 있다고 생각하면 된다. 유사하게 산소(O_2)와 이산화 탄소(CO_2) 1몰은 각각 대략 32 g 및 44 g에 해당되는 양이다.

주기율표에서 보면 H, O, C는 대략 1, 16, 12 g/mol의 원자량을 가지므로, H_2O는 $1 \times 2 + 16 = 18$ g/mol로 계산될 수 있고 그 의미는 물 1몰은 18 g이라는 뜻이다. CO_2는 $12 + 16 \times 2 = 44$ g/mol로 계산될 수 있고 그 의미는 유사하게 이산화 탄소 1몰은 44 g임을 의미한다. 또한 O_2는 $16 \times 2 = 32$ g/mol이고 CH_4는 $12 + 1 \times 4 = 16$ g/mol이다.

아래의 반응에서 반응 아래에 표기된 숫자(16, 64, 44, 36 등의 화학식량, g/mol)들을 보면

$$\begin{array}{ccccc} CH_4(g) + & 2O_2(g) & \longrightarrow & CO_2(g) + & 2H_2O(g) \\ 16 & 64 & \longrightarrow & 44 & 36 \end{array}$$
(괄호 안의 *g*는 가스를 의미함)

메테인 16 g을 연소시키는 데에는 산소 64 g이 필요하고 메테인이 완전히 연소되면 44 g의 이산화 탄소와 36 g의 물이 얻어진다는 것을 보여 주고 있다. 이를 다른 말로 표현하면 반응의 계수를 참조, 메테인 1몰은 산소 2몰과 반응하여 이산화 탄소 1몰 및 물 2몰을 발생할 수 있다고 정리할 수 있다.

---

1 아보가드로수의 측정: X선 결정학을 기초로 하여 규소의 결정을 측정하여 구할 수 있고 간단히 화학전지 실험을 통하거나 기체 분자 운동론과 브라운 운동 등을 통해서도 측정 가능하다.

- **A1.8 농도 표기** 자연과학에는 다양한 농도의 단위가 사용되고 있으며, 다음은 주로 환경 분야의 자료에 많이 언급되는 농도들이다.

  - %(백분율): 기준량을 100으로 할 때 비교하는 양.
  - ‰(per mille, 퍼밀): 기준량을 1000으로 할 때 비교하는 양. 해양 화학에서 중요하며, 예를 들면 해수 1 kg 중에 염분 35.0 g을 포함하는 것을 표준 해수라고 하며 35.0퍼밀이라고 표현한다.
  - ppm(parts-per-million, 10^{-6}): 백만분율. 예로 물 1 kg 중에 다른 물질 'A'가 10 mg 함유되어 있는 경우, 그 물은 10 ppm의 'A'를 함유한다고 한다.
  - ppb(parts-per-billion, 10^{-9}): 10억분율. ppm의 1/1000.
  - ppt(parts-per-trillion, 10^{-12}): 1조분율. ppb의 1/1000.
  - ppq(parts-per-quadrillion, 10^{-15}): 1000조분율. ppt의 1/1000.

  참고로 용액의 농도를 나타내는 데 자주 사용되는 단위인 몰농도(M)는 용액 1리터에 1몰의 용질이 존재할 때 1 M의 농도라고 한다(즉, M = mole/L이다).

- **A1.9 온도** 물체의 차고 뜨거운 정도를 수량으로 나타낸 물리량을 말하며 과학적 측정에서 주로 사용되는 온도 단위는 섭씨(Celsius)와 켈빈(Kelvin) 온도, 혹은 절대 온도이며 다음과 같은 특성을 가진다.

  - 섭씨(Celcius) 온도(°C): 물의 성질에 기초하여 측정한 온도이다. 즉, 0 °C는 물의 어는점, 100 °C는 물의 끓는점으로 정의하여 나타내는 온도이다.
  - 절대 온도(K): 기체의 성질에 기초한 온도이며 음의 절대 온도는 없다. K와 °C는 다음과 같은 관계를 가진다.

$$K = {}^{\circ}C + 273.15 \text{ (일반적으로는 } {}^{\circ}C + 273\text{라고 해도 무방하다)}$$

  - 화씨(Fahrenheit) 온도(°F): 얼음이 녹는점을 32 °F, 물이 끓는점을 212 °F로 하여 그 사이를 180등분한 온도이다. 과학적 측정에서는 거의 사용되지 않으며 화씨 온도는 미국, 미얀마, 라이베리아, 벨리즈 등 아주 일부 국가에서만 사용된다. 화씨와 섭씨 온도의 관계는 다음과 같이 표현된다.

$$^{\circ}F = 9/5(^{\circ}C) + 32$$
$$^{\circ}C = 5/9(^{\circ}F - 32)$$

  위의 관계식에서 확인할 수 있는 바와 같이 −40 °C와 −40 °F는 같다. 즉, 화씨와 섭씨 온도가 같은 점은 −40도이다. 참고로 화씨 온도는 꽤 인간적인 온도라고도 한다. 그 이유는 0 °F는 인간을 동사시킬 수 있는 온도이고 100 °F는 인간을 열로 죽일 수 있는 온도라고 하며, 따라서 인간이 살 수 있는 온도 범위가 대략 0~100 °F(-17.8~37.8 °C)

정도라고 보기 때문이다. **그림 A1.5**는 3가지 온도를 서로 비교한 것으로 물이 얼고 끓는 온도 및 정상 체온(37 ℃)을 3가지 온도 기준으로 비교하여 보여 주고 있다.

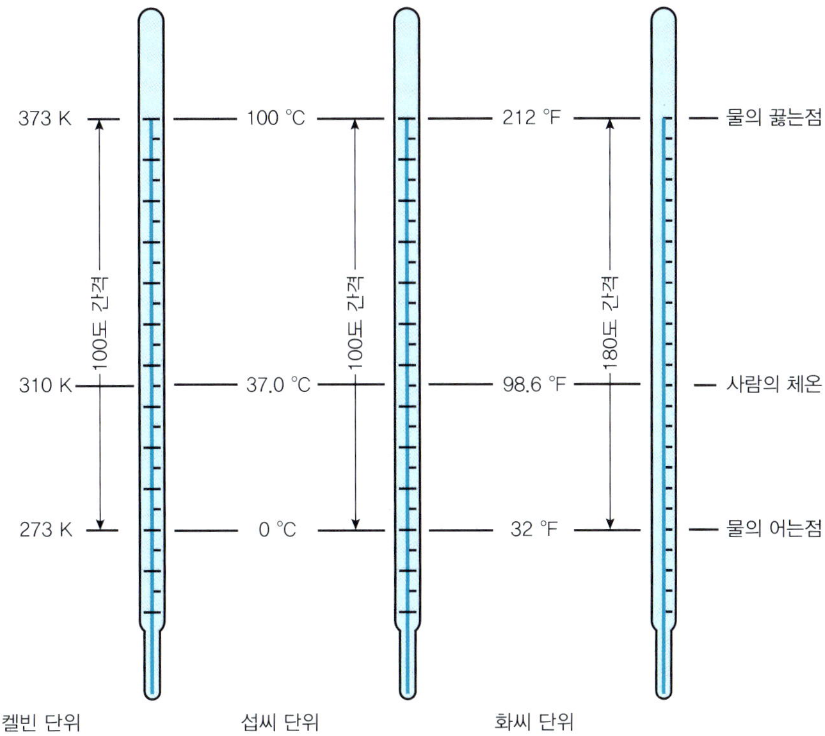

그림 A1.5 섭씨(℃), 화씨(℉), 켈빈(Kelvin, K) 온도의 관계

• **A1.10 자연과학에서 자주 사용되는 접두어** 빛의 이동 속도 및 전자의 무게 등 표기하는 양의 차이가 워낙 크므로 자연과학에서는 **표 A1.1**과 같이 다양한 접두어를 사용하며 그 기호, 의미 및 지수로 표기한 의미 등을 정리할 수 있다.

예로, 진공 속에서의 빛의 속도 c는 약 3.0×10^8 m/s로 보통 표기되며, 8개의 0을 적는 수고를 덜 수 있다.

표 A1.1 자연과학에서 흔히 사용되는 접두어, 기호 및 그 의미

접두어	기호	의미	지수 표기
exa	E	1,000,000,000,000,000,000	10^{18}
peta	P	1,000,000,000,000,000	10^{15}
tera	T	1,000,000,000,000	10^{12}
giga	G	1,000,000,000	10^{9}
mega	M	1,000,000	10^{6}
kilo	k	1,000	10^{3}
hecto	h	100	10^{2}
deka	da	10	10^{1}
–	–	1	10^{0}

deci	d	0.1	10^{-1}
centi	c	0.01	10^{-2}
milli	m	0.001	10^{-3}
micro	μ	0.000001	10^{-6}
nano	n	0.000000001	10^{-9}
pico	p	0.000000000001	10^{-12}
femto	f	0.000000000000001	10^{-15}
atto	a	0.000000000000000001	10^{-18}

- A1.11 pH와 pOH pH = $-\log[H^+]$; pOH = $-\log[OH^-]$로 각각 정의되며 [ ]는 어떤 물질의 몰농도(M 혹은 mol/L)를 의미한다. 따라서 위 식들의 의미는 H^+(양성자) 및 OH^-의 몰농도를 각각 로그를 취한 후 부호를 바꾼 (혹은 −1을 곱한) 값이 pH 및 pOH 값이다. pH와 pOH는 로그 스케일이므로 1 차이가 날 때 실제 농도는 10배 차이가 난다. 예로 pH 2와 pH 3인 용액은 양성자 농도가 각각 0.01 M 및 0.001 M이며, pH 2가 pH 3보다 10배 더 높은 양성자 농도를 가진다.

또한 pH + pOH = 14.00의 관계가 25 °C의 용액에서는 항상 성립하고 25 °C에서 pH가 7.00이면 중성, 7을 초과하면 염기성, 7 미만이면 산성이라고 한다. 다음 **그림 A1.6**은 주위에 흔히 보이는 물질의 pH와 pOH 값들을 보여 주고 있다. 예를 들어 위산은 매우 강산이고 반대로 가정용 표백제는 매우 강한 염기성이다.

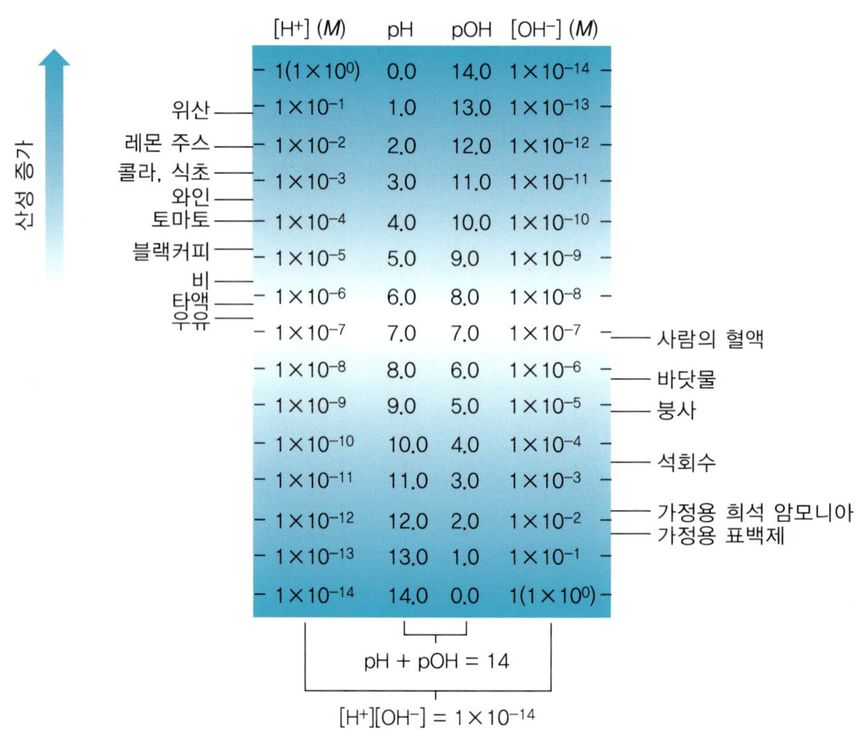

그림 A1.6 pH와 pOH의 의미 및 25 °C에서의 상호 관계

- **A1.12 전자기 복사선(electromagnetic radiation, 전자기파 혹 전자파)** 전기장과 자기장의 두 가지 성분으로 구성된 파동을 의미하며, 공간을 광속으로 전파한다. 전자기파는 광자를 매개로 전달되며 파장에 따라 구분된다. 모든 전자기 복사선의 속도는 동일하며, 빛(우리 눈에 보이는 전자기 복사선)의 속력, 3.00×10^8 m/s와 같다. 즉, $c = \lambda\nu$[2]의 관계가 성립한다. 한편, 전파(radiowave)는 전자기파의 일종으로서 적외선보다 파장이 긴 것(파장이 0.1 mm 이상)을 의미한다.

  또한 적외선과 자외선은 가시광선보다 파장이 각각 길거나 짧은 전자기 복사선을 의미하며 자외선은 보통 10~400 nm 사이의 빛을 의미한다. 가장 파장이 긴 것부터 UVA, UVB 및 UVC로 구분된다. 즉, UVC는 가장 파장이 짧은 UV로 가장 높은 에너지를 가지며 혹시라도 인체에 UVC가 조사되면 위험하다.

- **A1.13 반감기** 반응물 혹은 방사선 동위 원소 등의 농도가 초기 농도의 절반에 도달하는 데 걸리는 시간을 의미하며, 반응 혹은 붕괴 속도에 따라 매우 넓은 범위를 가진다. 예로, ^{15}C는 2.4초의 반감기를 가지나 ^{14}C는 5,730년의 반감기를 가져 오래된 유물의 나이를 측정하는 데 활용할 수 있다. 원자력 발전에서 나오는 핵물질은 보통 반감기가 매우 길어 오랫동안 방사선이 발생하고 우리와 환경에 계속 나쁜 영향을 끼치므로 그 효과가 심각하다고 볼 수 있다.

---

2 λ는 파장(단위: m)을, ν는 주파수(단위: s^{-1})를 의미한다.

A2 "과학기술, 자연과 환경" 관련 용어 정리

이 책을 읽는 데 도움이 되고 환경 관련 이해의 깊이를 높이기 위해서 자주 사용되는 중요한 용어들을 정리하였다.

- **계면활성제(surface active agent)** 표면활성제라고도 하며, 물에 녹기 쉬운 친수성 부분과 기름에 녹기 쉬운 소수성 부분을 가지고 있는 화합물이다. 비누와 합성세제의 주성분으로 탄화수소계 화합물로서 친수성기와 소수성기를 동시에 포함하고 있어 옷의 때를 제거하는 역할을 주로 한다.

- **과플루오린화 화합물(perfluorinated compounds, PFCs)** 탄소(C)와 플루오린(F)으로 이루어진 화합물(C-F 결합을 가지되 C-H 결합은 없음)로 화학적, 열역학적으로 안정하여 식품 포장제, 필름, 의류 등 다양한 생활용품에 사용된다. 그러나 과플루오린화 화합물은 쉽게 분해되지 않아 환경 및 사람 몸 안에 오래 잔류함으로써 위해가 우려되고 있다. 환경 중에 높은 빈도로 검출되는 종류로는 PFOS(perfluorooctane sulfonate)와 PFOA(perfluorooctanoic acid) 등이 있으며, 스톡홀름 협약을 통해 PFOS 물질을 잔류성 유기오염 물질(persistent organic pollutants, POPs)로 지정하여 국제적 관리가 이루어지고 있다.

- **납사(naphtha)** 원유를 분별증류하여 여러 종류의 석유제품을 만드는 공정에서 얻어지는 중요한 제품의 하나이다. 원유를 증류할 때 대략 30~200 °C의 온도 구간에서 증류되어 증류탑 밖으로 나오는 유분을 납사라고 한다. 납사는 원유의 15~30% 정도이며, 탄소수가 5~12개인 탄화수소로 이루어져 있다. 납사로부터 휘발유는 물론이고 열분해를 통해 에틸렌, 프로필렌, 뷰타다이엔 등의 중요한 석유화학 원료들을 생산할 수 있다.

- **내분비계(endocrine system)** 생체의 항상성 유지, 생식, 발생, 행동 등에 관여하는 각종 호르몬을 생산, 분비하는 기관으로서 선, 호르몬, 표적세포로 구성된다. 호르몬계라고도 한다.

- **내분비계 장애물질(endocrine disruptors)** 생물체 내의 정상적인 내분비계 기능을 방해하는 화학물질로서 환경 중에 배출되거나 잔류해 있다가 체내로 유입되어 마치 호르몬처럼 작용하여 일명 환경 호르몬으로 불리기도 한다.

- **녹색화학(그린 케미스트리, green chemistry)** 국제순수·응용화학연합에서 "인간, 동

물, 식물 및 환경에 유해한 물질의 사용 혹은 생성을 감소 혹은 없앨 수 있도록 화학제품 및 공정을 설계하는 것"이라고 정의한 화학을 의미한다. 비슷하게 화학산업 및 화학제품의 부작용에 대응하여 화학 폐기물의 양을 줄이고, 에너지를 절약하며, 유해한 물질의 사용 및 배출을 최소화하는 새로운 화학제품 및 공정 개발을 위한 다양한 노력을 녹색화학이라고 한다. 그리고 녹색화학은 환경에 미치는 마이너스 효과가 적은 화학기술이나 화학산업을 총칭한다. 또한 녹색화학은 화학물질과 화학제품의 원료 · 생산 · 사용 · 폐기 · 재활용의 전 과정에서 이들이 사람의 건강과 환경에 미칠 수 있는 부담을 최대한 줄이기 위한 기술이다.

- **녹조** 부영양화된 호소(湖沼) 또는 유속이 느린 하천에서 녹조류와 남조류가 크게 늘어나 물빛이 녹색이 되는 현상이다. 녹조 발생 시 수중생물이 죽어 생태계를 파괴하며, 유독남조류가 독소를 생산할 경우에는 동물에도 피해가 있다. 예방을 위해서 영양염류를 제거해야 한다.

- **다이옥신(dioxin)** 두 개의 벤젠고리에 염소가 여러 개 붙어 있는 화합물로 산소가 두 개인 다이옥신류와 산소가 한 개인 퓨란류를 합하여 말하며 210종의 이성체가 존재한다. 도시 쓰레기의 소각, 염소를 사용한 펄프 표백 등의 작업에서 비의도적으로 발생하며, 독성이 매우 강한 것으로 알려져 있다.

- **라돈(Radon)** 라돈은 원자 번호 86번의 강한 방사선을 내는 무색, 무미, 무취의 비활성 기체 원소이다. 우라늄과 토륨의 방사성 붕괴 사슬에서 라듐(radium, Ra)을 거쳐 라돈이 생성될 수 있다. 실내 오염 물질이며 장기적으로 노출 시 폐암을 유발할 수 있는 것으로 알려져 있다. 미국환경보호국은 라돈 흡입이 흡연 다음 가는 주요 폐암 원인이라고 경고하고 있다.

- **매연(煤煙, soot and smoke)** 연료가 탈 때 혹은 원자재를 열처리하는 과정에서 나오는 그을음이 섞인 고체 · 기체 · 휘발성 증기 등과 같이 주로 눈에 보이는 연기를 의미한다. 특히 석탄 같은 탄소 화합물의 불완전 연소로 생기는 오염 물질과 자동차 배기가스의 보이는 성분을 의미한다.

- **메테인 하이드레이트(methane hydrate, methane clathrate)** '불타는 얼음(Burning Ice)'이라고도 불리는 메테인이 결정 구조의 물(얼음) 안에 갇혀 있는 상태의 물질을 일컫는다. 얼음과 비슷한 고체이며 고체 클라스레이트(clathrate) 화합물의 하나이다. 육지에서는 고위도 지역의 툰드라 지하, 바다에서는 수심이 깊은 해역에서 해저 아래 수백 m 깊이의 모래층(沙層, 사층)에 주로 분포한다. 메테인 하이드레이트는 잘 개발하면 새로운 에너지 자원이 될 것이다(매장량은 학설에 따라 매우 다름). 반면, 지구온난화

등으로 인해 기온이 상승 시 대기로 급격히 분출될 확률이 있고 그 경우엔 폭발, 자연재해 및 지구온난화를 급격히 유발할 수 있는 가능성을 가진 물질이다.

- **물 발자국(water footprint)** 물 발자국은 "개인 혹은 국가에 대하여 상품과 서비스를 지탱하는 데 필요한 추산된 물(담수)의 양"을 의미한다. 최근 물의 소비가 급격히 늘고 수자원의 고갈이 염려되는 상황이므로 물 발자국이란 개념이 도입되고 있다. 참고로 전 세계의 물 발자국은 7.45×10^{15} L/년(혹은 1.24×10^{6} L/년/인이고) 미국인의 물 발자국은 2.48×10^{6} L/년y/인으로 인도인의 약 2.5배를 사용한다고 한다.

- **물질 안전 보건 자료(material safety data sheet, MSDS)** 화학물질을 안전하게 사용하고 관리하기 위하여 필요한 정보를 기재한 Sheet. 제조자명, 제품명, 성분과 성질, 취급상의 주의, 적용법규, 사고 시의 응급처치방법 등이 기입되어 있다. 화학물질 등 안전 Data Sheet라고도 한다.

- **미세먼지(fine particles, particulate matters)** 주요 대기 오염 물질 가운데 하나로, 자동차, 발전소, 화재 등 다양한 곳에서 발생하여 대기 중에 장시간 떠다니는 크기가 작은 먼지. 입자가 10 μm 이하의 것을 PM10이라고 하고, 입자가 2.5 μm 이하인 경우는 특히 초미세먼지(PM2.5)라고 부른다. 기관지와 폐에 쌓인 미세먼지는 각종 호흡기 질환의 직접 원인이 되며, 몸의 면역 기능을 떨어뜨린다.

- **미세 플라스틱(microplastics)** 5 mm 미만의 작은 플라스틱으로 처음부터 미세 플라스틱으로 제조되거나, 플라스틱 제품이 부서지면서 생성된다. 미세 플라스틱은 일상생활에서 쉽게 접할 수 있는 치약, 세정제, 세안제 등에도 포함되어 있는데, 150 ml 제품에 대략 280만 개의 미세 플라스틱이 함유되어 있는 것으로 알려져 있다(현재는 대부분의 제품에서 퇴출되었다). 미세 플라스틱은 너무 작아 하수처리시설에 걸러지지 않고, 바다와 강으로 그대로 유입되어 환경을 파괴할 뿐만 아니라 인간의 건강을 위협한다. 미세 플라스틱 중 크기가 0.1 혹은 1 μm보다 작을 경우 나노 플라스틱이라고도 한다.

- **바이오매스(biomass)** 에너지원(源) 또는 화학·공업 원료로 이용되는 식물 및 동물 등의 생물체를 총칭한다. 나무, 풀, 숯은 물론이고 유기물 함량이 높은 쓰레기 등을 예로 들 수 있다. 생물은 전부 바이오매스라고 할 수 있지만 밀이나 쌀처럼 식량으로 이용하는 경우는 바이오매스라 하지 않고, 연료나 화학원료로 사용되는 생물체 및 그 일부였거나 부생되어 얻어진 유기물들을 가리킬 때 바이오매스라는 용어를 사용한다. 지구상에서 1년간 생산되는 바이오매스는 석유의 전체 매장량과 맞먹는 정도라고 하며 잘 이용하면 고갈될 염려가 없는 이점이 있다. 바이오매스를 활용하는 방법으로는 간단히 연소하여 에너지를 얻는 아주 기초적인 방법에서부터 생물체를 발효 혹은 전

환시켜 메탄올, 에탄올, 수소와 같은 연료와 자원을 얻는 고도화된 방법까지 다양하다. 특히 고유가가 지속되면 바이오매스의 활용에 대한 관심이 높다.

- 바이오정유(바이오리파이너리, biorefinery) 정유공장에서 원유를 이용하여 납사, 휘발유, 경유 등의 다양한 제품을 얻는 것과 유사하게 바이오매스를 원료로 사용하고 생물공학적 · 화학적 기술을 이용하여 바이오 기반의 화학제품 · 바이오연료 등의 물질을 생산하는 기술을 일컫는다. 바이오정유는 이산화 탄소의 재순환이 가능하고 자원 고갈의 문제를 대비할 가능성이 있는 개념이다.

- 방사능(radioactivity) 특정 원소가 자발적으로, 알파선, 베타선, 감마선 등의 방사선을 방출하는 현상을 말한다.

- 방사성 원소 방사능을 지닌 원소를 말하며, 원자 번호 84(Po, 폴로늄) 이상의 모든 원소의 모든 동위 원소는 방사성 원소이며, 우라늄(92), 플로토늄(94), 라듐(88), 라돈(86번) 등이 대표적이다. 가벼운 원소는 대부분 방사성 원소가 아니지만 일부 동위 원소는 자연적인 방사능을 가진 (예, C-14, H-3(삼중수소), K-40 등) 방사성 원소이다.

- 병든집 증후군 주로 헌집 증후군을 의미하나 새집 증후군과 헌집 증후군을 모두 포함하여 병든집 증후군이라고도 한다.

- 부영양화(富榮養化, eutrophication) 질소와 인과 같은 영양물질이 풍부하게 공급되었다는 뜻이다. 강이나 호수, 바다 등에 생활하수나 가축분뇨 등의 유입으로 질소와 인 같은 성분들이 크게 증가한 것을 의미한다. 식물플랑크톤이 과다 증식하게 되어 해수의 경우 붉은색으로 바닷물이 변하게 되고, 하천의 경우에는 녹색으로 물이 변하게 된다.

- 비산재(비산회, fly ash) 연소 과정이나 파쇄 과정에서 날리게 되는 회분, 재. 주성분은 SiO_2와 Al_2O_3이고 구형에 가까운 입자이다. 석탄이나 중유 등을 연소하였을 때에 생성되는 미세한 입자의 재를 말한다. 비산재는 연도 가스 속에 부유하며, 대부분은 굴뚝으로부터 대기 속으로 배출된다. 대기 오염 공해의 원인 물질 중의 하나이기 때문에 집진기 등으로 포집하여 대기 속으로 배출되지 않도록 해야 한다.

- 산성비(acid rain) 빗물의 정상 수소 이온 농도(pH)인 5.6보다 낮은 상태의 강산성의 비를 말한다. 산성비는 공장이나 자동차 배기가스에서 배출되는 아황산 가스와 질소 산화물이 대기 중의 습기와 작용해 황산과 질산으로 변하고, 이 물질이 공중에 떠 있다가 비에 섞여 내리는 것이 주요 원인이다.

- 석유환산톤(ton of oil Equivalent, TOE) 모든 에너지에 공통적으로 적용될 수 있는 에너지단위로 석유 1미터릭톤(1,000 kg)을 연소할 때 발생하는 에너지로 석유 1톤의 발

열량 10^7 Kcal을 1 TOE로 정의한다.

- **새집 증후군(sick house syndrome)** 새집으로 이사한 뒤 두통, 피로, 호흡곤란, 천식, 비염, 피부염 등의 증상이 나타나는 것을 의미하며, 영어로는 SHS(sick house syndrome) 또는 SBS(sick building syndrome)로 불린다. 이는 신축 건물의 마감재나 건축자재에서 배출되는 휘발성 유기 화합물(VOCs)로 인해 거주자들이 일시적 또는 만성적인 각종 질환을 호소하는 것이다. 새집 증후군의 예방을 위해서는 '베이킹 아웃(baking out)'을 해 주어야 한다. 즉, 이사하기 전 충분한 시간 동안 고온의 난방을 해서 벽지나 바닥재, 가구 등에 배어 있는 휘발성 화학물질을 뽑아내는 것이 좋다. 또한 거주하는 동안 자주 환기를 해 주어야 한다. 새집 증후군은 병든집 증후군이라고도 불린다.

- **생물농축(biomagnification)** 먹이사슬을 따라 높은 단계로 올라갈수록 분해가 잘 되지 않는 어떤 화학물질의 농도가 증가하는 현상을 일컫는다. 예로, 살충제 DDT(비극성으로 몸의 지방에 저장된다)의 농도가 먹이사슬을 따라 올라갈수록 아주 심각하게 증가하여 물고기를 먹는 새는 물에 비해 DDT 농도가 약 천만 배로 증가하는 것으로 알려져 있다. 또한 일반적으로 몸집이 큰 생선은 매우 높은 수은 함량을 가지고 있음이 알려져 있고, 이러한 생선의 섭취를 제한할 필요가 있다.

- **생물 다양성(biodiversity)** 생물이 계통, 분류학적으로 많은 종으로 분화하고 그 비슷함의 정도가 동일하지 않은 현상을 말한다. 즉, 유전자 수준, 종 수준, 생활 장소 수준 등에서 여러 가지 생물종이 존재하는 것을 말한다.

- **생태 발자국(生態 발자국, ecological footprint, EF)** 인간이 지구에서 삶을 영위하는데 필요한 의식주 등을 제공하기 위한 자원의 생산과 폐기에 드는 비용을 토지로 환산한 지수를 말한다. 인간이 자연에 남긴 영향을 발자국으로 표현하였다. 생태 발자국은 1996년 캐나다 경제학자 마티스 웨커네이걸과 윌리엄 리스가 개발한 개념이다. 지구가 기본적으로 감당해 낼 수 있는 면적 기준은 1인당 1.8 ha이고 면적이 넓을수록 환경문제가 심각하다는 의미가 된다. 선진국으로 갈수록 이 면적이 넓은 것으로 나타났으며, 선진국에 살고 있는 사람들 가운데 20%가 세계 자원의 86%를 소비하고 있을 정도로 자원의 소비도 편중되어 있다. 한국인은 1995년을 기준으로 이 기준점(1.8 ha)을 넘기 시작하였고, 2005년에는 3.0 ha에 이르렀다. 생태 발자국을 줄이기 위해서는 가지고 있는 자원의 낭비를 최대한 줄이고, 대체 에너지를 개발하여 환경오염의 가속화와 자원의 고갈을 막아야 한다. 녹색연합이 2004년 조사한 바에 따르면 한국인의 생태 발자국은 4.05 ha로 이 방식대로 생활한다면 지구가 2.2개 이상이 있어야 한다.

- **생화학적 산소요구량(biochemical oxygen demand, BOD)** 물이 오염된 정도를 나타내는 지표로, 호기성(好氣性) 박테리아가 일정 기간(보통 섭씨 20도에서 5일간) 동안 수중의 유기물을 산화·분해시켜 정화하는 데 들어가는 산소량을 ppm(백만분율)으로 나타낸 것이다. 물의 오염이 많이 진행될수록 유기물의 양이 많기 때문에 그만큼 박테리아 분해에 소비되는 산소량도 증가한다. 즉, BOD가 높을수록 오염이 많이 진행된 물이다. 1 ℓ의 물에 1 mg의 산소가 필요한 것을 1 ppm이라고 하는데 일반적인 하천에서는 5 ppm이 되면 자정(自淨)능력을 잃으며 10 ppm을 넘으면 악취가 난다.

- **신·재생 에너지(혹 신재생 에너지)** 신 에너지와 재생 에너지를 합쳐 부르는 말이다. 신 에너지에는 예전에 알려지지 않았던 에너지인 연료전지와 수소에너지 등이 있고 (기존의 화석 연료를 변환시켜 활용하는 것을 포함한다) 재생 에너지에는 햇빛, 물, 강수, 바이오매스(biomass, 생물 유기체) 등을 포함하여 재생이 가능한 에너지이다. 즉, 재생 에너지로 잘 알려진 에너지원으로는 태양광, 태양열, 수력, 바이오매스, 풍력, 지열, 해양에너지 등이 있다.

- **스모그(smog)** 도시의 매연을 비롯하여 대기 속의 오염 물질이 안개 모양의 기체가 된 것을 말하며, 영어의 'smoke'(연기)와 'fog'(안개)의 합성어이다. 스모그가 발생하면 시계가 감소하고, 동물은 호흡기 질환에 걸리기 쉽고, 식물은 말라 죽을 수도 있다. 스모그는 런던형과 로스앤젤레스형으로 구분된다. '산업 스모그'라고도 하는 런던형 스모그는 공장이나 가정의 난방 시설에서 나오는 오염 물질로 만들어지며 주로 검은색을 띄고 주로 겨울철에 나타난다. 로스앤젤레스형 스모그는 '광화학 스모그'라고도 하는데, 자동차 배기가스 때문에 생기며 주로 여름철에 발생하며 황갈색을 띤다. 자동차 배기가스에서 나오는 이산화 질소와 탄화수소가 자외선과 반응해 유독한 화합물인 오존을 만드는데, 이 오존이 로스앤젤레스형 스모그를 일으키는 주요한 원인이다.

- **에어로졸(aerosol)** 통상 0.1 mm 이하의 크기로 공중에 부유하는 다수의 고체나 액체 입자이다. 분화 중의 화산재나 공장의 굴뚝에서 나오는 그을음, 바닷물이 증발한 뒤 공중을 떠도는 소금가루, 화분 및 박테리아, 대기 중에 부유하는 안개 상태의 황산 등이 있다.

- **연료전지(fuel cell)** 연료전지는 수소, 메탄올 같은 통상적 연료를 이용하여 화학에너지로부터 전기에너지를 직접 생산하는 볼타 전지로, 연료만 공급되면 계속 전기를 생산하는 3차 전지이다. 신 에너지의 대표적 개념의 하나이다. 참고로 1차전지는 한 번 사용하고 버리는 건전지를 의미하고 2차전지는 충전하여 계속 쓸 수 있는 리튬이온 전지 및 납축전지 등을 의미한다.

- **염화플루오린화 탄소(chlorofluorocarbons, CFCs)** 염소, 플루오린 및 탄소로 이루어진 독성이 없고 불이 붙지 않는 화합물로, 에어로졸의 분사제와 냉매로 수년간 사용되어 왔다. 물에 녹지 않는 성질을 갖고 있고(따라서 대기에서 비로 씻겨나가지 않는다), 반응성이 작아 자연적으로 잘 분해되지 않는다.

- **오일샌드(oil sand)** 원래 오일샌드는 '원유를 함유한 모래'를 의미하였으나, 요즘에는 '원유를 함유한 모든 암석'에 대해 쓰인다. 즉, 암석이 10% 정도 이상의 원유를 포함하고 있으면 오일 샌드라고 부른다.

- **오존(ozone, O_3)** 유독하며 폭발성을 갖는 연한 푸른빛의 기체이다. 오존은 우리들이 숨쉬는 공기 중에도 대략 0.03 ppm정도 들어 있으며, 대기 오염이 심각한 대도시와 공업단지들에서는 1.0 ppm에 이르기도 하고 3 ppm 이상에 노출시키면 폐에 출혈과 폐수종이 생긴다. 광화학 스모그의 주성분(약 90%는 오존)이다. 성층권에는 약 5 ppm 정도의 오존이 존재한다. 성층권 오존은 UV-C로 알려진 파장 200에서 290 nm의 유해한 자외선을 거의 흡수, 지구를 보호한다.

- **옥테인값(octane number)** 가솔린이 연소할 때 이상(異常) 폭발(녹킹, knocking)을 일으키지 않는 정도를 나타내는 수치를 말한다. 옥테인값이 높은 휘발유일수록 이상폭발을 일으키지 않고 안정적으로 잘 연소하기 때문에 고급 휘발유로 평가된다.

- **온실효과(greenhouse effect)** 대기를 가지고 있는 행성 표면에서 나오는 복사에너지가 대기를 빠져나가기 전에 흡수되어 그 에너지가 대기에 남아 기온이 상승하는 현상이다. 좀 더 구체적으로는 대기 중의 이산화 탄소, 수증기, 메테인 등의 분자가 적외선을 흡수, 대기를 따뜻하게 만드는 현상을 일컫는다.

- **이산화 질소(nitrogen dioxide)** 질소와 산소로 이루어진 화합물(분자식은 NO_2). 장기간 노출 시 호흡기 질환을 유발할 수 있으며, 점막 등에 자극성을 나타낸다. 실내에서는 가스 레인지, 난방연료, 흡연 등에서 발생하며, 실외에서는 자동차 배기가스와 공장 등의 연소 과정에서 주로 배출된다. 이산화 질소는 그 자체로도 독성이 있지만, 자외선, 분진 등과 반응함으로써 스모그 발생의 원인이 되기도 한다.

- **잔류성 유기오염 물질(persistent organic pollutants, POPs)** 자연환경에서 분해되지 않고 먹이사슬을 통해 동식물, 체내에 축적되어 면역체계 교란, 중추신경계 손상 등을 초래하는 물질이다. 주요 물질로는 DDT, 알드린 등 농약류와 PCB, 헥사클로로벤젠 등 산업용 화학물질, 다이옥신, 퓨란 등이 있다. 2001년 5월 12개 POPs를 규제하기 위한 스톡홀름 협약이 채택되었다.

- **적조** 플랑크톤이 이상 증식하면서 바다나 강 등의 색이 바뀌는 현상이다. 생태계에 문제를 일으키며 인간의 생활에도 여러 가지 피해를 준다. 적조가 일어나는 가장 큰 요인은 물의 부영양화(비누나 세제에 포함된 인 성분 등의 양분이 너무 많음)이며 갯벌의 감소도 큰 요인으로 생각된다. 수온 상승(온난화 및 엘니뇨 같은 지구 환경 변화에 따른)도 또 다른 요인으로 생각된다. 참고로, 적조는 붉은 색 외에 플랑크톤의 색깔에 따라서 다양한 색을 가질 수 있다.

- **중금속** 비중 4 이상의 무거운 금속 원소를 지칭하며 비소 · 안티모니 · 납 · 수은 · 카드뮴 · 크로뮴 · 주석 · 아연 · 바륨 · 비스무트 · 니켈 · 코발트 · 망가니즈 · 바나듐 · 셀레늄 등을 포함하는 주기율표 상의 아래쪽에 주로 위치하고 있는 금속을 의미한다. 중금속은 미량이라도 체내에 축적되면 잘 배설되지 않고 우리 몸속의 단백질에 쌓여 장기간에 걸쳐 부작용을 나타내기 때문에 매우 위험하다.

- **지구공학(地球工學, geoengineering) 혹은 기후공학** 지구온난화를 막기 위해 인위적으로 기후시스템을 조절 및 통제하는 과학기술을 말하며, 대표적인 예로는 해양 비옥화, 인공 구름, 인공 나무(화학반응으로 대기의 이산화 탄소를 없애는), 우주 거울(우주에 거울을 설치하여 지구로 오는 태양 빛을 반사하여 온도를 낮추겠다는 개념) 등을 들 수 있다. 지구공학에는 예기치 못한 위험도 도사린다는 반대 의견도 많다.

- **지구온난화(global warming)** 지구의 평균 기온이 점점 높아지는 현상으로, 대표적인 전 지구적 차원의 환경 문제이다. 산업 혁명 이후 인구 증가와 산업화에 따라 화석 연료의 사용이 늘어나 온실가스(이산화 탄소, 메테인, 염화플루오린화 탄소 등) 배출량이 증가하고, 무분별한 삼림 벌채로 대기 중의 온실가스 농도가 높아지면서 지구의 평균 기온이 상승하고 있다. 지구온난화의 정확한 과학적 표현은 기후 변화이다.

- **지구온난화 지수(global warming potentials, GWP)** 온실가스의 상대적 기여 정도를 나타내는 숫자. 이산화 탄소를 기준으로 하며, 기체의 적외선을 흡수 효율성 및 평균 수명을 고려하여 나타내는 수치이며 온실인자라고도 한다. 메테인, 아산화 질소 및 오존은 각각 약 30, 160 및 2,000 정도의 지구온난화 지수를 가진다. 따라서 지구온난화를 방지하기 위해 이산화 탄소 외에도 관심을 기울여야 할 화합물이 더 많이 존재함을 알 수 있다.

- **지속가능성** 우리의 미래 세대가 그들의 수요를 충족시킬 능력을 훼손하지 않으면서 현재 세대의 수요를 충족하는 것으로 정의된다. 또한 자원의 개발, 투자, 기술 개발, 제도적 변화 등을 할 때 인간의 필요와 염원을 만족시키기 위해 현재는 물론이고 미래까지 고려하여 변화를 균형 잡히게 하는 과정(process)이다. 또한 생태계가 "미래에도

유지할 수 있는 제반 환경"이란 의미로 한마디로 '미래 유지 가능성'으로 요약된다. 지속가능성은 인간과 자원의 공생, 개발과 보전의 조화, 현 세대와 미래 세대 간의 형평 등을 추구한다. 한편, 예전에 흔히 사용된 용어인 '지속가능한 발전'이란 용어는 표현에 있어 '끊임없는 발전'의 의미를 연상시킨다는 일부의 비판을 받았다. '발전'을 위해 자원의 무분별한 낭비가 발생할 수 있고 모든 사람이 '발전'을 염두에 두는 스트레스 등을 고려하여 최근에는 '지속가능한 발전'이란 용어는 잘 사용되지 않고 지속가능성이란 용어가 주로 사용된다.

- **초우라늄 원소** 우라늄(92)보다 원자 번호가 큰 원소로 넵튜늄(93), 플루토늄(94), 아메리슘(95), 큐리움(96) 등을 말한다.

- **총석유계탄화수소(total Petroleum hydrocarbon, TPH)** 석유제품이 환경에 미치는 영향을 고려하여 그 양과 농도(특히 위험하다고 알려진 벤조피렌, 톨루엔, 에틸벤젠, 자일렌 등의 방향족화합물)를 분석하여야 하나 각각의 성분을 분석, 관리하기에는 비용과 시간이 많이 소요되므로 대신에 탄화수소의 총량으로 토양의 유류에 의한 오염 정도를 분석 관리한다. 즉, TPH는 토양의 유류 오염 정도를 측정하는 지표이며 탄화수소의 총량으로 측정한다.

- **클린주유소** 유류 저장탱크, 배관 등의 주유시설을 이중벽 탱크, 이중배관, 흘림 및 넘침 방지시설 등을 일반 주유소보다 강화된 기준으로 설치하여 기름유출을 사전에 예방하고, 유류누출을 감지하는 경보장치를 설치하여 토양 오염과 확산을 예방하는 친환경 주유소를 말한다.

- **탄소 발자국(炭素 발자국, carbon footprint)** 개인 또는 단체가 직접 · 간접적으로 발생시키는 온실가스의 총량을 의미한다. 여기에는 이들이 일상생활에서 사용하는 연료, 전기, 용품 등이 모두 포함된다.

- **탄소 중립화(carbon neutrality)** 개인이나 회사, 단체가 이산화 탄소를 배출한 만큼 이산화 탄소를 흡수하는 대책을 세워 이산화 탄소의 실질적인 배출량을 '0(Zero)'으로 만든다는 개념이다. 탄소제로(Carbon Zero)라고도 한다. 이를 위해 온실가스의 배출량을 계산하고 배출량에 해당하는 양 만큼 상쇄하기 위한 활동이 필요하다.

- **탄소 포집 및 저장(carbon capture and storage, CCS)** 화석 연료를 사용하는 발전소나 제철소, 시멘트 공장과 같이 CO_2를 대량 발생하는 지점에서 이산화 탄소(CO_2)를 포집하고 저장고로 이송하여 보관하는 것을 의미한다.

- **퍼옥시(과산소)아실질산염(peroxyacyl nitrates, PANs)** 로스앤젤레스 혹은 광화학 스

모그에 나타나는 강력한 호흡기 및 눈의 자극 물질 및 독성물질로, 물에 비교적 잘 녹아(오존보다 잘 녹음) 이동도 용이하다. 피부암을 일으킬 수 있다고도 알려져 있다. PAN은 VOC가 중요한 원인이며 NO_2 존재 하에 복잡한 광화학 반응으로 얻어진다. 예로 Hydrocarbons (탄화수소) + O_2 + NO_2 + hν → $CH_3COOONO_2$의 반응이 PAN 발생이 가능한 하나의 예이며, 일반적으로 $C_xH_yO_3$ + NO_2 → $C_xH_yO_3NO_2$의 반응으로 PAN이 발생할 수 있다.

- **합성수지, 플라스틱(plastic or synthetic resin)** 열 또는 압력 등을 사용하여 변형시켜 성형할 수 있는 고분자 화합물을 말한다. 폴리에틸렌 등과 같은 플라스틱이 열가소성수지이며, 반면 한번 성형되면 변형할 수 없는 수지를 열경화성수지라고 하는 데 멜라민 등이 있다.

- **헌집 증후군** 새집과 유사하게 지은 지 오래된 집이 그 집에 사는 사람들의 건강에 나쁜 영향을 끼치는 현상을 가리킨다. 새집 증후군과 같이 병든집 증후군이라고도 한다. 습기가 많은 곳에서 생기는 곰팡이는 기관지염이나 천식, 알레르기 등을 유발하기 때문에 환풍 장치를 설치하여 습기를 제거할 필요가 있다. 오래된 배수관이나 가스관에서 새는 메테인 가스와 암모니아, 일산화 탄소, 이산화 질소, 이산화 황 등은 두통 또는 현기증을 유발할 수 있다. 이를 해결하려면 문제가 있는 관을 바꾸거나 자주 환기를 시켜야 한다. 그리고 벽지와 장판, 가구 등을 새것으로 바꿀 경우 새집 증후군에서처럼 아세톤, 벤젠, 폼알데하이드 등 각종 유기 화합물이 발생하여 두통이나 알레르기와 같은 만성질환을 일으킬 가능성이 크므로 환기에 신경을 써야 한다.

- **핵분열** 커다란 핵이 더 작은 핵들로 분리되는 것을 의미하며, 소량의 질량 감소 및 에너지 방출이 수반된다. 반면, 핵분열 시 양성자 수와 중성자 수(혹은 질량수)는 보존된다.

- **핵융합** 1억 °C 이상의 고온에서 가벼운 원자핵이 융합하여 더 무거운 원자핵이 되는 과정 및 그에 따라 에너지를 창출해 내는 방법을 의미한다. 핵분열의 반대 개념으로 태양이 불타면서 큰 에너지를 내는 원리이다. 태양에서는 실제 수소 원자 4개가 합쳐져 1개의 헬륨을 만드는데, 이러한 핵융합을 통해 무한히 큰 에너지를 방출한다.

- **화학적 산소요구량(chemical oxygen demand, COD)** 물의 오염 정도를 나타내는 기준. 하천이나 바다 등에 폐수가 방류되면 유기 물질에 의하여 물이 오염된다. 산화제(과망가니즈산 포타슘)를 이용하여 일정 조건(산화제 농도, 접촉시간 및 온도)에서 환원성 물질을 분해시켜 소비한 산소량을 ppm으로 표시한 것으로, BOD가 보급되고 나서는 참고지표로 사용된다.

- **환경 호르몬(내분비계 장애물질, endocrine disruptors)** 환경 호르몬이란 동물이나 사람 몸속에 들어가게 되면, 호르몬의 분비나 작용을 방해하는 물질로, 전문용어로는 '내분비계 교란물질' 또는 '내분비계 장애물질'이라고 부른다. 몸에서 정상적으로 만들어지는 물질이 아니고 산업 활동이나 환경오염 등으로 인해 외부에서 유입되는 물질이다. 환경 호르몬으로 추정되는 물질로는 각종 산업용 물질, 살충제, 농약, 유기 중금속류, 다이옥신류, 의약품으로 사용되는 합성 에스트로겐류 등을 들 수 있다. 그 외 컵라면 용기로 쓰이는 스티로폼의 주성분인 스틸렌 등이 환경 호르몬으로 의심받고 있다. 이러한 환경 호르몬은 인간의 생식 기능 저하, 기형, 성장 장애, 암 등을 유발하는 물질로 추정되고 있는 등 생태계의 교란 물질이다. 이에 따라 환경 호르몬은 전 세계적으로 생물종에 위협이 될 수 있다는 경각심이 생겼으며, 오존층 파괴, 지구온난화 문제와 함께 환경 호르몬은 세계 3대 환경 문제로 등장하였다. 세계 야생 동물 보호기금 목록에서 67종, 일본 후생성에서 143종, 미국에서 73종의 화학 물질을 환경 호르몬으로 규정하고 있지만 얼마나 더 늘어날지는 아직 예측할 수 없는 상태이다.
- **휘발성 유기 화합물(volatile organic compounds, VOCs)** 휘발성 유기 화합물은 상온, 상압에서 기체 상태로 존재하는 모든 유기성 물질을 통칭하는 의미로 사용되고 있다. 대기환경보전법시행령 제39조 제1항에서는 석유화학제품 · 유기용제 기타물질로서 환경부장관이 관계중앙행정기관의 장과 협의하여 고시하는 물질로 정의하고 있으며, 환경부고시 제2001-36호(2001.3.8)에 따라 벤젠, 뷰타다이엔, 휘발유 등 37개 물질 및 제품을 규제대상으로 하고 있다. 대기 오염 물질이며 발암성을 지닌 독성 화학물질이다. 증기압이 높아 대기 중으로 쉽게 증발되는 액체 또는 기체상 유기 화합물을 총칭하며, 대기 중에서 광화학 반응을 일으켜 오존 등 광화학 산화성 물질을 생성시켜 광화학스모그를 유발하는 물질이다. 지구온난화의 원인 물질이므로 국가마다 배출을 줄이기 위해 정책적으로 관리하고 있다.
- **BOD** 생화학적 산소요구량(biochemical oxygen demand)을 참고하라.
- **CFCs** 염화플루오린화 탄소(chlorofluorocarbons)를 참고하라.
- **CCS** 탄소 포집 및 저장(carbon capture and storage)을 참조하라.
- **COD** 화학적 산소요구량(chemical oxygen demand)을 참고하라.
- **CO_x** CO, CO_2 등의 탄소의 산화물을 의미한다.
- **GWP** 지구온난화지수(global warming potentials)를 참고하라.
- **MSDS** 물질 안전 보건 자료(material safety data sheet)를 참조하라.

- NO$_x$ 질소의 7~9가지 산화물로 NO, NO_2, NO_3, N_2O, N_2O_3, N_2O_4, N_2O_5 등이 있다.
- PANs 퍼옥시(과산소)아실질산염(peroxyacyl nitrates)을 참고하라.
- PFCs 과플루오린화 화합물(perfluorinated compounds)을 참조하라.
- POPs 잔류성 유기오염 물질(persistent organic pollutants)을 참조하라.
- RON 옥테인값(research octane number)을 참조하라.
- SO$_x$ 황의 산화물. 주로 SO_2(이산화 황)와 SO_3(삼산화 황) 등이 있다.
- TOE 석유환산톤(ton of oil equivalent)을 참고하라.
- TPH 총석유계탄화수소(total petroleum hydrocarbon)를 참고하라.
- VOCs 휘발성 유기 화합물(volatile organic compounds)을 참고하라.

참고문헌

• 1장

1. 질소 비료와 암모니아 합성기술이 현재의 인구에 미친 영향, https://ourworldindata.org/grapher/world-population-with-and-without-fertilizer?time=1900..2015
2. 인류 생존을 위협하는 10가지 위험, https://globalchallenges.org/global-risks/
3. 환경 위기 시계, http://www.greenfund.org/en/m82.php

• 2장

1. 오염 물질들의 농도 변화 카네기멜룬 대학의 자료, http://environ.andrew.cmu.edu/m3/s2/08reg_local.shtml
2. '오존주의보' 폭발적 증가, 한삼희의 환경칼럼, 조선일보, 2019. 7. 3.
3. M. I. Khoder, Environ. Monit. Assess., 149, 349-362, 2009
4. P. Pancholi 등, Sustainable Environ. Res., 28, 79-89, 2018
5. "Air quality in Europe-2017 report" EEA Report No 13, 2017
6. 김동석, 반기성, 미세먼지에 관한 거의 모든 것, 초판, 프리스마, 30쪽, 2019. 11. 8.
7. 공장 · 교통량 많은 경기 CO 배출 최다 충남은 초미세먼지 1위, 서울신문, 2017. 10. 13.
8. "도시 전체가 가스실"… 미세먼지 지옥 그 예언이 적중했다, 중앙일보, 2019
9. 정진상 등, Atmospheric Environ., 178, 223-230, 2018
10. 춘절 터트린 폭죽에 한국 하늘은 캄캄, 국방일보, 2018. 11. 2.

• 3장

1. H. A. Dijkstra 등, Earth Syst. Dynam., 9, 1085-1095, 2018
2. 화학교재연구회, 생활과 화학 제7판, 4.2절, 드림플러스, 2014
3. 화학교재연구회, 생활과 화학 제7판, 7.5절, 드림플러스, 2014
4. 화학교재연구회, 생활속의 화학 제2판, 4.5절, 사이플러스, 2015
5. 한국환경과학회 역, 교양환경과학 제14판, 15장 북스힐, 2013

• 4장

1. 산소 부족하면 '행복 호르몬' 뚝↓ 산소 샤워하면 우울 · 불안감 싹~, 중앙일보, 2018. 10. 3.
2. 한국환경과학회, 교양 환경과학 제14판, 북스힐, 401, 2013
3. 한국원자력산업회의, 원자력용어사전, 모나자이트, 2011
4. 모기기피제, 유효성분 표시 의무 없어?… 안전성 '논란', 뉴스인, 2015. 8. 18.

5. R, Hudson 등, J. Chem. Educ., 94, 480-482, 2017
6. 유동규, 우호철, 정성화, Coord. Chem. Rev., 422, 213477, 2020
7. 가습기 살균제, 현재 1449명 사망 계속 증가 중, 중앙일보, 2019. 10. 14.
8. 한국환경과학회, 교양 환경과학 제14판, 북스힐, 406, 2013

• 5장

1. 물 발자국, www.waterfootprint.org
2. 화학교재연구회, 생활과 화학 제7판, 드림플러스, 212-213, 2014
3. 오염된 물을 정화하기 위해 필요한 물의 양, http://www.chemistory.go.kr/kor
4. A. B. A. Boxall 등, Environ. Health Perspect., 120, 1221-1229, 2012
5. G. D Bittner 등, Environ. Health., 13, 41, 2014
6. 바다에 물고기보다 플라스틱이 더 많아진다면, 한겨레신문, 2018. 9. 9.
7. J. R. Jambeck 등, Science, 347, 768-771, 2015
8. R. Geyer 등, Science Adv., 3, e1700782, 2017
9. 자기 자신의 재활용, 저널 오브 컨슈머 리서치, 2016
10. J. Gigault 등, Environ. Pollution, 235, 1030-1036, 2018
11. 김승규 등, Environ. Sci. Technol., 52, 12819-12828, 2018
12. 전 세계 소금 90 %서 미세 플라스틱 검출… 우리 식탁을 위협한다, 메디컬투데이, 2018. 10. 19.
13. K. D. Cox 등, Environ. Sci. Technol., 53, 7068-7074, 2019
14. L. M. Hernandez 등, Environ. Sci. Technol., 53, 12300-12310, 2019
15. 미세플라스틱의 역습…'인체 유입' 공포 확산, 아시아경제, 2018. 10. 25.

• 6장

1. J. E. M. Watson, J. R. Allan 등, Nature, 563, 27, 2018
2. '토양 오염 실태 조사 결과' 보도자료, 그린포스트코리아, 2012. 11. 5.
3. 합성비료의 기여, https://ourworldindata.org/grapher/world-population-with-and-without-fertilizer?time=1900..2015

• 7장

1. 정진철, 생활 속의 화학과 고분자, 2.4절, 자유아카데미, 2010
2. A. J. Ragauskas 등, Science, 311, 484, 2006

• 8장

1. 발전에 사용하는 원료에 따른 이산화 탄소 배출량, 국제원자력기구(IAEA), https://www.eiic.or.kr/info/sub3_23
2. 화학교재연구회, 일반화학 제14판, 자유아카데미, 972, 2019
3. 화학교재연구회, 생활과 화학 제7판, 드림플러스, 329, 2014
4. S. W. Morsy, J. Radiat. Res. Appl. Sci., 8, 493-497, 2015
5. 핵융합 연구를 향한 세계의 도전, https://www.nfri.re.kr/kor/pageView/16
6. 원전 폐쇄 주장했던 美과학단체 "탄소 줄이려면 원전 유지 불가피", 조선일보, 2018. 11. 13.

• 9장

1. P. T. Anastas, M. M. Kirchhoff 등, Acc. Chem. Res., 35, 686-697, 2002
2. R. A. Sheldon 등, Green Chem., 9, 1261-1384, 2007
3. D. J. C. Constable 등, Green Chem., 4, 521-527, 2002
4. J. H. Clark 등, Green Chem., 1, 1, 1999
5. Doble, Kruthiventi 등, Green Chemistry and Processes, Academic Press, 269-270, 2007
6. J. M. Thomas 등, PNAS, 102, 13732-13736, 2005
7. K. C. Hwang, A. Sagadevan, Science 346, 1495-1497, 2014
8. S. Fukuoka 등, Green Chem., 5, 497-507, 2003
9. K. Alfonsi 등, Green Chem., 10, 31-36, 2008
10. 화학교재연구회, 생활과 화학 제7판, 드림플러스, 6, 2014

찾아보기

• ㅂ •

• ㅅ •

• ㅇ •

• ㅈ •

저자 소개

정성화(鄭成和)

서울대학교에서 화학교육으로 학사를 받고, 한국과학기술원에서 청정화학으로 석사, 박사를 받았다. 1990~1992년 ETRI 선임연구원을 지냈으며, 1992~2002년 삼성석유화학, 종합화학, 종합기술원 선임/수석연구원을 거쳐, 2002~2007년 한국화학연구원 책임연구원을 역임하였다. 2007년부터 현재까지 경북대학교 화학과 교수로 재직 중이며, 2011~2015년 청정나노소재연구소를 설립, 소장을 역임하였다.

미세먼지 흡착 제거, 석유류의 황과 질소의 제거(흡착/촉매 반응) 및 물에서 유해한 유기물의 흡착 제거를 연구하고 있으며, 현재까지 약 300편의 SCI 논문 게재, 한국 특허 60건 및 미국 특허 11건 등록, 총피인용 23,050회, H-index 77의 업적이 있다.

상훈으로는 2007년에 제40회 과학의날 국무총리 표창, 2013년에 대한화학회 우수논문상, 2014년 경북대학교 학술상, 2018, 2019 및 2020년에 세계에서 가장 영향력 있는 연구자(HCR, Clarivate Analytics)에 선정되었다.

과학기술, 자연과 환경

저　　자　정성화
발 행 인　김지영
발 행 처　자유아카데미
주　　소　경기도 파주시 회동길 37-42 파주출판도시
전　　화　031-955-1321
팩　　스　031-955-1322
홈페이지　www.freeaca.com
전자우편　main@freeaca.com (대표)
editor@freeaca.com (편집)
crm@freeaca.com (영업)
등　　록　제406-2003-017호, 1980. 7. 12
제1판1쇄　2020년 8월 25일 발행
제1판2쇄　2021년 8월 31일 발행
정　　가　26,000원

저자와의 협의하에 인지생략

ISBN 979-11-5808-267-3 93430